JN109773

▶▶プロが教える◀◀

2級 土木 施工管理 第一次検定

株式会社ライセン／一般社団法人 全国教育協会

濱田 吉也　大石 嘉昭【著】

弘文社

はじめに

　教える立場からすると土木施工管理技士（一次検定試験）は，７つある施工管理技士（土木・建設機械・管工事・建築・造園・電気・電気通信）の中でも**比較的，取得しやすい資格**と言えます。

　それは，誰でもが接している『**土**』と『**水**』が基本なので，目で見て触った自らの経験でその性質の基本を理解出来ている為，少し工夫すれば試験問題がスンナリと受け入れられるからです。

　また合格の為に必要な点数の取り方のコツを理解する事を念頭に学習すれば，**合格基準の60％の正解率を簡単にクリア**出来るでしょう。

　このテキストを用いて合格までの学習必要期間は，個人差もありますが，理解力の早い方で**１ヶ月以内**で，理解するのに時間を要する方でも繰返し・繰返し**３ヶ月**キッチリと学習すれば，結果的に合格基準点を超えているはずです。

　この一次検定試験に合格することで，**２級土木施工管理技士補**と称する事が出来，更に二次検定試験に合格すると工事現場における**「主任技術者」**と成れますので，是非１年でも早く合格を勝ち取り，有資格者として建設業界で活躍される事を期待しています。

＜改訂に際して＞

　令和４年度の最新問題，令和５年度の建設業法の法改正を網羅した改訂を行っております。また，より伝わりやすく，より理解しやすいように『合格ノート』の記載や表現にも細かな修正を加えています。

　最新のテキストで合格を掴んでください。

目　次

はじめに………………………………………………………………… 3

本書の特徴……………………………………………………………… 6

試験の特徴及び注意事項……………………………………………… 7

受検資格………………………………………………………………… 9

第1章　土木一般

　1　土　工 ……………………………………………………………12

　2　コンクリート工 …………………………………………………50

　3　基礎工 ……………………………………………………………88

第2章　専門土木

　1　構造物 …………………………………………………………110

　2　河川・砂防 ……………………………………………………129

　3　道路・舗装 ……………………………………………………146

　4　ダム・トンネル ………………………………………………168

　5　海岸・港湾 ……………………………………………………181

　6　鉄道・地下構造物 ……………………………………………190

　7　上水道・下水道・土留め ……………………………………200

第3章　法　規

　1　労働基準法 ……………………………………………………208

　2　労働安全衛生法 ………………………………………………222

　3　建設業法 ………………………………………………………236

　4　道路関係法 ……………………………………………………246

　5　河川関係法 ……………………………………………………255

　6　建築基準法 ……………………………………………………261

　7　騒音・振動規制法 ……………………………………………266

　　8　火薬類取締法 ………………………………………………………275

　　9　港則法 …………………………………………………………………281

第4章　共　通

　　1　測　量 …………………………………………………………………288

　　2　契約；公共工事標準請負契約約款 ………………………………294

　　3　設計・機械 …………………………………………………………297

第5章　施工管理法

　　1　施工計画 ……………………………………………………………310

　　2　工程管理 ……………………………………………………………324

　　3　安全管理 ……………………………………………………………338

　　4　品質管理 ……………………………………………………………364

　　5　環境保全・建設副産物対策 ………………………………………382

　　6　基礎的な能力 ………………………………………………………393

最新問題

　問題 ……………………………………………………………………404

　解答・解説 ……………………………………………………………423

索　引 ……………………………………………………………………427

本書の特徴

1．項目ごとの重要ポイントを整理し分野別「合格ノート」を作成しているので，受験に必要な最重要箇所が簡単に把握出来ます。

2．各項目の理解度をチェック!!!

　　合格の近道は問題慣れと繰り返し学習にあります。

　　実際に学習を進めると，どこが理解出来たか，どこがまだ理解出来ていないかの判断が判らなくなります。本書は**各教科目ごとに実践問題を設けている**ので理解出来ていない教科が瞬時に判り，時間の合理化と理解の状況が明確に出来，繰り返し学習をし易くしました。

3．全問題理解度チェック!!!

　　本書には**実践問題**とは別に○×問題があり，全問題に□□□の表示をしています。全問題をクイズ感覚で繰り返すだけで自然と実力が付くように編集しています。

　　この□□□の活用の仕方は，問題を間違えれば右端に□□☑を，何となく当った場合は中央に□☑□を，確実に理解出来ている場合は左端に☑□□として問題を楽しんで下さい。最終的に左端に☑□□が入ると，どんどん合格が近づきます。

4．テキストに沿った講習動画（順次公開予定）で更なる理解を！

　　本書の内容に沿った動画講義を提供します。

　　より深く理解したいテーマやどうしてもテキストだけでは難しいテーマなどの理解に活用して下さい。

試験の特徴及び注意事項

1. 試験は一次検定試験と二次検定試験があり，「知識」「能力」を問う試験です。

   それぞれ総合点で**60%以上の正解で必ず合格**出来ます。この試験は**受験生同士の競争試験では無く**，施工管理技士として必要な知識と能力の有無を判断する試験です。

2. **試験科目ごとの最低必要得点（足切点）の設定が無いので**，点数の取りやすい科目で点数を伸ばせば合格基準点をクリア出来ます。

3. 一次検定試験は択一のマークシート方式，二次検定試験は記述式で実施され，一次検定試験・二次検定試験の両方に合格することで「**2級土木施工管理技士**」となれます。なお一次検定試験に合格すると「**2級土木施工管理技士補**」となれます。

4. 試験開始から１時間で解答用紙を提出し退出が可能となりますが，試験時間は余裕がありますので，自分のペースで行って下さい。

5. 試験の翌日には一次検定試験の正答肢が公表されます。**試験の終了時間まで教室に残れば試験問題を持ち帰る事が可能です**ので，問題用紙に自身の選んだ解答を控えてくれば，試験翌日に一次試験の合否判定が出来ます。

6. 試験は計算問題を含む可能性がありますが，電卓や計算‐通信‐辞書機能を持つ時計の使用は禁止です。また携帯電話での時計使用も出来ません。

7．２級土木施工管理試験では見たことも無いような変化球問題が数問出題されます。この問題を見て，焦ると出題者のツボにはまる事になります。落ち着いて冷静に全ての問題をよく見ると意外と60%は容易にクリア出来ます。

8．一次試験はマークシート方式です。必ずHBの鉛筆かシャープペンで解答を丁寧に塗りましょう。機械読取ですので，綺麗に塗れていない場合や綺麗に消せていない場合，解答が×になる可能性があります。

9．脳は糖質（ブドウ糖）を欲しがります。試験に臨む30分程前に脳の活性化の為，チョコレート等を補給してあげる事をお薦めします。

10．ケアミスの回避
　・選択解答の指定解答数を間違えていないかをチェック
　・問題番号と解答番号の解答用紙記入ズレの有無をチェック
　・全問解答の教科で未解答が無いかをチェック
　・問題の読違えがないか「適当なもの」「適当でないもの」の有無を再チェック

11．試験会場には電車・バス等の公共機関で行きましょう。
　自動車・バイク等での来場を試験機関は禁止としています。

受検資格

■受検年度の末日における年齢が17歳以上の者

【例：令和３年度の受検希望の場合，平成17年４月１日以前に生まれた者】

※２次試験の受験資格です。１次・２次同時受検者の方は，下記の実務年数が必要です。

学歴又は資格	土木施工に関する実務経験年数	
	指定学科	指定学科以外
大学卒業者又は専門学校卒 （高度専門士に限る）	卒業後　１年以上	卒業後　１年６月以上
短期大学卒業者 高等専門学校卒業者 専門学校卒（専門士に限る）	卒業後　２年以上	卒業後　３年以上
高等学校卒業者 中等教育学校卒業者 専門学校卒業者（上記専門士以外）	卒業後　３年以上	卒業後　４年６月以上
その他の者	８年以上	

　なお，令和３年度から２級土木施工管理技士に合格した者は，合格後実務経験に関係なく，1級土木施工管理技士第１次検定を受検出来るようになりました。

「2級土木施工管理（種別：土木）」技術検定の基準と方式の例
【改正前】（令和2年度まで）

試験区分	試験科目	知識能力	試験基準	方式
学科試験	土木工学等	知識	・土木工学，電気工学，電気通信工学，機械工学及び建築学に関する概略の知識 ・設計図書を正確に読み取るための知識	マークシート方式
	施工管理法	知識	・施工計画の作成方法及び工程管理，品質管理，安全管理等工事の施工の管理方法に関する概略の知識	
	法規	知識	・建設工事の施工に必要な法令に関する概略の知識	
実地試験	施工管理法	能力	・土質試験及び土木材料の強度等の試験の正確な実施かつその結果に基づいて必要な措置を行う事ができる一応の応用能力 ・設計図書に基づいて工事現場における施工計画の適切な作成，施工計画を実施することができる一応の応用能力	記述式

【改正後】（令和3年度より）

検定区分	検定科目	知識能力	検定基準	方式
第一次検定	土木工学等	知識	・土木工学，電気工学，電気通信工学，機械工学及び建築学に関する概略の知識 ・設計図書を正確に読み取るための知識	マークシート方式
	施工管理法	知識	・施工計画の作成方法及び工程管理，品質管理，安全管理等工事の施工の管理方法に関する**基礎的な**知識	
		能力	・**施工の管理を適確に行うために必要な基礎的な能力**	
	法規	知識	・建設工事の施工に必要な法令に関する概略の知識	
第二次検定	施工管理法	知識	・**主任技術者として**工事の施工の管理を適確に行うために必要な知識	記述式
		能力	・**主任技術者として**土質試験及び土木材料の強度等の試験の正確な実施かつその結果に基づいて必要な措置を行うことができる応用能力 ・**主任技術者として**設計図書に基づいて工事現場における施工計画の適切な作成，施工計画を実施することができ応用能力	

※第一次検定及び第二次検定の両方の合格に求められる水準は，現行の技術検定に求められる水準と同様
※施工技術検定規則　別表第二（国土交通省資料）より作成

第1章　土木一般

[2級] 11問出題され，9問を選択し解答します。
（選択問題）
土工4問，コンクリート工4問，基礎工3問

勉強のコツ

　土木一般は選択問題となります。土工・コンクリート工に関しては多くの受検生が現場で経験されていることと思います。基礎工に関しては，経験する機会が限定的ということもあり，土止め支保工以外はイメージしにくいかもしれません。しかし，土木一般で得点を伸ばすコツは，勉強する箇所を限定するのではなく，幅広く勉強をしておくことで，土工・コンクリートの出題内容が難しい場合に，基礎工で点数を伸ばすことが可能となります。

※　土木一般の中でも土工，コンクリート工は土木施工管理技士資格取得の上では最重要科目となります。この章で基本をしっかりおさえておくことで，「専門土木」「施工管理法（品質管理）」での点数 UP につながります。また，第二次検定試験対策にもなるため，本テキストでは，土工・コンクリート工については，第一次検定試験で出題される範囲に加えて，周辺の知識も習得できるよう，本章では，掘り下げた解説がなされています。

第1節　土　工

　土は，下図に示すように土粒子，水，空気から構成されており，これらの体積や質量を知ることで，その土の持っている概略の性質を把握することができる。

　土の判別分類のための試験には，土の含水比，間げき率，飽和度，土粒子の密度（乾燥密度・湿潤密度），粒度などを試験により求め，その土の物理的な性質を知るものである。

土の判別分類および力学的性質を求める試験

試験の名称	求められるもの	試験結果の利用
土粒子の密度試験	土粒子の密度・間げき比・飽和度・空気間げき率	有機物含有の有無，空気間げき率・飽和度の計算
土の含水比試験	含水比	土の基本的性質の計算
粒度試験 （ふるい分析・沈降分析）	粒径加積曲線 →有効径・均等係数	粒度による細粒土の分類，材料としての土の判定
コンシステンシー試験 （液性限界・塑性限界試験）	液性限界・塑性限界 塑性指数	自然状態の細粒土の安定性の判定，盛土材料の選定
せん断試験 　一面せん断試験	せん断抵抗角・粘着力	基礎，斜面，擁壁などの安定計算
一軸圧縮試験 　三軸圧縮試験	一軸圧縮強さ・粘着力 せん断抵抗角・粘着力	細粒土の地盤の安定計算（支持力） 細粒土の構造の判定
圧密試験	圧密指数・圧密係数	粘性土の沈下量の計算
締固め試験	最大乾燥密度 最適含水比	路盤および盛土の施工方法の決定・施工の管理
透水試験	透水係数	透水関係の設計計算
（室内）CBR 試験	支持力値	たわみ性舗装厚の設計

○ 粒度試験

粒度試験は，土中に含まれている種々の大きさの土粒子が，土全体の中で占める割合の質量百分率を求める試験で，粒径が大きいものは**ふるい分析**，小さいものは**沈降分析**にて測定を行う。結果は**粒径加積曲線**で示される。

| | | | 0.001 | 0.005 | 0.075 | 0.42 | 2.0 | 5.0 | 20 | 75 | 300 粒径[mm] |

コロイド	粘土	シルト	細砂	粗砂	細礫	中礫	粗礫	粗石	巨石
			砂		礫			石	
細粒土（粘性土）			粗粒土					岩石	

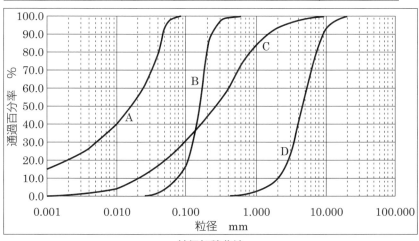

粒径加積曲線

A の土は，粘土分30%，シルト分70%からなる。
B の土は，シルト分10%，砂分90%からなる。
C の土は，粘土・シルト分25%，砂分70%，礫分5%からなる。
D の土は，砂分10%，礫分90%（細礫40%・中礫50%）からなる。

曲線がなだらかとなる試料は，粒度分布が広く，締固め特性のよい土として判断される。曲線の立っている試料は，土は粒径の範囲が狭く，土粒子間に間げきが生じやすく，締固め特性の悪い土となる。

※粒度試験結果は，粗粒土については土の締固めや支持力特性をある程度表す指標となるが，細粒土についてはその関係は見られない。

均等係数 $U_C = D_{60}/D_{10}$
$U_C \geqq 10$…粒度分布がよい
$U_C < 10$…粒度分布が悪い

※D_{60}…通過百分率の60%に対する粒径
　D_{10}…通過百分率の10%に対する粒径

◯ 突固めによる土の締固め試験

・盛土材料の最大乾燥密度に対する現場における単位体積質量試験（現場密度試験）によって求められた乾燥密度の割合で締固め度が求められる。また，所定の締固め度の得られる範囲で，施工含水比の範囲を定めるなど，締固めの施工管理に用いる。

　土の含水比を変化させて，ある一定の方法で突き固めたときの乾燥密度と含水比の関係（締固め曲線）を知り，これにより**最大乾燥密度**および**最適含水比**を求めるために行う。**粒度分布の良い砂質系の土**ほど締固め曲線は**鋭く立った形状**を示し，最適含水比は低く，最大乾燥密度は高くなる。**細粒土（粘性土）分が多い土**ほど締固め曲線は**なだらかな形状**を示し，最適含水比は高く，最大乾燥密度は低くなる。

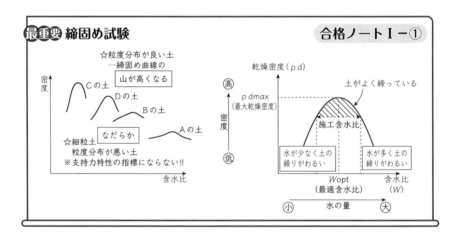

◯ 土粒子の密度試験

　土粒子の密度とは，土質試料の単位体積あたりの質量をいい，土の締固めの程度や有機物の含有量などを求めるのに利用される。土粒子の密度は，2.30〜2.75の間にあるものが多く，2.5以下の値をとるものは有機物を含んでいる。

◯ 土の含水比試験

　土の間げき中に含まれる水の質量と土粒子の質量の比で示され，乾燥密度と

含水比の関係から盛土の締固めの管理に用いられる。自然含水比は，一般に粗粒なほど小さく，細粒になるにつれて大きくなり，粘性土では沈下と安定の傾向を推定することができる。

○　圧密試験

　粘性土地盤の載荷重による継続的な沈下の解析を行う場合に必要となる圧密特性（**圧縮指数**）を測定する試験である。粘性土地盤の沈下量及び，沈下時間の推定に用いられる。

最重要 圧密試験（圧密指数）

合格ノートⅠ−②

粘性土の沈下量

沈下速度の推定

×塑性指数　関係ない

○　せん断試験

　土のある面でせん断し，その面上に働くせん断強さ，せん断応力を測定し内部摩擦角，粘着力を求め**斜面の安定**，支持力，土圧などの検討に用いる。せん断試験には**一面せん断試験，一軸圧縮試験，三軸圧縮試験**がある。
※粘着力は土粒子間の結合力に基づくもので，一般的に<u>細粒な土</u>ほど大きくなる。

○　コンシステンシー試験（液性限界，塑性限界試験）

・土のコンシステンシーは，含水比に左右され，かたい，やわらかい，もろいなどの言葉で表される。
・土の塑性指数とは，土が液状から塑性状に移る限界の含水比（液性限界）から土が塑性状から半固体に移る境界の含水比（塑性限界）との差によって求められる。

塑性指数(I_P)＝液性限界(W_L)−塑性限界(W_P)

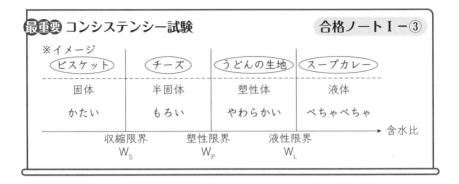

※イメージ

ビスケット	チーズ	うどんの生地	スープカレー
固体	半固体	塑性体	液体
かたい	もろい	やわらかい	べちゃべちゃ

含水比

収縮限界　　　塑性限界　　　液性限界
W_S　　　　　　W_P　　　　　　W_L

・液性限界が大きくなるにつれて**土の圧縮性が増加**し，**塑性指数が大きくなるにつれて粘性が増加**する（塑性的な土であることを示す）。また，**吸水による強度低下の傾向が大きくなる。**

土質調査（原位置試験）　　　　　　　　重要度 A

○　単位体積質量試験（現場密度試験）

　単位体積質量試験は，盛土の**品質管理（締固めの管理）**に用いる試験で，**乾燥密度（湿潤密度）・含水比（含水量）**を求める試験である。

・砂質土では**砂置換法**，粘性土ではブロックサンプリング（コアカッター）法が用いられる。これらの試験は，現場で土質試料を採取し，持ち帰り試料を乾燥炉にかけなければ乾燥密度，含水比を求めることはできない。

・**RI（ラジオアイソトープ）計器による方法**では，乾燥密度・湿潤密度・含水比・空気間げき率・飽和度・締固め度の**計測がその場で短時間に計測**できる。

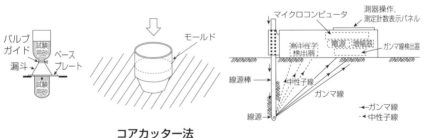

砂置換法　　　コアカッター法（ブロックサンプリング）　　　RI計器による方法

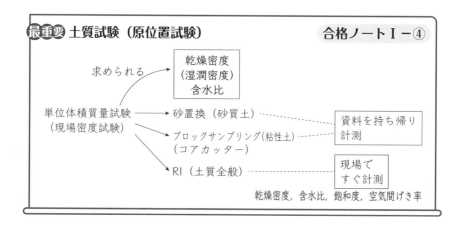

○ 各種サウンディング試験

・**標準貫入試験**…ボーリングロッドの先端にサンプラーを取付け，$63.5kg\pm0.5$ kg のハンマを $76cm\pm1cm$ 自由落下させて，先端のサンプラーを $30cm$ 貫入させるのに要する**打撃回数（＝N 値）を求める**もので，地層の判別や硬軟の判定に利用される。**砂質土はN 値30以上**，**粘性土はN 値15以上**で，**密な地盤判定**に分類される。サンプルを採取することで，**土質柱状図**も得られ，地層の判別も容易である。また，N 値はデータの蓄積が多いことから**砂質地盤**では相対密度，内部摩擦角，許容支持力などが，**粘性土地盤**では**コンシステンシー，一軸圧縮強さ**なども判別推定することができる。

・**SWS（スクリューウェイト貫入）試験**；旧スウェーデン式サウンディング**試験**…荷重による貫入と回転貫入を併用した試験で，**静的荷重**を順次かけ地盤中に貫入させて，その時の荷重と貫入量の関係と，貫入停止位置から $25cm$ 貫入させるのに必要なロッドの半回転数より**換算N 値**を求める。N 値と同様に，土の硬軟や締まり具合の判定に用いられるが，**硬い地盤，深い地盤には適さない**。

・**ポータブルコーン貫入試験**…人力で地中にコーンペネトロメータを貫入させ，その時のコーン貫入抵抗値から**コーン指数**を求める。**施工機械のトラフィカビリティの判定**や，比較的**浅い層の軟弱地盤の土質調査**に用いられる。

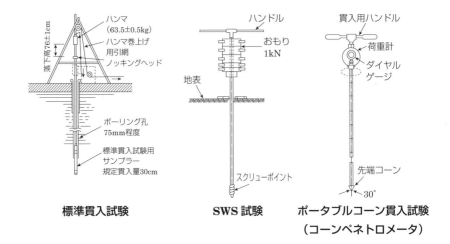

標準貫入試験　　　　　　SWS 試験　　　　　ポータブルコーン貫入試験
　　　　　　　　　　　　　　　　　　　　　　　　（コーンペネトロメータ）

- オランダ式二重管コーン貫入試験…ポータブルコーン貫入試験と同様にコーン指数を求める試験だが，圧入装置を用いるため**比較的硬い地盤で，深さ20m程度まで適用可能**である。
- ベーン試験…十字型の羽根（ベーン）を軟弱地盤中に押込み，回転させる時のロッドのトルクから，**せん断強さや土の粘着力**を求める。**細粒土の斜面や基礎地盤の安定計算**等に用いられる。

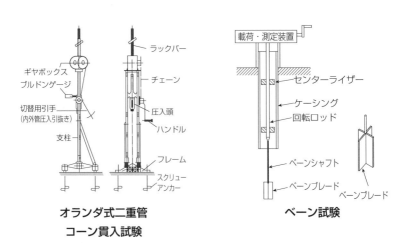

オランダ式二重管　　　　　　　ベーン試験
コーン貫入試験

○ 平板載荷試験（現場 CBR 試験）

鉄板やバックホウ等により固定した平板の下にジャッキを設け，徐々にジャッキアップすることで段階的に載荷し，その時の**地盤の沈下量から地盤反力係数（変形特性および支持力特性）**が求められ，**盛土の品質管理・支持層の確認等**に用いられる。

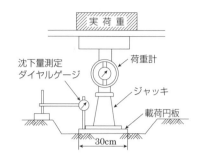

※CBR 試験には，平板載荷試験同様に支持層の確認等に用いる現場 CBR 試験とは別に，室内試験である室内 CBR（設計 CBR…舗装厚さの決定，修正 CBR…路盤材料の評価・選定）試験がある。

○ 現場透水試験

地盤に井戸又は観測孔を設け，揚水又は注水時の水位や流量を測定し，地盤の原位置における**透水係数を求める**ものである。**湧水量の算定，排水工法の検討，地盤改良工法の設計**などに用いられる。

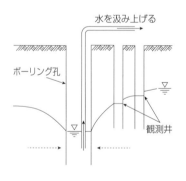
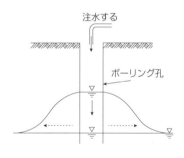

試験名称	求められるもの	試験結果の利用	適用土質
単位体積質量試験 （現場密度試験）	湿潤密度 乾燥密度	締固めの管理	砂置換法（砂質土） コアカッター法（粘性土） RI 計器による測定 （土質問わず, 現場 で即測定可能）
標準貫入試験 （動的試験） ⇕	N 値 砂質土30以上 支持地盤 粘性土20以上 土質柱状図	土の硬軟の判定 支持層の判定 コンシステンシー 一軸圧縮強さetc... ✕透水係数　✕粒度分布	土質 深さ問わず
（静的試験） SWS 試験 （スウェーデン式 サウンディング試験）	（換算） N 値	土の硬軟の判定 （土層の締まり具合）	深さ10m 程度 やわらかい地盤
ポータブルコーン 貫入試験 コーンペネトロメータ	コーン指数 湿地ブルドーザー 接地圧 300kN/m² ⼩ ダンプトラック 1200kN/m² ⼤	トラフィカビリティー の判定	軟弱地盤の表層
オランダ式二重管 コーン貫入試験	コーン指数	土の硬軟の判定 （土層の締まり具合）	深さ20m 程度 比較的硬い地盤
ベーン試験	粘着力	細粒土の斜面上 地盤の安定計算	軟弱地盤の表層
平板載荷試験 （現場 CBR 試験）	地盤反力係数 （CBR 値）	締固めの管理 支持力の確認	✕
現場透水試験	透水係数	湧水量の算定 排水工法の検討	粘性土：透水係数⼩ 粗粒土：透水係数⼤

土量の変化率　　　　　　　　　　　　　　　重要度 B

　土を掘削し，運搬して盛土をする場合，土は地山にあるとき，それをほぐしたとき，それを締め固めたときでは，それぞれの状態によって体積が異なる。

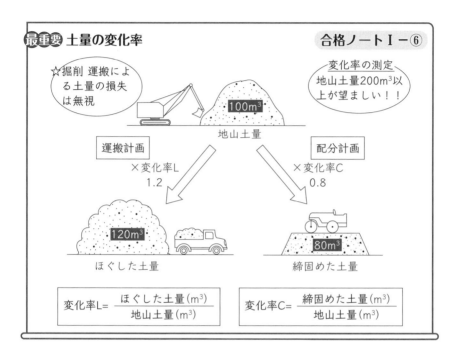

掘削（地山土量） ⟹	運搬（ほぐした土量） ⟹	締固め（締め固めた土量）
地山は，土粒子に適度な間隙をもったまま安定した状態。この土量を1とする。	地山をほぐすと比粒子の間隙が大きくなり，土量が地山の約1.20～1.30倍に増える。なお，ダンプの積載土量はほぐした比量で表す。	ほぐした土を締固めると土粒子が密になり，土量は地山の約0.80～0.95倍と少なくなる。

　土量の変化率に，**掘削・運搬の工法によってかわる土量の損失**や盛土の場所や工法によって変わる**基礎地盤の沈下による盛土量の増加は含まない**。土量の変化率Cは，**試験施工によってその値を求める**ことが望ましい。また，土量の変化率は，実際の土工の結果から推定するのが最も的確な決め方である。特

に，岩石の土量の変化率は，測定そのものが難しいので，施工実績を参考にして計画し，実状に応じて変化率を変更することが望ましい。**地山土量で200m³以上，できれば500m³程度の土量**で計算することで，信頼できる値が求められる。

盛土材料　　　　　　　　　　　　　　　重要度 **B**

○　通常の盛土における盛土材料

盛土材料として要求される一般的性質は次のとおりである。

① 施工機械のトラフィカビリティが確保できること。

② 所定の締固めが行いやすいこと。

③ 締め固められた土の**せん断強さが大きく，圧縮性（沈下量）が小さい**こと。

④ **透水性が小さい**こと。

⑤ 有機物（草木・その他）を含まないこと。

⑥ **吸水による膨潤性の低い**こと。

> **最重要 盛土材料**
> **合格ノートⅠ－⑦**
> ・せん断強さ⑳
> ・圧縮性（沈下量）⑳
> ・透水性⑳
> ・膨潤性⑳
> ・粒度分布⑳

このような点から盛土材料として，使用できないと考えられる材料にはベントナイト，凍土，腐植土などが挙げられる。普通の土であっても，自然含水比が液性限界を超えるような土は施工性が悪くそのままでは利用できない場合がある。

○　裏込め部における盛土材料

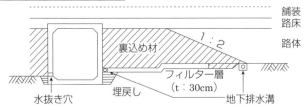

ボックスカルバートや橋台などの構造物との接続部では，盛土部の基礎地盤の沈下および盛土自体の沈下等により段差が生じやすいため，敷均し・締固めの施工が容易で，締固め後の強度が大きく，**圧縮性が少なく，透水性が良く雨水等の浸透に対して強度低下が生じない材料（砂利，切込み砕石等）**を用いる。

○ 建設発生土の利用

現地発生土の有効利用盛土の設計に当っては，処理方法や用途について検討を行い，発生土の有効利用及び適正処理に努める。

① 安定や処理等が問題となる材料は，障害が生じにくい**のり面表層部・緑地等へ利用**する。

② **高含水比の材料**は，なるべく薄く敷き均した後，十分な放置期間をとり，**ばっ気乾燥**を行い使用するか，処理材を混合調整し使用する。

③ 安定が懸念される材料は，盛土のり面勾配の変更，ジオテキスタイル補強盛土やサンドイッチ工法の適用，排水処理等の対策を講じる，あるいはセメントや石灰による安定処理を行う。

④ **支持力や施工性が確保できない材料（高含水比の粘性土）**は，**セメントや石灰による安定処理等**を行う。

⑤ **有用な表土（有機物を含む粘性土等）**は，可能な限り仮置きを行い，**土羽土**として有効利用する。

⑥ 透水性の良い**岩塊や礫質土**は，**排水処理と安定性向上のためのり尻への使用**を図る。

※ 岩塊，転石，玉石などを盛土材料として用いる場合は，施工事例の収集を行い，最大粒径や粒度分布の把握をしておくことが望ましい。また，粘性土のせん断強さは他の材料に比べて弱いので，粘性土主体の高盛土を施工する場合は，盛土の安定性照査を行う必要がある。また，**第3種・第4種建設発生土**のような含水比の高い発生土であっても，ばっ気乾燥，天日乾燥により**含水比を低下させた材料**及び**安定処理により改良された盛土材料**は，所定の強度が確保できれば**路床及び裏込め等においても使用することが可能**である。

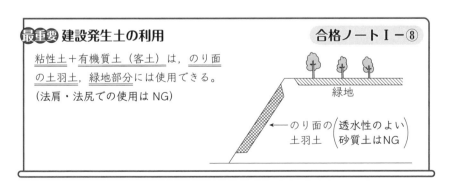

最重要 建設発生土の利用　　　　合格ノートⅠ－⑧

粘性土＋有機質土（客土）は，のり面の土羽土，緑地部分には使用できる。
（法肩・法尻ての使用は NG）

緑地

のり面の土羽土（透水性のよい砂質土はNG）

区 分		コーン指数 （kN/m²）	利用用途
第1種建設発生土	砂，礫及びこれらに準ずるもの	－	工作物の埋戻し材料・土木構造物の裏込材・道路盛土材料・宅地造成用材料
第2種建設発生土	砂質土，礫質土及びこれらに準ずるもの	800以上	土木構造物の裏込材・道路盛土材料・河川築堤材料・宅地造成用材料
第3種建設発生土	通常の施工性が確保される粘性土及びこれに準ずるもの	400以上	[土質改良必要] 土木構造物の裏込材・道路盛土材料
			河川築堤材料・宅地造成用材料
第4種建設発生土	粘性土及びこれに準ずるもの（第3種建設発生土を除く）	200以上	[土質改良必要] 土木構造物の裏込材・道路路体用盛土材料・河川築堤材料・宅地造成用材料
			水面埋立て用材料
泥 土		200未満	[土質改良必要] 水面埋立て用材料

盛土の施工　　　　　　　　　　重要度 B

○ 基礎地盤の処理

① 盛土の基礎地盤に凸凹や段差がある場合，十分な締固め作業を行い，盛土と地山の支持力の差を減らし均一化を図るため，盛土に先がけてできるだけ平坦にかき均しを行わなければならない。ただし，**盛土高さが高い場合は，あぜのような小さな段差の影響は少なくなり段差処理は省略することができる。**

② 盛土の基礎地盤に**極端な凸凹や段差**がある場合は，盛土高の高さに関わらず，**基礎地盤は盛土に先立ちできるだけ平坦に均す**必要がある。

③ 表層に薄い軟弱層が存在している基礎地盤は，盛土基礎地盤に自然排水可能な勾配に整形し，**素掘りの溝や暗渠などを設置し，盛土の外への排水を行**い，盛土敷の乾燥をはかって施工機械のトラフィカビリティを確保する。

④ 基礎地盤の地下水が毛管水となって盛土内に浸入するのを防ぐ場合には，**厚さ0.5m～1.2m のサンドマット**を設けて排水をはかる。

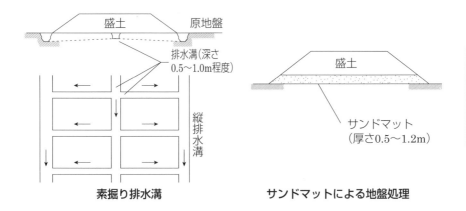

素掘り排水溝　　　　　　　　　サンドマットによる地盤処理

○　敷き均しの施工

① 高まきを避け，水平の層に薄く敷き均し，均等に締め固める。

② 盛土材料として高含水比粘性土を使用するときは，運搬機械によるわだち掘れや，**こね返し**により著しい強度低下をきたさないよう，2次運搬に，**不整地運搬車（クローラダンプ）**等を用いる。

最重要 盛土の施工　　　　　　　　　　　　　　合格ノートⅠ－⑨

・敷均しの留意事項 | 舗装の下1mより深い位置 |　仕上り厚　（敷均し厚さ）

高まきを避ける　　路体盛土 ──────→ 30cm 以下（35～45cm 程度）

（薄層に仕上げる）路床盛土 ──────→ 20cm 以下（25～30cm 程度）

| 舗装の直下1m以内 |　厳しい管理が必要

・締固めの留意事項…含水比→最適含水比　密度→最大乾燥密度に近づける。

（空気の間げきを少ない状態にするのが目的）

○　締固めの施工

① 盛土材料の含水比をできるだけ**最適含水比に近づける**ような処置をし，**最大乾燥密度の状態に締め固める**ことが最も望ましい。

② 盛土材料の土質に応じて適切な機種，重量の締固め機械を選定する。

③ 施工中の排水処理を十分に行う。雨水が締め固めている土に浸入しにくいように，**表面に4～5%程度の排水勾配**をつけて締め固める。

④　盛土のすり付け部や端部は締固めが不十分となりやすいので，本体部とは別に締固め方法を検討するなどして，両者の締固め度に差が出ないようにする。

⑤　高含水比粘性土を盛土材料として使用するときは，**こね返し（オーバーコンパクション）**によって著しい強度低下をきたすので，これらを防止するために普通の盛土材料と異なった敷均し方法がとられる。

・接地圧の小さい**湿地ブルドーザを使用**する。

・ある一定の高さごとに**透水性の良い山砂等で排水層**を設ける。

・**ばっ気乾燥，天日乾燥**を行い，含水比を**施工含水比の範囲内になるよう調整**する。

最重要 高含水比粘性土の施工　　　　　　**合格ノートⅠ-⑩**

・高含水比粘性土→こね返し（オーバーコンパクション）に注意

　　対策　・接地圧の小さい湿地ブルドーザを使用

　　　　　・ある一定の高さごとに透水性の良い山砂で排水層を設ける。

　　　　　・含水比を下げて用いる（ばっ気乾燥・土質改良）

　　　　　・急速に施工しない（間げき水圧の上昇抑制）

　盛土の締固め状態は　土質の種類　含水状態　締固め方法　によって大きく異なる。

○　締固めの目的

①　土の空気間隙を少なくして透水性を低下させ，水の浸入による軟化，膨張を小さくして土を最も安定した状態にする。

②　盛土のり面の安定，荷重に対する支持力など，盛土として必要な強度特性を持たせる。

③　盛土完成後の圧密沈下など変形を少なくする。

※　軟弱地盤上における盛土構造は，盛土後の時間経過に応じて地盤強度が増し安定性が増すが，地震による液状化対策を要する基礎地盤では，密度を増加させ，**間げき水圧の抑制**をはかる。

特殊箇所の盛土　　　　　　　　　　　　　重要度 C

○　裏込め盛土

① 　不等沈下による段差を極力少なくするため，良質な材料(圧縮性が小さく，透水性の大きい材料) を使用して，**一層の仕上り厚さが20～30cm程度以下**になるようにまき出し，入念に締め固める。

② 　構造物の移動や変形を防止するため，**偏土圧**がかからないように，**薄層で両側から均等に締め固める。**

③ 　構造物の隣接部や狭い場所でも，小型の締固め機械を使用するなどして入念に締め固める。

④ 　構造物周辺には雨水や溜まり水が集まりやすいので，施工中の排水処理を十分に行うとともに，必要に応じて地下排水溝等を設置する。裏込め排水工は，構造物壁面に沿って設置し栗石や土木用合成繊維で作られた透水性材料などを用い，これに水抜き孔を接続して集水したものを盛土外に排水する。

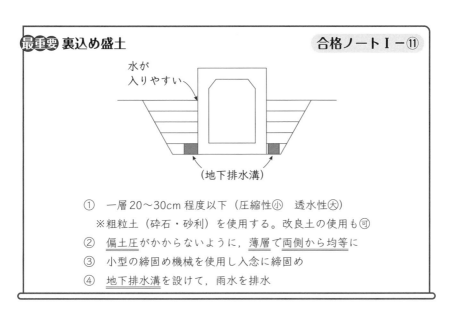

最重要 裏込め盛土　　　　　　　　　　合格ノートⅠ－⑪

水が入りやすい

（地下排水溝）

① 　一層20～30cm 程度以下 （圧縮性⊕　透水性⊕）
　　※粗粒土（砕石・砂利）を使用する。改良土の使用も⊕
② 　偏土圧がかからないように，薄層で両側から均等に
③ 　小型の締固め機械を使用し入念に締固め
④ 　地下排水溝を設けて，雨水を排水

○　河川堤防

① 　**細粒分がほとんど入っていない透水性の高い礫質土を使用する場合は，透水性の低い材料**を使用した被覆土によって**止水ゾーンを設ける。**

② 発生土がシルト分の多い粘性土を用いた築堤は，粗粒土を混合して乾燥収縮によるクラックを防止することが必要である。また，安定処理が必要な発生土を用いた築堤は，堤体表面に乾燥収縮によるクラックが発生しないよう試験施工による検証を行い工法の決定を行うことが望ましい。

③ 安定処理された改良土を用いた築堤は，覆土を行うなど堤防植生の活着に配慮した対策が必要である。

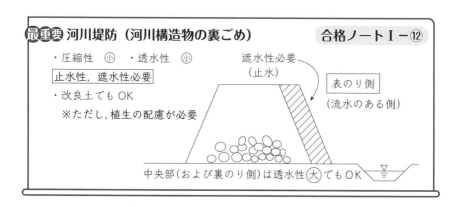

最重要 河川堤防（河川構造物の裏ごめ）　　　**合格ノートⅠ−⑫**

・圧縮性　小　・透水性　小

止水性，遮水性必要

・改良土でも OK

　※ただし，植生の配慮が必要

遮水性必要
（止水）

表のり側
（流水のある側）

中央部（および裏のり側）は透水性大でも OK

○　傾斜地盤等の盛土の施工

① 傾斜地盤上の盛土は，地山からの湧水が盛土内に浸透し盛土法面を不安定にすることが多いため，盛土内へ湧水が浸透しないように地下排水溝を配置する。

※ 雨水が溜まりやすい山地の沢部も同様に地下排水溝や排水層を設ける。

② 傾斜した地盤や切土・盛土との接続部は盛土完成後に段違いや，亀裂・すべりを生じやすいため，接続部は入念に締め固める必要がある。また，**傾斜が1：4より急な場合**は，**段切り**を行い，すべらないように対策を行う。

③ 構造物の周辺は，締固め機械が近寄りにくいので，小型の突固め機等を使用して入念に締め固めることが必要である。

④ 硬岩の岩塊を盛土に用いる場合，振動系の大型の機種を用いて転圧する。

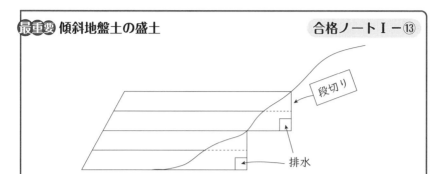

① 傾斜が1：4より急な場合は段切りを行う。

② 地山からの湧水が発生しやすい場所には地下排水溝を設置する。

※山地の沢部（水がたまりやすい箇所）も同様とする。

　（しゃ断排水層を設けるとすべりを誘発するため NG）

土木一般

軟弱地盤の対策工法   重要度 A

　軟弱地盤とは，①粘性土ないし有機質土からなり，含水量がきわめて大きい軟弱な地盤と②砂質土からなり，緩い飽和状態の軟弱な地盤を指す。軟弱地盤上に盛土などを建設すると，地盤の安定性の不足や過大な沈下によって問題を起こすことが多い。また，施工の際も，地盤の排水の難しいことやトラフィカビリティの不足などによって困難な問題が生じるとされている。表1に軟弱地盤対策工の目的と効果を示し，表2にこれに対応した軟弱地盤対策工の種類を示す。

表1　軟弱地盤対策工の概要

対策工の目的	対策工の効果	
沈下対策	圧密沈下の促進	地盤の圧密を促進して，残留沈下量を低減する。
	全沈下量の減少	全沈下量を低減することで，残留沈下量を低減する。
安定の確保	せん断変形の抑制	盛土の沈下によって周辺の地盤が膨れ上がりや，沈下に伴う側方移動を抑制する。
	強度低下の抑制	地盤の強度が盛土などの荷重によって低下することを抑制し，安定を図る。
	強度増加の促進	地盤の強度を増加させえることによって，安定を図る。
	すべり抵抗の増加	盛土形状を変えたり地盤の一部を置き換えることによって，すべり抵抗を増加し安定を図る。
液状化対策	液状化の防止	砂質地盤の液状化の発生を抑制する。

表2 軟弱地盤対策工の種類と効果

工　法		工法の説明	効　果
表層処理工法	サンドマット工法	軟弱地盤上に**透水性の高い砂**を50～120cmの厚さに**敷きならす工法**。軟弱層の圧密のための上部排水層の役割を果たすものである。盛土作業に必要な施工機械の**トラフィカビリティを確保**する。	すべり抵抗の増加せん断変形の抑制（圧密沈下の促進）
	表層混合処理工法	基礎地盤の**表面**を石灰やセメントで処理する工法。現地盤と改良剤を撹拌することで，地盤の支持力を確保，**トラフィカビリティを確保**する工法。	強度低下の抑制強度増加の促進すべり抵抗の増加
	敷設材工法	軟弱地盤の**表層**を**処理する工法**で，ジオテキスタイル・鉄網などを敷広げ**ト**ラフィカビリティを確保する工法。	すべり抵抗の増加せん断変形の抑制
緩速載荷工法		時間をかけ**ゆっくりと盛土を仕上げる**工法。（圧密進行に伴って増加する地盤のせん断強さを期待する工法。）圧密が収束するまで長期間を要するが，土工以外の工種はないので，経済性に優れている。	強度低下の抑制せん断変形の抑制
押え盛土工法（矢板工法・杭工法）		施工している盛土が沈下して側方にすべるのを防ぐために，計画の盛土の**側方部を押えるための盛土を設置する**ことで，盛土の安定をはかる工法。	すべり抵抗の増加せん断変形の抑制
置換工法		軟弱層の一部または全部を**除去し，良質材で置き換える工法**である。	全沈下量の減少せん断変形の抑制すべり抵抗の増加液状化の防止
盛土補強工法		**盛土中**に鋼製ネット，ジオテキスタイル等を設置し，**盛土を補強する工法**。**地盤の側方流動**および**すべり破壊を抑制**する。	すべり抵抗の増加せん断変形の抑制
荷重軽減工法軽量盛土工法		盛土本体の**重量を軽減する工法**。盛土材として，発泡スチロール，軽石，スラグなどが使用される。	全沈下量の減少強度低下の抑制

	盛土載荷重工法 （プレロード工法）	将来建設される構造物の荷重と同等かそれ以上の荷重を載荷して基礎地盤の**圧密沈下を促進**させ，かつ地盤強度を増加させた後，載荷した荷重を除去して構造物を構築する工法。	圧密沈下の促進 強度増加の促進
	バーチカル ドレーン工法 （排水工法）	地盤中に鉛直方向に**砂柱・カードボード・礫(砂利)**などを設置し，水平方向の圧密排水距離を短縮し，**圧密沈下を促進**し合わせて**強度増加**を図る工法。 ※排水材料によって工法名が変わります。 ※排水材料によって工法名が異なる。 ・砂…サンドドレーン工法 ・カードボード（紙製の帯状透水性材料）…カードボード（ペーパー）ドレーン工法 ・砂利…グラベルドレーン工法	圧密沈下の促進 せん断変形の抑制 強度増加の促進
締固め工法	サンドコンパクション パイル工法	軟弱地盤中に振動あるいは**衝撃荷重**により砂を打ち込み，密度が高く強い**砂杭を造成**するとともに，軟弱層を締め固めることにより，沈下の減少などをはかる工法。	全沈下量の減少 すべり抵抗の増加 液状化の防止
	バイブロ フローテーション 工法	**緩い砂地盤中**に棒状の**振動機**を入れ，水を注水し，振動と注水により地盤を締固め，**砂杭を形成する**工法。	全沈下量の減少 すべり抵抗の増加 液状化の防止
固結工法	深層混合処理工法 （石灰パイル工法）	軟弱地盤中に**セメントや石灰等の固化材を撹拌混合**し，地盤の強度を増加させる工法。	全沈下量の減少 すべり抵抗の増加
	薬液注入工法	地盤中に薬液を注入して，薬液の凝結効果により地盤の**透水性を低下**させ，また，**土粒子間を固結**させ現地地盤強度を増大させる工法。	
	地下水位低下工法 （ディープウェル工法 ウェルポイント工法）	**地下水位を低下**させることによって，**圧密を促進**し，地盤の強度増加を図る工法。地下掘削の施工範囲より下に地下水位を下げ，土砂を安定させる目的で行われる。砂質土においては液状化対策に有効である。	圧密沈下の促進

☆表層処理工法

　トラフィカビリティの確保

・⦅表層⦆混合処理工法…地盤の⦅表層⦆にセメント，石灰をかくはんして固める

・サンドマット工法…表層に砂のマット（排水層）0.5～1.2m を敷く

・敷設材工法…ジオテキスタイルを敷設　すべり抵抗の増加

☆緩速 載荷工法……時間をかけてゆっくり盛土を立上げる
　ゆっくり　盛土　　　　　　　　　　　強度低下の抑制

☆押え盛土工法…盛土の側方に押え盛土を築造
　本体盛土を押える　すべり抵抗の増加

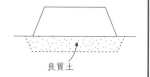
沈下
側方流動

☆置換工法…軟弱地盤の一部または
　置き換える　全部除去し，良質材で置き換える
　　　　　　　全沈下量の減少

☆盛土補強工法…ジオテキスタイル等で
　　盛土中　　盛土を補強する
　　　　　　すべり抵抗の増加
　　　　　　　　　　　　　　　　良質土

☆軽量盛土工法…盛土本体の重量を軽減　全沈下量の減少
　軽い材量　　（発泡材，軽石，スラグ等）

☆載荷重工法…計画されている荷重と同等以上の荷重（盛土）を載荷
　荷重を載せる　　　　　　　　圧密沈下の促進
　（盛土）

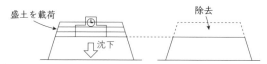
盛土を載荷　　　　　　　　　　除去
沈下

☆バーチカル ドレーン工法
　鉛直　　　排水
　…軟弱地盤中に，鉛直方向に砂柱や
　　カードボード，砂利などを設
　　置し地盤中の排水を促す
　　　圧密沈下を促進
・サンドドレーン（砂排水）
・グラベルドレーン（砂利排水）
・カードボードドレーン
　（カードボード排水）

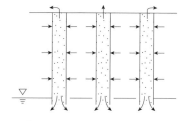

☆強度が出るわけてはない
　排水を促すための材料!!

☆サンド コンパクション パイル工法
　砂　　締固め　　　　杭
…軟弱地盤中に，砂杭を造成し
　杭の支持力によって安定を増す
　　　　　全沈下量の減少

※杭の打設深度，投入砂量等は
　全数確認を行う。

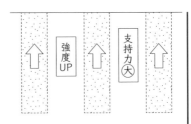

☆バイブロフローテーション工法…ゆるい砂
　　振動　　　　　　　質地盤に，棒状の振動機を用
　　　　　　　　　　　いて，水締めによって締め固
　　　　　　　　　　　める。　全沈下量の減少

☆固結工法
・深層混合処理工法…かくはん機を用いて，
　全沈下量の減少　　軟弱地盤中にセメントや
　　　　　　　　　　深層
（石灰パイル工法）　石灰を混合し地盤改良

・薬液注入工法…薬液によって軟弱地盤中の透水性の減少，土粒子間を固結
　　　　　　　　させ安定させる。全沈下量の減少　　　（間げき水）

☆地下水低下工法…地下水位を低下させることによって，圧密沈下の促進

・ディープウェル工法（深井戸排水工法）…透水性の大きい土質に対応
　　　　　　　　　　　　　　　　　　　　　排水量が大きい

・ウェルポイント工法…比較的透水性の小さい土質にも対応

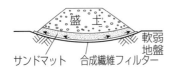

サンドマット工法

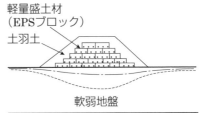

荷重軽減工法（軽量盛土工）

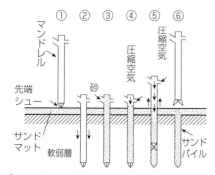

① マンドレルの先端シューを閉じ，所定位置に設置
② 振動によりマンドレルを打込む
③ 砂を投入（バケットによる）
④，⑤砂投入口を閉じ，圧縮空気を送りながら
⑥ マンドレルを引抜く

サンドドレーン工法

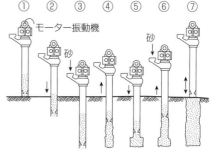

① 先端に砂のせんを設ける
② パイプ頭部のバイブロモーター振動機によってパイプを地中に挿入する
③ 砂を投入し，振動させながらパイプを上下し，砂のせんを抜く
④，⑤，⑥振動させながらパイプを上下し，砂を地中に圧入
⑥ パイプを引抜き，締固めた砂柱をつくって完了

サンドコンパクションパイル工法

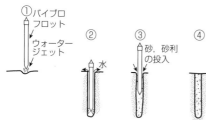

①，②バイブロフロットを水の噴射と振動によって地盤内に貫入する
③ 砂利を投入，噴射と振動によって周辺の砂を締め固めながらバイブロフロットを引上げていく
④ バイブロフロットを引上げ，締め固め完了

バイブロフローテーション工法

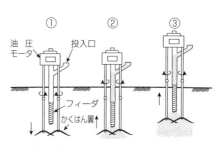

① かくはん機を貫入する
② 石灰を投入し，かくはんする
③ 石灰投入・かくはんを行いながら機械を引き抜く

深層混合処理工法

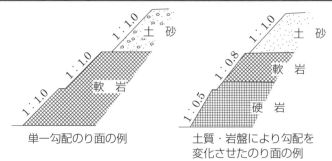

単一勾配のり面の例　　土質・岩盤により勾配を
変化させたのり面の例

① 植物の生育に適したのり面勾配は，一般に軟岩や**粘性土では1：1.0〜1.2より緩い場合**，**砂や砂質土では1：1.5より緩い場合**である。異なった地質や土質が含まれるのり面を**単一勾配とする場合**は，**一番緩い勾配**に合わせる。

② シルト分の多い土質ののり面で凍上や凍結融解作用によって植生が**はく離や，滑落するおそれのある場合**は，のり面勾配をできるだけ緩くする。

③ 切土のり面では，土質，岩質及び法面の規模に応じて，一般に，高さ5〜10mごとに小段を設ける。小段の幅は1〜2mで，（小段に排水を設置しない場合は）のりの下側に向かって5〜10％程度の横断勾配をつけるのが一般的である。

※法面形成の目安となる丁張りは直線部10m間隔（曲線部5m）程度で配置する。

④ 砂質土で浸食されやすい土砂からなる法面の場合は，湧水や表流水による浸食の防止にのり枠工や柵工（しがらこう）などの緑化基礎工と植生工を併用する。また，小段の横断勾配は逆勾配とし，小段に排水溝を設け，集水して縦排水路で排水する。

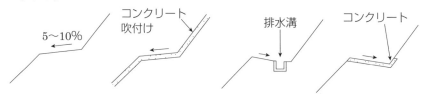

5〜10％　コンクリート吹付け　排水溝　コンクリート

⑤ 土質や湧水の状況が一様でない法面については，排水工などの地山の処理を行った上で，**景観に配慮**してなるべく類似した工法を採用することが望ましい。

⑥ 湧水量が多い法面では，法枠工などの構造物による法面保護工を行い，ある程度の土圧に対する抵抗を持たせる。ブロック積み，じゃかご，中詰めにぐり石を用いた法枠などが用いられる。

最重要 切土の施工　　　　　　　　　　**合格ノートⅠ－⑮**

・法勾配　地盤に適した勾配とする。異なった層を含む法面を単一勾配とする場合は，一番緩いものに合せる。
・植生がはく離する恐れがある場合は法勾配を緩くする。
・湧水量が多い法面では，植生工よりも構造物により法面保護を行う。

のり面保護工　　　　　　　　　　重要度 C

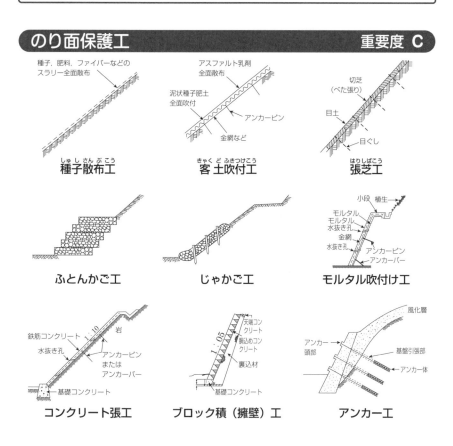

種子散布工

客土吹付工

張芝工

ふとんかご工

じゃかご工

モルタル吹付け工

コンクリート張工

ブロック積（擁壁）工

アンカー工

のり面保護工の工種と目的（道路土工施工指針より抜粋）

	工　種	目　的		工　種	目　的
植生工	種子散布工 客土吹付工 張　芝　工 植生マット工	**浸食防止** 凍上崩落抑制 **全面植生（緑化）**	構造物によるのり面保護工	編柵（あみしがら）工	**表層部の浸食**や湧水による土砂流出の抑制
				じゃかご工	
				モルタル・コンクリート吹付工	**風化，浸食，表面水の浸透防止**
				石張工・ブロック張工	
	植生筋工 筋芝工	盛土のり面の**浸食防止**，部分植生		コンクリート張工	表層部の崩落，多少の土圧を受けるおそれのある箇所の土留め，岩盤剥落防止（**土圧⑩**）
				吹　付　枠　工	
				現場打ちコンクリート枠工	
				石積・ブロック積工	ある程度の土圧に対抗（**土圧中**）
	植生土のう工	不良土，硬質土ののり面の**浸食防止**		ふとんかご工	
				補　強　土　工	すべり土塊の滑動力に対抗（**土圧大**）
	植　栽　工	**景観形成**		ロックボルト工	
				グラウンドアンカー工	

建設機械　　　　　　　　　　　　　　　　　　　　重要度 **B**

○　掘削機械

最重要 建設機械の用途　　　　　　　　　　合格ノートⅠ－⑯

掘削機械

- ・バックホウ…掘削，積込み，溝堀り
- ・ブルドーザ…伐開除根，掘削，運搬60m 程度，敷均し，締固め
- ・モータースクレーパ…掘削（×さく岩，×岩盤掘削），運搬，
　　　　　　　　　　　　敷均し（×締固め）
- ・モーターグレーダ…敷均し，整地（×締固め，×運搬）
- ※カッコ内の（×＿＿＿）の作業は，NG 作業です。

建設機械名	主 な 特 徴（用途，機能など）
ブルドーザ	・掘削，運搬，伐開除根（ばっかいじょこん），敷均し・整地，締固め作業等に使用される。 ・クローラ式，ホイール式があり，各種地盤に適用する。 ・車体を前後に直進させて作業する。 ・短距離（60m以下）の土砂の掘削・運搬に適する。
モーター スクレーパ	・大規模土工で用い，掘削・積込み・長距離運搬（200～1200m程度）敷均し作業を一貫して行う。（締固め作業はできない） ・スクレーパの掘削力は強くない為，軟らかい土質で用いる。 ・スクレープドーザも同等の機能を有する。運搬距離はモータースクレーパより短く40～250m位である。接地圧が小さく小回りがきくため，狭い場所に使用される。
モーター グレーダ	・切削，敷均し，整地作業等に使用される（締固め作業は行うことができない）。平滑度を求められる道路建設，砂利道補修及びグラウンドの整形などに使用される。 ・道路建設では，舗装の仕上げを左右する路床・路盤の材料混合，散土や整形の作業を行う。 ・一定の排水勾配をつけて広い整地をするほか，投入材料の散土等の作業に使用される。 ・敷均しをはじめとした仕上げ作業において高い精度が出せる機械である。
バックホウ	・バケットを下向きに取付け，バケットを車体に引き寄せて掘削する方式で，機械が設置された地盤よりも低い所を掘削するのに適している。（水中掘削も可） ・硬い土質をはじめ各種土質の掘削に適用する。 ・掘削，積込，伐開除根作業に使用される。 ・垂直掘りや底ざらいなど正確に掘れるので，ビルの根切り，溝堀り，法面の整形に適する。
トラクター ショベル （ローダ）	・バケットを上向きに取付け，すくい込み掘削する方式で，山の切りくずし等，機械の位置より高い場所の掘削に適する。 ・掘削・積込み作業に使用され，ほぐされた軟らかい土砂の積込み及び集積や除雪等に適用する。
ドラグ ライン	・ロープで保持されたバケットを旋回による遠心力を利用して遠くに放り投げ，地面に沿って手前に引き寄せながら掘削する。 ・機械の設置地盤より低い所を掘削する機械で，掘削半径が大きく，水中掘削も可能で河川や軟弱地の改修工事などに適している。 ・掘削力は小さく，軟らかい地盤の水路掘削に用いられる。
クラム シェル	・機械の位置より低い場所の掘削に使用される。 ・河床海底の浚渫作業，立坑掘削，オープンケーソンの掘削，ウェル等の狭い場所での深い掘削に使用される。 ・機械式（ケーブル式）クラムシェル：バケットの重みで土砂に食い込み掘削する。一般土砂の孔掘り，ウェルなどの基礎掘削，河床・海底の浚渫などに使用する。 ・油圧式クラムシェル：本体の反力を利用してバケットを油圧で土砂に食い込ませて掘削する。

モータースクレーパ

モーターグレーダ

バックホウ

パワーショベル

クラムシェル(ケーブル式)

クラムシェル（油圧式）

ドラグライン

最重要 掘削機械　　　　　　　　　　　　合格ノートⅠ-⑰

バックホウ
（バケット下向き）

トラクターショベル
（バケット上向き）

バックホウ
<u>機械よりも低い位置の</u>
掘削に適する

ショベル系
<u>機械よりも高い位置の</u>
掘削に適する

・ドラグライン…ロープでバケットを保持（遠心力を用いて掘削）
　　　　　　　　掘削力㊙

・クラムシェル…立杭掘削等，狭い深い掘削に適する
　　①ケーブル式　バケットの重みで掘削
　　②油圧式　　　クラムシェルの中では掘削深度が一番浅い。本体の反
　　　　　　　　　力を利用してバケットを油圧で土砂に食い込ませて掘削。
　　③テレスコピック式→油圧式（ケーブル併用式）より深い掘削に適
　　　　　　　　　している。伸縮のスピードUP，高揚程

○　掘削工法

① **ベンチカット工法**は階段式に掘削していく方法で**ショベル系掘削機**を用いる。

② **ダウンヒルカット工法**は，下り勾配を利用して傾斜面を掘削する方法で，**ブルドーザやスクレーパ系掘削機**を用いる。

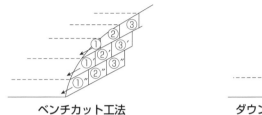

| ベンチカット工法 | ダウンヒルカット工法 |

○　締固め機械

建設機械名	主 な 特 徴（用途，機能など）
タイヤローラ	・アスファルト混合物，路盤，路床の締固めに適する。 ・鉄輪に比べ滑りにくいので大きなけん引力を得ることができる。 ・**タイヤの空気圧**により**接地圧**を調整し，締固め効果を変化させる。 ・比較的広範囲な材料の締固めに適応できるが，**高含水比の砂質土，鋭敏な粘性土，硬岩**には適さない。 ・**バラスト（水，鉄などの付加加重）**を付加することにより**輪荷重**を高め締固め効果を替えることができる。
振動ローラ	・**起振力**によって自重の1〜1.5倍の転圧力を得る機械であり，**小型でも大きな締固め度**が得られる。 ・振動により締固め効果が深層まで及ぶので材料の層の敷均し厚さを厚くできる。 ・比較的広範囲な材料の締固めに適応でき，砂や砂利の締固めにも適応できるが，**高含水比の砂質土，鋭敏な粘性土には適さない。**
タンピングローラ	ロックフィルダムやアースダムの土質材料を締め固める目的で用いられる特殊なローラで，**土塊や岩塊などの破砕や締固め，粘性土の締固め**に適している。 　突起が無数に取り付けられた形状のローラが装着されており，ローラの重量をその突起を介して土に伝えることにより，効果的に土を締め固めることができる。
ロードローラ	鉄輪ローラを用いた締固め機械の総称である。 　車輪（鉄輪）を三輪車形に配置しているマカダムローラと，車輪（鉄輪）を前後に一輪ずつ串形に配置したタンデムローラがある。 　**マカダムローラ**は，**砕石や砂利道の締固めやアスファルト混合物の初期転圧**に適している。ローラ自体にも重量があり，さらに水や鉄などのウエートによって重量を付加できる。 　**タンデムローラ**は，締固め力はマカダムローラに劣るが，仕上げ面の平坦性に優れるため，**アスファルト混合物の仕上げ**に用いられる。
小型機械	振動コンパクタ・タンパ（ランマ）は**狭い場所**や，**構造物の際**などの土を締め固める小型機械である。

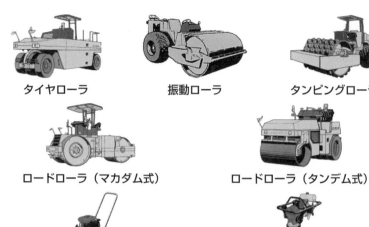

タイヤローラ　　　　　　振動ローラ　　　　　　タンピングローラ

ロードローラ（マカダム式）　　　　ロードローラ（タンデム式）

ソイルコンパクタ（振動コンパクタ）　　　　タンパ（ランマ）

最重要 締固め機械　　　　　　　　　　　**合格ノートⅠ－⑱**

締固め機械

- タイヤローラ…高含水比粘性土などの特殊の土を除く，普通土に適する

  ※タイヤの空気圧で接地圧を，バラストで輪荷重を調整できる。
- 振動ローラ…起振力によって小型でも大きな締固め度を得られる。岩砕，切込砂利，砂質土に適する（高含水比粘性土を除く）
- タンピングローラ…風化岩，土丹，粘性土など細粒土が多い土に適している。
- 振動コンパクタ，ランマ，タンパ…小型機械，狭い場所の締固め

建設機械の性能等　　　　　　　　　　　　　　重要度 **C**

○　接地圧（コーン指数）・運搬距離・勾配

- クローラ式の油圧ショベルは，ホイール式に比べ接地圧が低く，不整地や軟弱地での作業に適している。
- 軟弱地での運搬では，接地圧の大きいダンプトラックではなく，不整地運搬車（クローラダンプ）を用いる。
- ブルドーザは幅広い土質に対応する締固め機械だが，軟弱地では接地圧の小

さい湿地ブルドーザを用いる。

・建設機械の走行性を**トラフィカビリティ**といい，**コーン指数**より**判定**される。

建設機械の走行に必要なコーン指数と接地圧

建設機械の種類	コーン指数 q_c [kN/m²]	接地圧 [kPa]
湿地ブルドーザ	300以上	22〜43
普通ブルドーザ（15t 級程度）	500以上	50〜60
普通ブルドーザ（21t 級程度）	700以上	60〜100
ダンプトラック	1,200以上	350〜550

土木建築用語（〇〇ビリティ）　　　重要度 **C**

　土木，建築の世界では〇〇ビリティーという用語が多く用いられる。これは「〇〇＋アビリティ（能力）」を組み合わせた造語であり，「〇〇し易さ」を表す。

〇　土工事

・**トラフィカビリティ**

　…建設機械の走行性（走行し易さ）

・**リッパビリティ**

　…リッパ作業の行いやすさ（岩石がリッパで破砕しやすいかどうかの掘削難易性）

リッパ

ブルドーザ

〇　コンクリート工事

・**フィニッシャビリティ**…打ちあがったコンクリートの仕上げ易さ

・**ワーカビリティ**…コンクリートの作業性（作業のし易さ・コンクリートの軟らかさ）

問題1 □□□

土工に関する室内試験及び原位置試験の試験名とその試験結果の活用の組合せとして，適当でないものはどれか。

(1) 砂置換法による土の密度試験………盛土の締固め度の管理
(2) 標準貫入試験…………………………地盤支持力の判定
(3) 含水比試験……………………………地盤の透水性の推定
(4) 突固めによる土の締固め試験………盛土の締固め管理（締固め度の推定）

解説

(3) 土の含水比試験は，土に含まれている**水の質量と土の乾燥質量の比**をいい，盛土の施工条件の判断等に用いられる。透水性の推定は透水試験によって求められる。

解答　(3)

問題2 □□□

土量の変化率に関する記述として，適当なものはどれか。ただし，L＝1.20
L＝ほぐした土量／地山土量　C＝0.90　C＝締め固めた土量／地山土量とする。

(1) 締め固めた土量100m³に必要な地山土量は111m³である。
(2) 100m³の地山土量の運搬土量は90m³である。
(3) ほぐされた土量100m³を盛土して締め固めた土量は90m³である。
(4) 100m³の地山土量を運搬し盛土後の締め固めた土量は108m³である。

解説

(2) 100m³の地山土量の運搬土量は**地山土量に変化率 L を掛けた120m³**である。
(3) ほぐされた土量100m³の地山土量は83.3m³。よって締め固めた土量は**地山土量に変化率 C を掛けた83.3×0.90＝75m³**である。
(4) 100m³の地山土量を締め固めた土量は，**地山土量に変化率 C を掛けた90m³**である。

解答　(1)

問題3 ☐☐☐

盛土材料に求められる性質に関する記述として，適当でないものはどれか。

(1) 締固め後のせん断強度が高く，圧縮性が小さい材料を使用する。

(2) 締固め後の吸水による膨張が小さい材料を使用する。

(3) 構造物の裏込め部の材料は，雨水などの浸透によって土圧が増加しないよう，低い透水性の材料を使用する。

(4) 粒度配合のよい礫質土や砂質土が望ましい。

解説

(3) 構造物の裏込め部に使用する盛土材料には，**高い透水性の材料**で，圧縮性の小さい材料を使用する。

解答　(3)

問題4 ☐☐☐

盛土工に関する記述として，適切でないものはどれか。

(1) 盛土の締固めの効果や特性は，土の種類，含水状態及び施工方法によって大きく変化する。

(2) 建設機械のトラフィカビリティが得られない軟弱地盤では，あらかじめ地盤改良などの対策を行う。

(3) 盛土構造物の安定は，基礎地盤の土質に関係なく，盛土材料を十分締固めることによって得られるものである。

(4) 盛土の締固めの目的は，盛土の法面の安定や土の支持力の増加などが得られるようにすることである。

解説

(3) 盛土構造物の安定には，基礎地盤の安定と盛土本体の安定が共に必要であるため，**基礎地盤の土質に影響を受ける**。

解答　(3)

問題5 □□□

地盤改良の工法のうち，表層処理工法に該当するものはどれか。

(1) ウェルポイント工法

(2) 押え盛土工法

(3) 薬液注入工法

(4) サンドマット工法

解説

(4) サンドマット工法は，代表的な表層処理工法で，**軟弱地盤表層に砂（サンド）の層（マット）を設ける**ことで圧密排水を促し，盛土の安定を図る工法である。

解答　(4)

問題6 □□□

軟弱地盤対策に関する記述として，適当なものはどれか。

(1) 荷重軽減工法は，土に比べて軽量な材料で盛土などを構築し地盤中の応力増加を軽減することにより，粘性土層の沈下量の低減をはかることなどを目的とするもので，軽量盛土工法などがある。

(2) 載荷工法は，軟弱な地盤を良質な材料に入れ換えて，地盤のせん断強さを増加させる工法である。

(3) 深層混合処理工法は，基礎地盤の軟弱土上に石灰やセメント系の安定材を敷き均すことにより，処理土を形成させる工法である。

(4) 固結工法には，軟弱地盤の土粒子間に水ガラス系薬液を注入して，間隙水を固結させ，強さを増大させる薬液注入工法がある。

解説

(2) 載荷工法は**圧密沈下促進や強度増加促進を増加させる工法**で，設問の記述は，置換工法である。

(3) 深層混合処理工法は，**石灰・セメント系の土質改良安定剤を，粉体あるいはスラリー状にして軟弱地盤中の土と撹拌混合する**ことにより，円柱状の改良体を作る工法である。設問の記述は，表層処理工法の説明である。

(4) 薬液注入工法は軟弱地盤の土粒子間に薬液を注入して**土粒子間を固結させ，強さを増大させる工法**である。間隙水を固結させるわけではない。

問題7 □□□

土工に使用する建設機械名と作業内容との次の組合せとして，不適当なものはどれか。

(1) ブルドーザ……………………………伐開・除根
(2) モーターグレーダ……………………敷均しと締固め
(3) バックホウ……………………………溝掘り
(4) スクレーパ……………………………掘削・積込み・運搬・敷均し

解説

(2) モーターグレーダは平面均し作業を主体とした整地機械で，切削・敷均し・整形などを行う。モーターグレーダでは**運搬・締固め作業は出来ない**。

問題8 □□□

整地，締固めに使用する機械に関する記述のうち，適当でないものはどれか。

(1) タンピングローラは，岩塊や粘性土の締固めに適している。
(2) マカダムローラは，砕石や砂利道などの一次転圧，仕上げ転圧に適している。
(3) ソイルコンパクタやランマは，広い場所の締固めに適している。
(4) 振動ローラは，ロードローラに比べると小型で砂や砂利の締固めに適している。

解説

(3) ソイルコンパクタ・ランマは**狭い場所**や，構造物の際などの土を締め固める小型機械である。

解答 (3)

一問一答 ○×問題

土工事に関する記述において，正しいものには○，誤っているものには×をいれよ。

- □□□ ① 【 　 】 ボーリング孔を利用した透水試験は，土工機械の選定に用いられる。
- □□□ ② 【 　 】 圧密試験は，粘性地盤の沈下量の推定に用いられる。
- □□□ ③ 【 　 】 盛土の施工における盛土材料の敷均し厚さは，路体より路床の方を厚くする。
- □□□ ④ 【 　 】 ベンチカット工法は，階段式に掘削していく方法で，ブルドーザやスクレーパによって掘削，運搬する。
- □□□ ⑤ 【 　 】 プレローディング工法は，軟弱地盤対策工法のうち，載荷工法に該当する。
- □□□ ⑥ 【 　 】 サンドコンパクションパイル工法は，軟弱地盤対策工法の固結工法に該当する。
- □□□ ⑦ 【 　 】 薬液注入工法は，軟弱地盤対策工法のうち，地下水位低下工法に該当する。
- □□□ ⑧ 【 　 】 スクレーパは，さく岩作業に用いる建設機械である。
- □□□ ⑨ 【 　 】 リッパビリティは建設機械の走行性の良否を表す

解答・解説

① 【×】…透水試験で求められるのは**透水係数**である。透水係数は湧水量の算定，排水工法の検討，地下水位低下対策，地盤改良工法の設計などに用いられる。**土工機械の選定にはポータブルコーン貫入試験**などを用いる。

② 【○】…設問の記述の通りである。

③ 【×】…一層の敷均し厚さは路体よりも路床の方を薄くする。**路床は舗装の下の地盤で，一層の仕上がり厚さは20cm以下とする。路体は盛土仕上がり面下1m以上の地盤で，盛土の一層の仕上がり厚さは30cm以下とする。**

④ 【×】…**ベンチカット工法は階段式に掘削していく方法でショベル系掘削機を用いる。**ブルドーザやスクレーパ系掘削機は，下り勾配を利用して傾斜面を掘削するダウンヒルカット工法で用いる。

⑤ 【○】…設問の記述の通りである。

48

⑥【×】…固結工法は，軟弱地盤に**固化剤を使用し固結させる工法**で，石灰パイル工法・薬液注入工法・深層混合処理工法などが代表的な工法である。

⑦【×】…地下水位低下工法は，井戸を作りポンプを使用し地下水を汲み上げる工法で，**ディープウェル工法とウェルポイント工法**がある。

⑧【×】…スクレーパは，大規模な土工作業（造成工事など）に用いられ，土砂の**掘削・積み込み・長距離運搬・敷均しを一貫作業**として行えるが，**岩盤の掘削は行えない**。さく岩はリッパを装着したブルドーザなどで行う。

⑨【×】…**建設機械の走行性の良否**を表す用語は**トラフィカビリティ**である。リッパビリティは，リッパ作業の行いやすさ（岩石がリッパで破砕しやすいかどうかの掘削難易性）を示す。

第2節 コンクリート工

コンクリートの概要とセメント　　　　　重要度 **C**

　コンクリートとは，セメント，水，骨材および必要に応じて加える混和材料を構成材料とし，これらを練混ぜて一体化したものをいう。

　コンクリートは，セメントと水が**水和反応（発熱）**することによって硬化する水硬性材料である。そのため，**使用時の温度が高い**ほど凝結は早くなり，**初期における強度発現は大きくなる**。また，コンクリートは，初期強度が大きくなると長期強度が小さくなり，初期強度の発生を抑えると長期強度は大きくなるという特性を持っている。そのため，密実で耐久性の大きなコンクリートを打設するためには，初期強度（初期の発熱）を抑制することがポイントとなる。

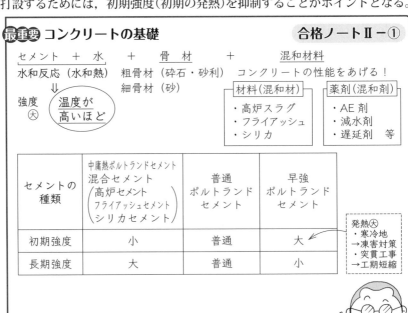

最重要 コンクリートの基礎　　　　　　　合格ノートⅡ－①

セメント ＋ 水 ＋ 骨材 ＋ 混和材料

水和反応（水和熱）　粗骨材（砕石・砂利）　コンクリートの性能をあげる！
　　↓　　　　　　　細骨材（砂）

強度 大 （温度が高いほど）

材料（混和材）
・高炉スラグ
・フライアッシュ
・シリカ

薬剤（混和剤）
・AE 剤
・減水剤
・遅延剤　等

セメントの種類	中庸熱ポルトランドセメント　混合セメント（高炉セメント　フライアッシュセメント　シリカセメント）	普通ポルトランドセメント	早強ポルトランドセメント
初期強度	小	普通	大
長期強度	大	普通	小

発熱 大
・寒冷地
→凍害対策
・突貫工事
→工期短縮

50

○ セメント

・セメントは，大別して**ポルトランドセメント**と**混合セメント**とに分けられる。セメントの規格としては，JIS R 5210 ポルトランドセメント（**普通，早強，超早強，中庸熱**，低熱および耐硫酸塩）と，混合セメントとして JIS R 5211 **高炉セメント**，JIS R 5212 **シリカセメント**，JIS R 5213 **フライアッシュセメント**の4規格がある。

(1) **ポルトランドセメント**

① 普通ポルトランドセメント…特殊な目的で製造されたものではなく，土木，建築工事やセメント製品に最も多量に使用されている。

② 早強ポルトランドセメント…普通ポルトランドセメントよりけい酸三カルシウムやせっこうが多く，**微粉砕されているので初期強度が大きい。冬期工事や寒冷地の工事**，および早く十分な強度が望まれる工事に適している。また，初期強度を要するプレストレストコンクリート工事などに使用される。

③ 中庸熱ポルトランドセメント…普通ポルトランドセメントより，アルミン酸三石灰（C_3A）が少なく，けい酸二石灰（C_2S）が多いため，**初期の発熱を抑制し長期強度を高める**。そのため，ダムのような**マスコンクリート**に多く使用される。

・セメント粒子の細かさを粉末度といい，**粉末度の高い（比表面積の大きい）**ものほど**水和作用が早くなる**。

ポルトランドセメントの比表面積と圧縮強度

		中庸熱ポルトランドセメント	普通ポルトランドセメント	早強ポルトランドセメント	超早強ポルトランドセメント
比表面積(cm^2/g)		2,500以上	2,500以上	3,300以上	4,000以上
圧縮強さ	7日	7.5以上	12.5以上	20.0以上	30.0以上
(N/mm^2)	28日	32.5以上	42.5以上	47.5以上	50.0以上

(2) **混合セメント（ポルトランドセメントに混和材を添加）**

① 高炉セメント…ポルトランドセメントに**高炉スラグ**を混合したセメントである。**早期の強度発現が緩慢**で湿潤養生期間を長くする必要があるが，**長期にわたり強度の増進**がある。**化学抵抗性が大きい**，水和熱が小さいのに加え**アルカリ骨材反応抑制対策**として使用されるなどの特徴を有する。

② シリカセメント…ポルトランドセメントに天然の**シリカ質混合材**（火山

灰，凝灰岩，けい酸白土などの粉末）を混合したものである。**ポゾラン反応性により長期にわたる強度の増進が大きく，化学抵抗性も大きい等の特徴を有し，水和熱も低い。単位水量が多くなり，乾燥収縮がやや大きいため，減水剤を併用するなどひび割れに注意する必要がある。**

③　フライアッシュセメント…ポルトランドセメントに**フライアッシュ**を混合したものである。**ワーカビリティが向上し，単位水量を低減**できる。早期強度は小さいが**長期の強度の増進が大きい，化学抵抗性が大きい，水和熱が低い，乾燥収縮が少ない**等の特徴を有する。ダムなど**マスコンクリート**に主として用いられている。

最重要 混合セメントの特徴　　　　　　　　　　　　　**合格ノートⅡ－②**

☆混合セメント…高炉スラグ（高炉セメント）　　（共通）

　　　　　　　　　フライアッシュ（フライアッシュセメント）　・早期の発熱(強度)を

ワーカビリティ向上　シリカ質混合材（シリカセメント）　　　抑制し長期強度を増進

単位水量を低減

　　　　　　　　単位水量　大　　　乾燥収縮　大　　　・化学抵抗性　大

コンクリートの混和材料　　　　　　　　　　　重要度 **B**

　混和材料とは，練混ぜの際に必要に応じてコンクリートの成分として加え，コンクリートの性質を改善する材料で，使用量の多少によって，**混和剤**と**混和材**に分けられる。**混和剤は，使用量が少なく，それ自体の容積がコンクリートの練上り容積に算入されないもの**をいい，**混和材**は前項の混合セメントに添加された高炉スラグやフライアッシュのことをいい，**使用量が比較的多く，それ自体の容積がコンクリートなどの練上り容積に算入される**ものをいう。

混和材料とその効果・用途

名　称			特徴および効果	用途
混和剤	A　E　剤		コンクリートの中に微細な独立した気泡を一様に分布させる混和剤である。単位水量を減少させ，ワーカビリティを向上させる。ブリーディング，レイタンスが少なくなり，材料分離がしにくくなる。凍結，融解に対する抵抗性が増す。コンクリートの肌が良くなる。	最も一般に用いられる混和剤。寒冷地では多く用いられる。
	減水剤	標　準　形	軟らかくする性質をもっているため，同一ワーカビリティの場合には減水できる。減水に伴って単位セメント量を減らせる。コンクリートを緻密にし，鉄筋との付着がよくなる。コンクリートの粘性が増し，材料分離がしにくくなる。	単位水量，単位セメント量が多くなりすぎるときなどに用いる。
		促　進　形	標準形と同様の効果をもつが，この混和剤は強度が早く発現するのが特徴。塩化物を含んでいるものが多いので鉄筋の発錆などの問題がある場合は注意を要する。	主に寒中施工の場合に使用。
		遅　延　形	標準形と同様の効果をもつが，コンクリートの凝結を遅らせる効果がある。コンクリートの水和熱による温度上昇の時間を若干遅らせる。	マスコンクリート，暑中コンクリートに使用。
	高性能減水剤	高強度用	減水剤よりも大幅に減水率が高く，高強度コンクリートや，流動化コンクリート用として使用される。配合や硬化後の品質を変えることなく，流動性を大幅に改善させる。	高強度用。とくに単位水量・セメント量を少なくしたいときなど。
		流動化用		
	凝結遅延剤		凝結の開始時刻を遅らせる混和剤。多量に用いると硬化不良を起こすことがある。	暑中施工時に使用。
	硬化促進剤		初期材令における強度を増進させる。乾燥収縮が若干大きくなる。	寒中あるいは急速施工時に使用。
	防　錆　剤		鉄筋の防錆効果を期待するものである。	海砂を使う場合などに用いる。
混和材	ポゾラン	フライアッシュ	長期強度が大きい，水密性が大きい，化学抵抗性が大きいなどの利点があるが，早期強度が小さい。品質によっては，単位水量が多くなり，乾燥収縮が大きくなることもある。	マスコンクリート，暑中コンクリートに使用。
		シリカフューム		
	鉱物質微粉末		高炉スラグ粉末，岩石粉末などがあり，いずれもブリーディングの低減，強度の増加効果がある。	ブリーディングの抑制が必要な場合などに用いる。
	膨　張　材		初期材令で若干膨張することによって収縮率を小さくできる。初期の湿潤養生がとくに大切である。使用量が，多過ぎると有害になることもある。	水密コンクリートなどひび割れ防止用。

○ AE剤・AE減水剤

　表中に示す各種混和剤のうち，最も多く用いられているのはAE剤，AE減水剤である。AE剤，AE減水剤を適切に用いたコンクリートは，次のような特徴がある。

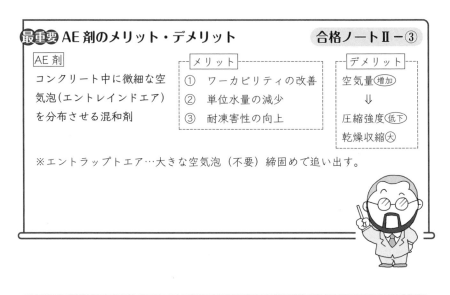

| 最重要 AE剤のメリット・デメリット | | 合格ノートⅡ－③ |

AE剤

コンクリート中に微細な空気泡(エントレインドエア)を分布させる混和剤

メリット
① ワーカビリティの改善
② 単位水量の減少
③ 耐凍害性の向上

デメリット
空気量(増加)
⇓
圧縮強度(低下)
乾燥収縮(大)

※エントラップトエア…大きな空気泡（不要）締固めで追い出す。

コンクリートの骨材　　　　　　　　　重要度 A

○ 骨材の性質

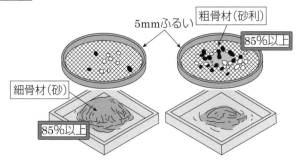

5mmふるい　　粗骨材(砂利)　85%以上
細骨材(砂)　85%以上

・**細骨材**（川砂・山砂・砕砂など）は，10mm網ふるいを全部通過し，5mm網ふるいを質量で**85%以上通過**する粒径の骨材である。
・**粗骨材**（砂利・砕石など）は，5mm網ふるいに質量で**85%以上とどまる骨**

材をいう。

・コンクリート用骨材として要求される性質

① 骨材は，清浄，堅硬，耐久性をもち化学的あるいは物理的に安定し，有機不純物，塩化物などを有害量含んでいてはならない。

② コンクリートの単位水量を少なくするため，**うすっぺらな石片や細長い石片が有害量含まれていないこと**。

③ セメントペーストと**よく付着する**ような**表面組織**をもつこと。

※砕石は，丸みをおびた骨材と比べ表面が粗であるので，モルタルとの付着がよくなり，強度は大きくなる。

④ 密度が大きく，堅硬であること。

最重要 砕石（砕砂）と砂利（川砂）　　　　　　　　**合格ノートⅡ－④**

砕石・砕砂とは，天然の岩石を破砕機・粉砕機等て人工的に小さく砕き出来た骨材のことをいう。一方，砂利・川砂は，流水の影響て角が取れ丸みを帯びた形状になる。砕石と砂利を比較すると，砕石の方が角張っており，表面組織が荒いため，表面積が大きくなり，吸水量が大きくなる。そのため，ワーカビリティの良好なコンクリートを得るためには，砂利を用いる場合に比べて単位水量を増加させる必要がある。

砂利・川砂		砕石・砕砂
丸みをおびている	形状	ゴツゴツ
小	表面積	大
小	吸水量	大
小	単位水量	大
小	強度（付着力）	大

○ 含水状態・密度

・骨材の含水状態による呼び名は図のとおりである。「**表面乾燥飽水状態（表乾状態）**」は吸水率や表面水率を表わすときの基準の状態とされ，**示方配合にはこの状態での骨材重量を示す**こととされている。

・表乾状態における骨材の密度を**表乾密度**，絶乾状態におけるそれを**絶乾密度**といい，**細骨材および粗骨材の密度は，絶乾密度で表され，原則として2.5 g/cm³以上**と定められている。**表乾密度**は，コンクリートの配合計算などに用いるが，これは**骨材の品質を判断する一つの目安**ともなる。

・吸水量は表面乾燥飽水状態（表乾状態）と絶対乾燥状態（絶乾状態）の差であり，**密度の大きな骨材**ほど，**吸水率は小さくなる。**

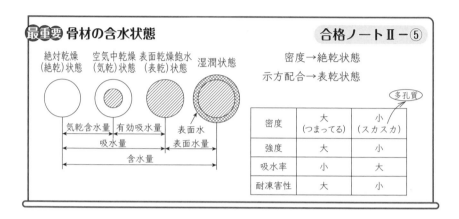

○ 粒度・実績率

・骨材の大小粒の混合している程度を骨材の**粒度**といい，粒度のよい骨材を用いると，ワーカビリティが改善され，コンクリートの単位水量が少なく，施工しやすく，耐久的なコンクリートとなる。また，砕砂中に3〜5%の石粉が混入している方が材料分離を抑えるには効果がある。

※粗骨材の粒度は，細骨材の粒度と比べてコンクリートのワーカビリティに及ぼす影響は小さい。

・**粗粒率**は，80，40，20，10，5，2.5，1.2，0.6，0.3，0.15mm のふるいの1組を用いて，ふるい分け試験を行い，各ふるいにとどまる全試料の質量百分率の和を100で除した値である。骨材の**粒度**は，粗粒率で表され，**粗粒率が大きいほど粒度が大きくなる。**

・粗骨材の最大寸法とは，質量で少なくとも**90%以上が通るふるいのうち，最小寸法のふるいの呼寸法で示される**粗骨材の寸法を言う。（下表の粗骨材の場合，25mm となる）

最重要 粗骨材の最大寸法　　　　　　　合格ノートⅡ−⑥

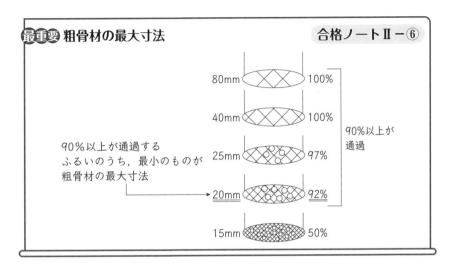

粗骨材		
80mm	ふるいにとどまる試料の量	0%
40mm	〃	0%
25mm	〃	5%
20mm	〃	28%
15mm	〃	55%
10mm	〃	77%
5mm	〃	98%
2.5mm	〃	100%

粗骨材の粗粒率

$$=\frac{28+77+98+100+100+100+100+100}{100}$$

$$=7.03$$

細骨材		
10mm	ふるいにとどまる試料の量	0%
5mm	〃	4%
2.5mm	〃	11%
1.2mm	〃	29%
0.6mm	〃	51%
0.3mm	〃	78%
0.15mm	〃	94%

細骨材の粗粒率

$$=\frac{4+11+29+51+78+94}{100}$$

$$=2.67$$

○　実積率

　骨材の単位容積中に占める骨材間の空げきの容積百分率を**空げき率**といい，骨材の実積部分の容積百分率を**実積率**という。実積率が小さいと空げきが多いことになるため，**実積率は大きい方が望ましい**。

※**粒度バランスのよい骨材**で**球形に近い形**のものほど**実積率は大きくなる**。

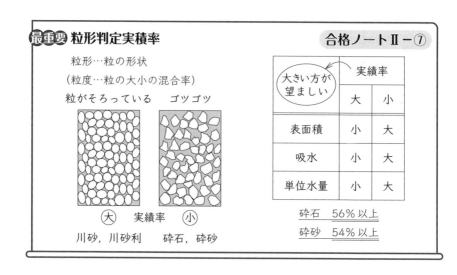

最重要 粒形判定実積率

粒形…粒の形状
（粒度…粒の大小の混合率）

粒がそろっている　　　ゴツゴツ

㋐　実積率　㋑

川砂，川砂利　　砕石，砕砂

大きい方が望ましい	実績率	
	大	小
表面積	小	大
吸水	小	大
単位水量	小	大

砕石　　56％以上
砕砂　　54％以上

○ すりへり抵抗

舗装用およびダム用のコンクリートに用いる骨材は，すりへり抵抗が求められるため，標準示方書ではこれらに用いる粗骨材に対し，ロサンゼルス試験機によるすりへり減量の限度を，**舗装では35％，ダムでは40％**と定めている。コンクリート表面がすりへり作用を受ける場合においては，**細骨材に含まれる微粒分量は小さくする方がよい**。

○ 再生骨材

・再生骨材とは，コンクリート構造物などの解体時に発生したコンクリート解体材を加工し，再びコンクリート用の骨材として再利用できるようにした骨材である。

・再生骨材は，元になるコンクリート解体材の状態や加工方法により，品質に差があり，「H」「M」「L」の3段階に規格されている。

① 再生骨材H…高度な処理を行い製造した骨材で，再生骨材の中では，最も品質の良い骨材である。**通常の骨材とほぼ同様の品質を有し，レディーミクストコンクリート用骨材として使用**することができる。

② 再生骨材M…乾燥時の収縮や凍結時の融解による影響が少ない。普通骨材よりもやや品質が劣る再生骨材で，**主に地下構造部に使用されることが多い。基礎梁や杭**などに使用することができる。

③ 再生骨材 L…破砕しただけの骨材で，品質再生骨材で用途が限定される。高い強度や耐久性が必須でない部分（地下構造物や，**構造物以外の場所**）のコンクリートにのみ使用される。

コンクリートの配合設計（受入検査）　　　重要度 **B**

○　配合設計の基本

・コンクリートの品質にもっとも大きな影響をあたえるのは，水セメント比と単位水量である。必要以上に単位水量の多いコンクリートは，単位セメント量も多くなって不経済であるし，乾燥収縮が大きく，また材料分離も起こりやすい。

・コンクリートの配合は，所要の品質と作業に適するワーカビリティが得られる範囲内で，単位水量をできるだけ少なくするように定めなければならない。

○　配合強度

・コンクリートの**配合強度**は，一般の場合，現場におけるコンクリートの圧縮強度の試験値が**設計基準強度を下回る確率が5%以下**となるように定める。一般に現場におけるコンクリートの品質のバラツキを考慮し，**割増し係数と設計基準強度を乗じて配合強度を定める**（配合強度＞設計強度となる）。

○　粗骨材の最大寸法

・粗骨材の最大寸法は，部材最小寸法の1/5，鉄筋の最小あきの3/4あるいはかぶりの3/4以下とする。

・粗骨材の最大寸法が40mm の場合と20mm の場合を比較すると，同質量の骨材を使用した場合，**40mm の方が単位水量は小さくなる**。

○　細骨材率

・細骨材率は，コンクリート中の全骨材量に対する細骨材量の**絶対容積比**を百分率表示する。**細骨材率が小さいほど**，同じスランプのコンクリートを得るのに必要な**単位水量は減少**する傾向にあり，経済的で耐久性の高いコンクリートになる。しかし，**細骨材率を過少に小さくすると材料分離の傾向が強まり**，ワーカビリティの低下につながる。よって，細骨材率は，**所要のワーカビリティが得られる範囲内で，単位水量が最小になるよう，試験により定**

める。

・粗骨材の**最大寸法**が大きいほど，**細骨材率は小さく**なる。

コンクリートの単位粗骨材かさ容積，細骨材率および単位水量の概略値

粗骨材の最大寸法	単位粗骨材かさ容積	AE コンクリート				
		空気量	AE 剤を用いる場合		AE 減水剤を用いる場合	
			細骨材率	単位水量	細骨材率	単位水量
			s/a	W	s/a	W
(mm)	(m³/m³)	(%)	(%)	(kg)	(%)	(kg)
15	0.58	7.0	47	180	48	170
20	0.62	6.0	44	175	45	165
25	0.67	5.0	42	170	43	160
40	0.72	4.5	39	165	40	155

※この表に示す値は，全国の生コンクリート工業組合の標準配合などを参考に
して決定した平均的な値で，骨材として普通の粒度の砂（粗粒率2.80程度）
および砕石を用いたコンクリートに対するものである。（コンクリート標準
仕様書より）

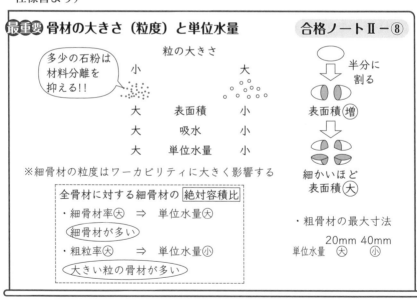

〇 単位水量

- 単位水量は，コンクリート$1m^3$に含まれる水の量（kg/m^3）である。単位水量が大きくなると材料分離抵抗性が低下するとともに乾燥収縮が増加するため，作業ができる範囲内でできるだけ小さくなるように配合する。
- コンクリートの単位水量の上限は，コンクリート標準示方書では$175kg/m^3$を標準とする。

コンクリートの単位水量の推奨範囲

粗骨材の最大寸法（mm）	単位水量の範囲（kg/m³）
20〜25	155〜175
40	145〜165

〇 単位セメント量

- 単位セメント量とは，コンクリート$1m^3$に含まれるセメントの量（kg/m^3）である。
- 特に高性能 AE 減水剤を用いたコンクリートの場合では，**単位セメント量が少なすぎるとワーカビリティの低下**とともに，高性能 AE 減水剤のスランプ保持性にも影響を及ぼし時間経過にともなうスランプの低下も大きくなる傾向がある。そのため，単位セメント量は，粗骨材の最大寸法が20〜25mmの場合に少なくとも**$270kg/m^3$以上**（粗骨材の最大寸法が40mm の場合は$250kg/m^3$以上）は確保し，より望ましくは$300kg/m^3$以上とするのがよい。
- 単位セメント量が大きくなると，**水和熱や自己収縮が増大**する。
- **暑中コンクリート**，**マスコンクリート**の単位セメント量は，所要の性能およびワーカビリティが得られる範囲内で，**できるだけ少なく**定める。

※単位水量や単位セメント量を小さくし経済的なコンクリートとするには，**骨材量を多く**すればよく，一般に粗骨材の**最大寸法を大きく**する方が有利である。

〇 水セメント比

フレッシュコンクリートに含まれるセメントペースト中の水とセメントの**質量比**で，**水セメント比が大きいコンクリートほど単位水量が多く，乾燥収縮，ひび割れが発生しやすくなる**。そのため，水セメント比は，原則として65％

以下とする。なお，国土交通省では，**鉄筋コンクリートでは55％以下**，無筋コンクリートでは60％以下と規定されている。水セメント比は，コンクリートに求められる力学的性能，耐久性，水密性，その他の性能を考慮し，これらから定まる水セメント比のうちで**最小の値を設定**する。

○ スランプ

・スランプとは，コンクリートの流動性（軟らかさ）の程度を示す指標である。
・コンクリートのスランプは，運搬，打込み，締固め等作業に適する範囲内で**できるだけ小さく定める**。
・配合設計においては，**現場内での運搬にともなうスランプの低下，製造から打込みまでの時間経過にともなうスランプの変化，現場までの運搬にともなうスランプの低下，および製造段階での品質の許容差を考慮して**，荷卸しの目標スランプおよび練上りの目標スランプを設定する。

```
～スランプを大きく設定する場合～
```
・コンクリート内の鋼材や鉄筋量が多い場合　　・作業高さが高い場合
　（鋼材の最小あきが小さい場合）

※レディーミクストコンクリートに加水などは絶対に行ってはならない。

・スランプの指定

　購入者が指定したスランプまたはスランプフロー値は，次表の範囲内になければならない。

スランプ値
（単位：cm）

スランプ	スランプの許容差
2.5	±1
5以上8未満	±1.5
8以上18以下	±2.5
21	±1.5＊

荷卸し地点でのスランプフローの許容差
（単位：cm）

スランプフロー	スランプフローの許容差
50	±7.5
60	±10

＊呼び強度27以上で高性能 AE 減水剤を使用する場合は，±2.0とする。

・スランプ試験，スランプフロー試験の方法

① スランプ試験

　スランプコーンは，水平に設置した平滑な平板上に置いて押さえ，試料はほぼ等しい量の3層に分けて詰める。その各層は，突き棒でならした後，25回一様に突く。

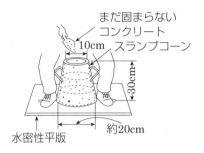

　スランプコーンを静かに鉛直に引き上げ，コンクリートの中央部において下がりを0.5cm単位で測定し，これをスランプとする。

② スランプフロー試験

　スランプフローとは，高流動コンクリートや高強度コンクリートの流動性を表す指標である。スランプフローは，スランプコーンを抜いたときの，コンクリートの直径を計測する。

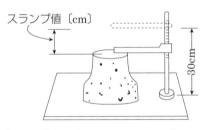

※試料は，材料の分離を生じないように注意して詰めるものとし，スランプコーンに詰め始めてから，詰め終わるまでの時間は2分以内とする。

○ 空気量

　コンクリートは原則として AE コンクリートとし，その空気量は粗骨材の最大寸法，その他に応じてコンクリート容積の**4～7%**を標準とする。

　空気量1%の増加に伴い，**圧縮強度は4～6%減少**する。また，**空気量が6%を超えると強度低下だけでなく，乾燥収縮も大きくなる。**

空気量		(単位%)
コンクリートの種類	**空気量**	**許容差**
普通コンクリート	4.5	
軽量コンクリート	5.0	±1.5
舗装コンクリート	4.5	
高強度コンクリート	4.5	

○ 塩化物量

・練混ぜ時にコンクリート中に含まれる塩化物イオン総量は，原則として**0.30 kg/m³**以下とする。

┌───┐
│ **最重要** コンクリートの配合 　　　　　　　　 合格ノートⅡ－⑨ │
└───┘

- 配合強度 ＞ 設計強度
  バラつき考慮

- 空気量 4～7％
  ※耐凍害性を高める→6％以上
  普通コンクリート　4.5％±1.5％

- 単位水量…できるだけ少なく
  └→材料分離大　乾燥収縮大

- 水セメント比…水とセメントの質量比
  ‖
  単位水量　┌─────────────────────┐
  　　　　　│ どちらも水の量の大小を示す。 │
  　　　　　│ 極力，小さくなるようにする │
  　　　　　└─────────────────────┘

例外
┌──────────────┐
│ 締固め作業高さ大 │
│ 配筋量大 │
└──────────────┘
　　⇓
スランプ　大

- スランプ…できるだけ小さく
  ※運搬ロスは考慮して定める。
  5cm 以上 8cm 未満　±1.5cm
  8cm 以上 18cm 以下　±2.5cm

- 塩化物量　0.30kg/m³ 以下

- 単位セメント量…必要最低限
  └→自己収縮大

○　購入者の指定

　レディーミクストコンクリートの種類は, 普通コンクリート, 軽量コンクリート, 舗装コンクリートおよび高強度コンクリートに区分され, 粗骨材の最大寸法, スランプまたはスランプフロー, および呼び強度を組み合わせて指定する。また, 次の事項について, 購入者が生産者と協議のうえ指定することができる。

① **セメントの種類**

② **骨材の種類**

③ **粗骨材の最大寸法**

④　アルカリシリカ反応抑制対策の方法

⑤　骨材のアルカリシリカ反応性による区分

⑥　呼び強度が36を超える場合の水の区分

⑦　混和材料の種類および使用量

⑧　JIS A 5308　4.2に定める塩化物含有量の上限値と異なる場合は, その上限値

⑨　呼び強度を保証する材齢

⑩　JIS A 5308に定める空気量と異なる場合は, その値

⑪　軽量コンクリートの場合は, コンクリートの単位容積質量

⑫　コンクリートの最高または最低温度

⑬　**水セメント比の目標値の上限値**

⑭　**単位水量の目標値の上限値**

⑮　**単位セメント量の目標値の下限値または上限値**

⑯　流動化コンクリートの場合は，流動化する前のレディーミクストコンクリートからのスランプの増大量

⑰　その他必要な事項

・**呼び強度**とは，荷卸し地点におけるレディーミクストコンクリートが，所定の材齢まで標準養生を行ったときの圧縮強度（または曲げ強度）としてどれだけあればよいかによって，それに相当する呼び強度を**購入者が指定するレディーミクストコンクリートの強度**である。

・設計基準強度とは，構造計算において基準とするコンクリートの強度で，一般に**材齢28日**における**圧縮強度を基準**とする。

○　強度の検査

　強度の検査は，圧縮強度試験を行って確認する。試験回数は，標準示方書では，荷卸し時に1回／日または構造物の重要度と工事の規模に応じて20〜150 m³ごとに1回，および荷卸し時に品質変化が認められた時と定められている。コンクリートの強度は，一般に現場水中養生※を行った円柱供試体の**材齢28日**における圧縮強度を標準とする。コンクリートの圧縮強度試験は，3本の供試体を用いて3回1セットで実施され，次の条件を満足するものでなければならない。

---

①　1回の試験の結果は，購入者が指定した呼び強度の値の85％以上

②　3回の試験の平均値は，購入者が指定した呼び強度の値以上

※　マスコンクリート及びコンクリート工場での品質管理は標準養生を行う。

コンクリートの性質に関する用語　　　　重要度　Ｂ

・**ワーカビリティ**…材料分離を生じることなく，運搬，打込み，締固め，仕上げなどの作業が容易にできる程度を表すフレッシュコンクリートの性質で，コンクリート打設作業の行いやすさの程度（≒流動性）を表す。

- **プラスティシティー**…容易に型に詰めることができ，型を取り去るとゆっくりと形を変えるが，くずれたり材料が分離したりすることのないような特性を表す。

　スランプコーンを取り去った後に，突き棒で底板をたたいてプラスティックに流れ出す状態を確認し，ワーカビリティを合わせて判定する。プラスティシティーが高いコンクリートは，この時に材料分離が生じない。
- **コンシステンシー**…フレッシュコンクリートの変形または流動に対する抵抗性を表す性質である。
- **ブリーディング**…固体材料の沈降又は分離によって，練混ぜ水の一部が遊離して上昇する現象をいう。打設したコンクリートの材料の密度の差により，重いもの（セメント・骨材）は下に沈み，軽いもの（水）が浮き上がる。この現象をブリーディングという。

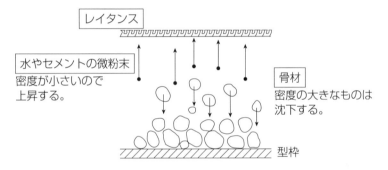

- **レイタンス**…ブリーディングに伴い，コンクリート表面に浮かび出て沈殿した薄膜状に見えるもので，骨材の微粒子，セメント水和物等からなる微細な物質が堆積した，脆弱な膜層のことである。レイタンスは強度も，水密性も小さく，打継ぎ面の大きな弱点となるので必ず取り除かなければならない。

コンクリートの施工　　　　　　　　　重要度 A

○　運搬
- コンクリートは，練り混ぜ後，速やかに運搬し，直ちに打ち込み，十分に締め固めることで所定の強度を確保する。練混ぜてから打ち終わるまでの時間は，原則として外気温か25℃を超えるときで1.5時間，25℃以下のときで2時間以内を標準としている。

・運搬車には，一般にはアジテータトラックまたはトラックミキサが用いられるが，舗装コンクリートのような硬練りコンクリートを比較的短い区間（**スランプ5cm以下で，運搬時間が1時間以内もしくは，運搬距離10km以下**）運搬するときはダンプトラックを用いてもよい。

・現場内での運搬方法には，バケット，ベルトコンベア，コンクリートポンプ車などによる方法があるが，**ベルトコンベア**は，コンクリートを連続して運搬するには便利であるが**材料分離がおこりやすい**。この中で**材料分離を最も少なくできる運搬方法はバケット**である。

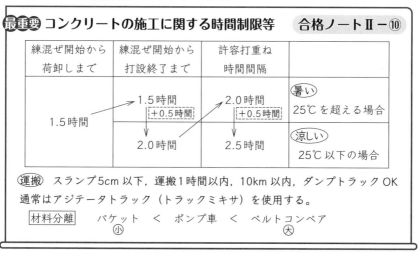

最重要 コンクリートの施工に関する時間制限等　　合格ノートⅡ－⑩

練混ぜ開始から 荷卸しまで	練混ぜ開始から 打設終了まで	許容打ち重ね 時間間隔	
1.5時間	1.5時間 +0.5時間 ↓ 2.0時間	2.0時間 +0.5時間 ↓ 2.5時間	暑い 25℃を超える場合 涼しい 25℃以下の場合

運搬　スランプ5cm以下，運搬1時間以内，10km以内，ダンプトラックOK
通常はアジテータトラック（トラックミキサ）を使用する。

材料分離　バケット　＜　ポンプ車　＜　ベルトコンベア
　　　　　　 小　　　　　　　　　　　　　　　 大

※許容打ち重ね時間間隔については，次項［打込み（締固め）］に詳細の記載しています。

コンクリートポンプ使用上の注意点

① コンクリートの圧送開始に先立ち，コンクリートポンプや配管内面の潤滑性を確保する目的で先送りモルタルを圧送する。この時の水セメント比は，使用するコンクリートの**水セメント比と同等以下（同程度の品質以上のもの）**とする。

② 型枠，鉄筋が圧送の振動により揺らされると，コンクリートに有害な影響を与えるため，配管を固定する場合は，**型枠・鉄筋に固定してはならない**。

- シュートを用いる場合には，**縦シュートを用いることを標準**とし，シュートの構造及び使用方法は，コンクリートの材料分離が起こりにくいものでなければならない。

※**やむを得ず斜めシュートを用いる場合**には，シュートの傾きは，コンクリートが材料分離を起こさない程度のものであって，**水平2**に対して**鉛直1**程度を標準とする。また，斜めシュートを用いる場合には，シュートの吐き口に適当な漏斗管等を取り付けなければならない。縦シュートの下端とコンクリート打込み面との距離は**1.5m 以下**としなければならない。

○　打込み準備

- 型枠には，**はく離剤を塗布**し硬化したコンクリート表面からはがれ易くする。
- 鉄筋，型枠等が施工計画で定められたとおりに配置されていることを確認する。
- 型枠内部の点検清掃を行い，木製型枠や旧コンクリート等，乾いているとコンクリート内の水分を吸水し，品質を低下させるおそれがあるため，**散水し湿潤状態に保っておく**。ただし，型枠内に流入する水が打ち込んだコンクリートを洗わないように，型枠内の水は，打込み前に取り除く等，適当な処置を講ずる。

○　打込み（締固め）

- 締固めは，打ち込まれたコンクリートからコンクリート中の空げきをなくし（エントラップトエアを追い出し），できるだけ材料が分離しないようにし，鉄筋と十分に付着させ型枠の隅々まで充填させることで，密度の大きいコンクリートをつくる。
- 型枠内にコンクリートを打ち込む場合に，型枠内で横移動させると材料分離が生じる可能性があるので，目的の位置にコンクリートをおろして打ち込む。
- 高さが大きい型枠内にコンクリートを打ち込む場合には，吐出口から打込み面までの落下の高さを小さくしてコンクリートの材料分離を防ぐようにコンクリートを打ち込む。
- コンクリートの締固めには棒状バイブレータ（内部振動機）を用いることを原則とする。棒状バイブレータの使用が困難な個所には型枠バイブレータ（型枠振動機）を用いる。

棒状バイブレーター（内部振動機）使用上の留意事項

- なるべく鉛直に差し込む。**挿入間隔**は，一般に**50cm 以下**にする。
- 引抜きは徐々に行い，あとに穴が残らないようにする。
- 内部振動機をコンクリートの**横移動を目的**として使用してはならない。
- 挿入時間（**加振時間**）の標準は，**5秒〜15秒程度**とする。

※コンクリートの十分な締固めは，表面に光沢が現われてコンクリート全体が均一に溶けあったようにみえるまで行う。

- 型枠内に複層にわたってコンクリートを打ち込む場合には，下層と上層の一体性を確保（コールドジョイントを防止）できるように下層のコンクリートが固まり始める前（許容打重ね時間間隔内）に上層のコンクリートを打ち込み，**下層のコンクリート中に10cm 程度挿入**する。

※**打重ね時間間隔**とは，下層のコンクリートの打込みと締固めが完了した後，静置時間をはさんで上層コンクリートが打ち込まれるまでの時間のことをいう。

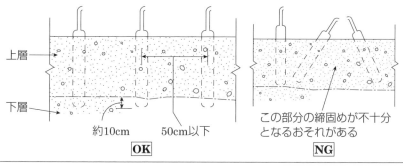

上層

下層

約10cm　　50cm以下

この部分の締固めが不十分となるおそれがある

OK　　**NG**

- **1層当たりの打込み高さ**を**40〜50cm 以下**とする。
- **打上り速度**は，一般の場合**30分当たり 1.0〜1.5m 程度**を標準とする。

※高さのある壁・柱では，コンクリートの打ちあがり速度が速すぎると，型枠に作用する圧力が増加する。側圧を小さくするためには，**打ち上がり速度は小さくする**。

- コンクリートの打上がり面に集まったブリーディング水は，スポンジなどで水を取り除いてから次のコンクリートを打ち込む。
- 打ち込んだコンクリートの粗骨材が分離してモルタル分の少ない部分があれば，分離した粗骨材をすくい上げモルタルの多い箇所に埋め込んで締め固め

る。ただし，著しい材料分離が認められた場合には，打ち込むのをやめ，後のコンクリート打込みのために材料分離の原因を調べて，これを防止する。

・コンクリートは適切な時期に**再振動**を行うと空げきや余剰水が少なくなり，強度・鉄筋との付着強度・沈下ひび割れ防止に効果がある。再振動はコンクリート打設後，コンクリートの**締固めが可能な範囲**の時間内で，**できるだけ遅い時間**がよい。

※硬化を始めたコンクリートは練り直しても使用することはできない。

・スラブのコンクリートが柱や壁のコンクリートと連続している場合は，沈下ひび割れを防止するために，**柱や壁のコンクリートの沈下が落ち着いてからスラブのコンクリートを打設する**。沈下ひび割れが発生した場合には，直ちに**タンピング**や**再振動**により，沈下ひび割れを消さなければならない。

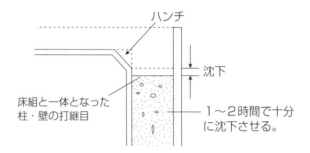

ハンチ

床組と一体となった
柱・壁の打継目

沈下

1〜2時間で十分
に沈下させる。

○　仕上げ

・滑らかで密実な表面を必要とする場合には，作業が可能な範囲で，**できるだけ遅い時期に金ごて**で押さえて仕上げる。

・コンクリート打込み後，コンクリートの表面を急激に乾燥させるとひび割れの原因となるため，シートなどで**直射日光や風などによる水分が蒸発することを防ぐ**。

コンクリートの打継目 　　　　　　　　　重要度 B

○　施工上の留意事項

・打継目は，できるだけ**せん断力の小さな位置**に設け，打継面を部材の圧縮力の作用方向と直交させるのを原則とする。

・打継面に敷くモルタルの水セメント比は，**使用するコンクリートの水セメント比以下**とする。

- 海洋構造物の打継目は，塩分による被害を受けるおそれがあるため，打ち継ぎ目をできるだけ設けないようにする。

・水平打継目の施工

① できるだけ**水平な直線**になるようにする。

② 打継目の処理としては，打継表面の処理時期を延長できる処理剤（凝結遅延材）を散布することもある。

③ 既に打ち込まれたコンクリートの表面のレイタンス，緩んだ骨材粒などを完全に除き，十分に**吸水**させる。

・鉛直打継目の施工

① 表面処理は，旧コンクリートの表面をワイヤブラシなどで削り，表面を**粗にしたのち十分吸水**させ，セメントペーストを塗るなどしてからコンクリートを打ち継ぐ。

② 新しいコンクリートの打込みにあたっては，打継面が十分に密着するように締固めなければならない。打込み後は，適当な時期に再振動締固めを行うのがよい。

③ 水密を要するコンクリートの鉛直打継目では，**止水板**（しすいばん）を用いるのを原則とする。

┌───┐

最重要 打継目　　　　　　　　　　　　　　**合格ノートⅡ-⑪**

　　できるだけせん断力の小さな位置に水平な直線で設ける

　　　弱点になりやすい（強度・漏水）

　　│打継目処理│…レイタンス，緩んだ骨材を除去⇒吸水

　　　粗にする!!（ハイウォッシャー，ワイヤブラシ，チッピング）

　　　水密を要する箇所　⇒　止水板

　　│コンクリート打設時│　使用するコンクリートの<u>水セメント比以下</u>とする
　　│の敷モルタル　　　│　　水セメント比は小さい方が高品質

└───┘

〇 ひび割れ誘発目地

　ひび割れ誘発目地とは，**あらかじめ定められた場所にひび割れを集中させる**目的で所定の間隔で断面欠損部を設けておき，ひび割れを人為的に生じさせる。目地の内部には止水板を設け，表面はシーリング等により防水処理を行う。

　コンクリート構造物は温度によって伸縮するため，ひび割れを生じるおそれがある。温度変化に対応するため**伸縮継手**を設ける場合もある。

コンクリートの養生　　　　　　　　　　　　　重要度 B

　コンクリート打設後，相当の強度を発揮するまで，衝撃や余分な荷重を加えずに**風雨，霜，直射日光から露出面を保護**し，セメントの硬化作用を十分に発揮させるとともに，乾燥に伴う引張応力やひび割れの発生をできるだけ少なくする作業を養生という。また，硬化に**必要な温度を保つ**ことや，**十分な湿潤状態に保つ**ことも重要な要素である。

○　湿潤養生

・直射日光や風などによって表面だけが急激に乾燥するとひび割れの原因となることからシートなどで日よけや風よけを用いる。

・コンクリートの露出面は，表面を荒らさないで作業ができる程度に硬化した後に養生用マットで覆うか，又は散水，湛水を行い**湿潤状態に保つ**。

・湿潤養生に保つ期間は次表のように定められている。

日平均気温	中庸熱ポルトランドセメント 混合セメントB種	普通ポルトランドセメント	早強ポルトランドセメント
15℃以上	7日	5日	3日
10℃以上	9日	7日	4日
5℃以上	12日	9日	5日

・膜養生は，十分な量の膜養生剤を適切な時期に，均一に散布し水の蒸発を防ぐ養生方法である。**膜養生は，コンクリート表面の水光りが消えた直後に行う**。

○　温度制御養生

　寒冷期は，コンクリートを寒気から保護し，打ち込み後は**普通コンクリートで5日以上，早強ポルトランドセメントの場合で3日以上は，コンクリート温度を2℃以上に保た**なければならない。

・コンクリート露出面，開口部，型枠の外側をシート類で覆う**保温養生**，ジェットヒーター，練炭等を用いた**給熱養生**等により温度制御を行う。

特別な考慮を要するコンクリート　　　　重要度 **B**

◯　寒中コンクリート

　日平均気温が**4℃以下**になるような気象条件のもとでは，コンクリートが凍結するおそれがあり，コンクリートを凝結硬化の初期に凍結させると，強度・耐久性・水密性に著しい悪影響を残すことになるので，コンクリートを凍結させないように寒中コンクリートとしての処置を講ずる必要がある。

①　材料・配合

　AE剤，AE減水剤あるいは高性能AE減水剤を用いて，できるだけ**単位水量を少なく**する。適当な空気量を連行することによりコンクリートの耐凍害性も改善される。材料を加熱する場合は，練り混ぜ水，もしくは骨材を加熱する。練り混ぜ温度は**40℃を超えない**ように調節する。いかなる場合にも，**セメントを直接加熱してはならない**。

②　施工・養生

・打設時のコンクリート温度は，**5～20℃**の範囲でこれを定めることとする。気象条件が厳しい場合や部材厚の薄い場合には，最低打込み温度は10℃程度確保する。

・鉄筋，型枠，打継目の旧コンクリートなどに**氷雪が付着**したり**凍結**したりしているときは，コンクリート打込み前に適当な方法で**加温してこれを融かさなければならない**。

・コンクリート打込み後は少なくとも24時間は，コンクリートが凍結しないように保護しなければならない。厳しい気象作用を受けるコンクリートは，初期凍害を防止できる強度が得られるまで**コンクリートの温度を5℃以上**に保ち，**さらに2日間は0℃以上に保つ**ことを標準とする。

・保温養生あるいは給熱養生終了後に急に寒気にさらすと，コンクリート表面にひび割れが生じるおそれがあるので，適当な方法で保護して**表面の急冷を防止**する。

○ 暑中コンクリート

　日平均気温が**25℃を超える**時期に施工する場合には，暑中コンクリートとして，ワーカビリティの確保・コールドジョイントの防止等に注意し施工しなければならない。

① 材料・配合

・練上りコンクリートの温度を低くするためには，なるべく低温度の材料を用いる必要がある。**骨材は日光の直射を避けて貯蔵し，散水して水の気化熱による温度降下をはかる**のが望ましい。また，**練混ぜ水にはできるだけ低温度のものを用いる。**

・減水剤，AE 剤，AE 減水剤あるいは流動化剤等を用いて**単位水量を少なく**し，かつ，発熱をおさえるため**単位セメント量を少なくする**のがよい。なお，暑中コンクリートに用いる減水剤および AE 減水剤は，**遅延形のものを用いる。**

② 施工・養生

・コンクリートを打ち込む前には，地盤・型枠等のコンクリートから吸水されそうな部分は**十分湿潤状態に保ち**，また，型枠・鉄筋等が直射日光を受けて高温となる場合には散水・覆い等の適切な処置を施す。また，打込み時の**コンクリート温度は，一般に35℃以下**とする。

・練り混ぜから打設終了までの時間，許容打ち重ね時間間隔を厳守する。

・打設終了後（硬化開始前）の初期にひび割れが認められた場合は，**再振動締固めやタンピングを行ってこれを除去**する。

・コンクリートを打ち終ったら**直ちに養生を開始**し，コンクリートの表面を乾燥から保護し，少なくとも 24 時間は湿潤状態を保たなければならない。

・打込み直後の急激な乾燥によってひび割れが生じることがあるので，**直射日光，風等を防ぐため散水または覆い**等による適切な処置を行う。

・木製型枠のようにせき板沿いに乾燥が生じるおそれのある場合には，**型枠も湿潤状態に保つ必要がある。**型枠を取り外した後も養生期間中は露出面を湿潤に保つ。

○　マスコンクリート

　大塊状に施工される質量や体積の大きいコンクリートを指し，ダムや橋桁，大きな壁といった大規模な構造物をマスコンクリートという。**セメントの水和熱によるコンクリート内部の温度上昇が大きく，そのためひび割れを生じやすい**ので，打設後の温度上昇がなるべく少なくなるように注意が必要となる。

①　材料・配合

・所要のワーカビリティ・強度・耐久性・水密性等が確保される範囲内で，単位セメント量ができるだけ少なくなるよう，これを定めなければならない。

・低発熱形の**中庸熱ポルトランドセメント，高炉セメント，フライアッシュセメント等を用いる**ことが望ましい。

・減水剤，AE 剤，AE 減水剤等を用いて**単位水量を少なく**，ワーカビリティを改善しかつ，発熱をおさえるため**単位セメント量を少なく**するのがよい。（温度ひび割れの抑制）

②　施工・養生

・コンクリートの製造時の温度調節，**打込み区画の大きさやリフト高さ**，継目の位置，打込み時間間隔等を適切に選定する。

・構造物の種類によっては，**ひび割れ誘発目地**によりひび割れの発生位置の制御を行うことが効果的な場合もある。

・コンクリート部材内外の温度差が大きくならないよう，また，部材全体の温度降下速度が大きくならないよう，コンクリート温度をできるだけ**緩やかに外気温に近づける配慮が必要**であり，必要に応じて**コンクリート表面を断熱性の良い材料（スチロール，シートなど）で覆う保温**，保護を行うなどの処置をとるのがよい。

・打込み後の温度制御方法として**パイプクーリング**を行う。パイプクーリングは，コンクリート内に埋め込まれたパイプに冷却水または**自然の河川水等を通水**することにより行われる。**コンクリート温度との冷却水との温度差は20度以下**が目安で，温度差が大きくなりすぎないように注意する。

最重要 特別な配慮を要するコンクリート

・寒中コンクリート（日平均気温4℃以下）

（対策）① AE（減水）剤の使用　② 単位水量を少なくする

③ 練り混ぜ水，骨材の加熱（セメントを直接加熱してはならない）

※練り混ぜ温度は40℃を超えない

・暑中コンクリート（日平均気温25℃を超える場合）

（対策）① 骨材は直射日光を避けて貯蔵，散水して温度を降下させる(粗骨材)

② 練混ぜ水は低温（冷水）を用いる　※コンクリート温度35℃以下

③ 単位セメント量を少なくする（単位水量を少なく）

④ 遅延形AE減水剤，流動化剤を使用する

NG　コンクリート表面に送風する（乾燥ひび割れを助長するため）

・マスコンクリート（ダム・橋桁等，セメント量の大きくなる構造物）

（対策）① 発熱量の小さい中庸熱ポルトランドセメント，高炉セメント，フライアッシュセメントを使用

② 単位セメント量を少なくする

③ パイプクーリングによる温度制御

> コンクリート内部と表面の温度差を少なくする!!
> （コンクリート温度と冷却水の温度差20度以下）
> 自然の河川水等を用いる

④ 型枠解体時，表面を断熱材で覆う

鉄筋・型枠工事　重要度 C

○　鉄筋加工の留意事項

・鉄筋は，組み立てる前に清掃し浮きさびなどを除去し，鉄筋とコンクリートとの付着を害しないようにする。

・鉄筋は，**常温で曲げ加工**するのを原則とする。

・図面に定めた位置に鉄筋を配置し，コンクリート打設中に動かないよう十分堅固に組み立てる。

・鉄筋の交点の要所を，直径0.8mm以上の焼なまし鉄線又は適当なクリップで緊結し，鉄筋が移動しないようにしなければならない。また，焼なまし鉄線をかぶり内に残してはならない。

・一度曲げ加工した鉄筋は，曲げ戻しを行わないことを原則とする。やむを得

ず，施工継目において一時的に曲げた鉄筋を所定の位置に曲げ戻す必要が生じた場合は，900〜1,000℃程度に加熱して行う。**（急冷すると，材質が害されることがある。）**

・鉄筋の点溶接は，局部的な加熱によって鉄筋の材質を害し，疲労強度が低下するおそれがあるため，**原則として溶接してはならない。**

・コンクリートが鉄筋の周囲に十分ゆきわたるようにするために，鉄筋のあきは所定の値を確保しなければならない。

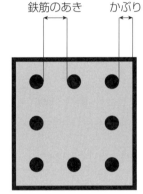

鉄筋のあき　　かぶり

・鉄筋とせき板との間隔は，スペーサーを用いて正しく保ち，かぶりを確保しなければならない。鉄筋（鋼材・シース等）の表面とコンクリート表面との最短距離で測ったコンクリートの厚さを**かぶり**という。

・スペーサーの数は，梁（はり），床版等で**1m²あたり4個程度**，壁および柱で**1m²あたり2〜4個程度**配置する。

・スペーサーは，本体コンクリートと同等以上の品質の**モルタル又はコンクリート製スペーサー**によるものとする。

○　型枠の施工

・型枠の施工は，所定の精度内におさまるよう加工及び組立をする。ボルトや鋼棒などによって締め付け，角材や軽量形鋼などによって連結し補強する。コンクリートの自重に対して必要な強度と剛性を有し，構造物の形状寸法にずれがないように施工する。

・せき板内面には，コンクリートが型枠に付着するのを防ぐとともに型枠の取外しを容易にするため，**はく離剤を塗布**することを原則とする。

・コンクリート打込み中は，型枠のはらみ，モルタルの漏れなどの有無の確認をする。

・型枠，および支保工の取り外し時期を判定するためのコンクリート強度は，**現場水中養生**（打込まれたコンクリートと同じ状態で養生したコンクリート供試体）の圧縮強度による。

※コンクリートプラント（工場）で，温度が20℃±2℃に保たれた水中で，供

試体を養生することを**標準養生**という。

・型枠及び支保工の取外しは，構造物に害を与えないように，荷重を受けない部分から順に静かに取り外す。スラブ・梁等の水平部材の型枠は，柱・壁等の鉛直部材の型枠より遅く取り外すことが原則である。

○ 型枠に作用するコンクリートの側圧

型枠に作用するフレッシュコンクリートによる圧力のことを，側圧という。コンクリートの流動性が高いほど，重量が大きいほど側圧は大きくなる。

条件・環境	コンクリートの側圧	
	大きくなる	**小さくなる**
コンクリートの状態	軟らかい	硬い
コンクリート温度	低い	高い
コンクリートの打込み速度	早い	遅い
コンクリート打設時の気温	低い	高い
コンクリートのスランプ	大きい	小さい
コンクリートの単位容積質量	大きい	小さい
コンクリートの種類	高流動コンクリート	普通コンクリート
コンクリートの圧縮強度	※圧縮強度の大小は側圧には関係しない	

実践問題

問題1 □□□

コンクリート用セメントに関する記述として，適当でないものはどれか。

(1) セメントの水和作用の現象である凝結は，一般に使用時の温度が高いほど遅くなる。

(2) セメントの密度は，化学成分によって変化し，風化すると，その値は小さくなる。

(3) 粉末度とは，セメント粒子の細かさを示すもので，粉末度の高いものほど水和作用が早くなる。

(4) 初期強度は，普通ポルトランドセメントの方が高炉セメントB種より大きい。

解説

(1) 使用時の温度が**高いほど凝結は早くなり**，初期における**強度発現は大きい**。

解答　(1)

問題2 □□□

混和材料に関する記述として，適当なものはどれか。

(1) AE剤を用いたコンクリートは，凍結融解に対する抵抗性は低下する。

(2) フライアッシュは，粒子の表面が滑らかであるため，コンクリートの材料分離が促進される。

(3) ポゾランは，シリカ物質を含んだ粒粉状態の混和材であり，この代表的なものがフライアッシュである。

(4) 減水剤は，コンクリートの単位水量を減らすことを目的とした混和剤で，コンクリートの水セメント比を増加させる。

解説

(1) AE剤を用いたコンクリートは，エントレインドエアをコンクリートに連行することで，**凍結融解に対する抵抗性は増加する**。

(2) フライアッシュを混和材として用いると，ワーカビリティが向上し，単位水量を低減させることができ，**材料分離も少なくなる**。

(4)　減水剤を用いることで，単位水量を減少させ，**水セメント比を小さくする**ことができる。

解答　(3)

問題3　☐☐☐
骨材に関する記述として，適当なものはどれか。
(1)　細骨材は，10mm 網ふるいを全部通過し，5mm 網ふるいを質量で85％以上通過する粒径の骨材である。
(2)　骨材の密度は，湿潤状態における密度であり，骨材の硬さ，強さ，耐久性を判断する指針になる。
(3)　粗骨材の最大寸法は，質量で骨材の全部が通過するふるいのうち，最小寸法のふるいの呼び寸法である。
(4)　骨材の実積率とは，粒度を数値的に表したものである。

解説

(2)　骨材の品質判断の指標としては，**表乾密度**および**絶乾密度**を用いる。
(3)　粗骨材の最大寸法は，**質量で90％以上通過するふるいのうち，最小寸法のふるいの呼び寸法**で示される。
(4)　骨材の実積率は砕石，砕砂の**粒形を判定**するためのものである。

解答　(1)

問題4　☐☐☐
　コンクリート骨材の性質は,含水の状態によって下図のように区分されるが,コンクリートの配合の基本となる骨材の状態を表しているものは次のうちどれか。
(1)　絶対乾燥状態（絶乾状態）　　　(2)　空気中乾燥状態（気乾状態）
(3)　表面乾燥飽水状態（表乾状態）　(4)　湿潤状態

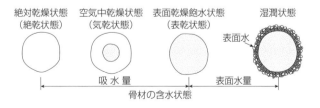

示方配合で骨材の含水状態は，**表面乾燥飽水状態（表乾状態）**での質量を用いる。

解答　(3)

問題5　☐☐☐

フレッシュコンクリートに関する用語の記述として，適当なものはどれか。

(1)　水セメント比とは，フレッシュコンクリートに含まれるセメントペースト中の水とセメントの体積比である。

(2)　ワーカビリティは，変形あるいは流動に対する抵抗の程度を表す性質である。

(3)　ブリーディングは，固体材料の沈降又は分離によって，練混ぜ水の一部が遊離して上昇する現象をいう。

(4)　レイタンスは，コンクリートの強度や水密性に影響を及ぼさない微細な粒子である。

(1)　水セメント比とは，フレッシュコンクリートに含まれるセメントペースト中の水とセメントの**質量比**である。

(2)　ワーカビリティは，**コンクリート打設作業の行いやすさの程度（≒流動性）**を表す。

(4)　レイタンスとは，ブリーディングに伴い，コンクリート表面に浮かび出て沈殿した薄膜状に見えるもので，骨材の微粒子，セメント水和物等からなる微細な物質が堆積した，脆弱な膜層のことである。**レイタンスは強度も，水密性も小さく，打継ぎ面の大きな弱点となるので必ず取り除かなければならない。**

解答　(3)

問題6　☐☐☐

コンクリートの配合に関する記述として，適当でないものはどれか。

(1)　コンクリートのスランプは，運搬，打込み，締固め作業に適する範囲内で，できるだけ小さくなるように設定する。

(2)　空気量は，AE剤などの混和剤の使用により多くなり，ワーカビリティを改善する。

(3)　水セメント比は，コンクリートの強度，耐久性や水密性などを満足する値の中から大きい値を選定する。

(4)　コンクリートの単位水量の上限は，コンクリート標準示方書では175kg/m³が標準である。

解説

(3)　水セメント比は，コンクリートの強度，耐久性や水密性などを満足する値の中から**小さい値**を選定する。

解答　(3)

問題7　□□□

コンクリートの運搬に関する記述として，適当なものはどれか。

(1)　現場内での運搬方法には，バケット・ベルトコンベア・コンクリートポンプ車などによる方法があるが，材料の分離が少ないベルトコンベアによる方法が最も望ましい。

(2)　現場内においてコンクリートを，バケットを用いてクレーンで運搬する方法は，コンクリートに振動を与えることが少ない。

(3)　高所からのコンクリートの打込みは，原則として斜めシュートとし，やむを得ない場合は縦シュートとする。

(4)　練混ぜを開始してから荷卸しまでの時間は，原則として2.0時間以内とする。

解説

(1)　ベルトコンベアは，コンクリートを連続して運搬するには便利であるが**材料分離がおこりやすい。**

(3)　斜めシュートを用いると，コンクリートは材料分離を生じやすくなる。シュートを用いる場合は，**縦シュートを使用することを標準**としている。

(4)　練混ぜを開始してから荷卸しまでの時間の限度を，原則として**1.5時間以内**と規定されている。

解答　(2)

問題8 ☐☐☐

コンクリートの打込みに関する記述として，適当なものはどれか。

(1) コンクリートと接する木製型枠は，コンクリートの品質が低下するので，湿らせてはならない。

(2) 内部振動機は，コンクリートを型枠の隅まで充てんするために横移動を目的として使用する。

(3) 再振動を行う場合には，コンクリートの締固めが可能な範囲でできるだけ早い時期がよい。

(4) 内部振動機で締固めを行う際は，下層のコンクリート中に10cm程度挿入する。

解説

(1) 木製型枠は乾いていると，コンクリートの水分を吸水し，品質を低下させるおそれがあるため，**散水し湿潤状態に保っておく**。

(2) 棒状バイブレータは，コンクリートを横に**移動させる目的で使用してはならない**。

(3) 再振動を行うタイミングは，コンクリートの**締固めが可能な範囲で出来るだけ遅い時期**がよい。

解答　(4)

問題9 ☐☐☐

コンクリートの打継目に関する記述として，適当なものはどれか。

(1) 打継目は，できるだけせん断力の大きな位置に設け，打継面を部材の圧縮力の作用方向と直交させるのを原則とする。

(2) 鉛直打継目の表面処理は，旧コンクリートの表面をワイヤブラシなどで削ったり，表面を粗にしたのち十分乾燥させる。

(3) コンクリートを打ち継ぐ場合，打継面に敷くモルタルの水セメント比は，使用コンクリートの水セメント比より小さくする。

(4) コンクリートの構造物は，温度変化に抵抗するため一般に伸縮継目を設けない。

(1) 打ち継ぎ目は，**せん断力の小さな位置**に設ける。

(2) 表面を粗にしたコンクリート打ち継ぎ面は**十分吸水**させ，セメントペーストを塗るなどしてからコンクリートを打ち継ぐ。

※水セメント比は小さい方が水の割合は少なくなり，品質は高いものとなる。

(4) 温度変化に対応するため**伸縮継目を設けるのは有効なひび割れ対策**である。

解答　(3)

問題10　□□□

コンクリートの養生に関する記述として，適切でないものはどれか。

(1) 養生は，十分硬化するまで衝撃や余分な荷重を加えずに風雨，霜，直射日光から露出面を保護することである。

(2) コンクリート打込み後，セメントの水和反応を促進するために，風などにより表面の水分を蒸発させる。

(3) コンクリートの露出面は，表面を荒らさないで作業ができる程度に硬化した後に養生用マットで覆うか，又は散水等を行い湿潤状態に保つ。

(4) コンクリートは，十分に硬化が進むまで急激な温度変化等を防ぐ。

(2) コンクリートの表面を急激に乾燥させるとひび割れの原因となるため，シートなどで**直射日光や風などによる水分が蒸発することを防ぐ**。

解答　(2)

問題11　□□□

各種コンクリートに関する記述として，適当でないものはどれか。

(1) 寒中コンクリートは，ポルトランドセメントと AE 剤を使用するのが標準で，単位水量はできるだけ多くする。

(2) 暑中コンクリートは，材料を冷やすこと，日光の直射から防ぐこと，十分湿気を与えることなどに注意する。

(3) 部材断面が大きいマスコンクリートでは，セメントの水和熱による温度変化に伴い温度応力が大きくなるため，コンクリートのひび割れに注意する。

(4) 膨張コンクリートは，膨張材を使用し，おもに乾燥収縮にともなうひび割れを防ごうとするものである。

解説

⑴　寒中コンクリートは，凍害を防止するため，**単位水量はできるだけ少なく**する。

解答　⑴

問題12　□□□

　鉄筋・型枠の加工組立に関する記述として，適当なものはどれか。

　⑴　径の太い鉄筋などを熱して加工するときは，加熱温度を十分管理し加熱加工後は急冷させる。

　⑵　かぶりとは，鋼材あるいはシースの表面からコンクリート表面までの最短距離で計測したコンクリートの厚さである。

　⑶　型枠内面には，流動化剤を塗布することにより型枠の取外しを容易にする効果がある。

　⑷　型枠及び支保工の取外しの時期を判定する場合は，20℃の水中養生を行ったコンクリート供試体の圧縮強度を用いる。

解説

⑴　加熱加工後，急冷すると鉄筋の強度や靭性が低下する恐れがあるため，原則として，**常温で曲げ加工**を行う。

⑶　型枠に塗るのは**剥離剤**である。流動化剤はコンクリートの混和剤で，コンクリートの流動性（ワーカビリティ）を改善するために使用するものである。

⑷　型枠，および支保工の取り外し時期を判定するためのコンクリート強度は，**現場水中養生**（打込まれたコンクリートと同じ状態で養生したコンクリート供試体）**の圧縮強度**による。

解答　⑵

一問一答 ○×問題

コンクリート工事に関する記述において，正しいものには○，誤っているものには×をいれよ。

□□□ ① 【 　】　ポゾランは，水酸化カルシウムと常温で徐々に不溶性の化合物となる混和材の総称であり，ポリマーはこの代表的なものである。

□□□ ② 【 　】　粗骨材は，5mm網ふるいに質量で85％以上とどまる骨材をいう。

□□□ ③ 【 　】　角張っている砕石は，丸みをおびた骨材よりも，コンクリートのワーカビリティは優れる。

□□□ ④ 【 　】　コンシステンシーは，打込み・締固め・仕上げなどの作業の容易さを表す性質である。

□□□ ⑤ 【 　】　ブリーディングは，練混ぜ水の一部の表面水が内部に浸透する現象である。

□□□ ⑥ 【 　】　高所からのコンクリートの打込みは，原則として縦シュートとするが，やむを得ず斜めシュートを使う場合には材料分離を起こさないよう使用する。

□□□ ⑦ 【 　】　コンクリート打込み中に硬化が進行した場合は，均質なコンクリートにあらためて練り直してから使用する。

□□□ ⑧ 【 　】　内部振動機で締固めを行う際の挿入時間の標準は，30秒～60秒程度である。

□□□ ⑨ 【 　】　コンクリートを打ち込む際は，1層当たりの打込み高さを40～50cm以下とする。

□□□ ⑩ 【 　】　コンクリートの練混ぜから打ち終わりまでの時間は，気温が25℃以下で3時間以内とする。

□□□ ⑪ 【 　】　海洋構造物の打継目は，塩分による被害を受けるおそれがあるので，できるだけ多く設ける。

□□□ ⑫ 【 　】　滑らかで密実な表面を必要とする場合には，コンクリート打込み後，固まらないうちにできるだけ速やかに，木ごてでコンクリート上面を軽く押して仕上げる。

□□□ ⑬ 【 　】　寒中コンクリートは，セメントを直接加熱し，打込み時に所定のコンクリートの温度を得るようにする。

□□□ ⑭ 【 　】　暑中コンクリートでは，凝結及び硬化反応を遅らせるため，凝結遅延剤を使用する場合がある。

□□□ ⑮【 】 型枠に接するスペーサーは，モルタル製あるいはコンクリート製を使用することを原則とする。

解答・解説

① 【×】…ポゾランとは，フライアッシュ・スラグ・シリカフューム等の二酸化ケイ素を含んだ微粉末のセメント混和材。**ポリマーは高分子有機化合物**でポゾランとは関係ない。

② 【○】…設問の記述の通りである。

③ 【×】…角張っている砕石は，丸みをおびた骨材に比べ，表面積が大きくなるため，**吸水率が大きくなる**。そのため，同じ単位数の場合，水を吸ってしまうため，ワーカビリティは悪くなる。

④ 【×】…コンシステンシーは，フレッシュコンクリートの**変形または流動に対する抵抗性**を表す性質である。

⑤ 【×】…ブリーディングは，固体材料の沈降又は分離によって，**練混ぜ水の一部が遊離して上昇する現象**をいう。

⑥ 【○】…設問の記述の通りである。

⑦ 【×】…硬化を始めたコンクリートは練り直しても使用することはできない。

⑧ 【×】…内部振動機で締固めを行う際の挿入時間の標準は，**5秒～15秒程度**である。

⑨ 【○】…設問の記述の通りである。

⑩ 【×】…コンクリートの練混ぜから打ち終わりまでの時間は外気温が25℃を超えるときは1.5時間以内，**25℃以下の場合は，2時間以内**を標準としている。

⑪ 【×】…塩分による被害を受けるおそれのある個所のコンクリート構造物は，**打継目をできるだけ設けないようにする**。

⑫ 【×】…滑らかで密実な表面を必要とする場合，作業が可能な範囲で，**できるだけ遅い時期に金ごてで押さえて仕上げる**。

⑬ 【×】…寒中コンクリートにおける，材料の加熱によってコンクリート温度を高める場合は，一般に水又は骨材を加熱する。**セメントは加熱してはならない**。

⑭ 【○】…設問の記述の通りである。

⑮ 【○】…設問の記述の通りである。

第3節 基礎工

基礎工は、杭基礎（既製杭・場所打ち杭）、直接基礎（フーチング）、ケーソン基礎（ニューマチックケーソン・オープンケーソン）に大別される。

既成杭の施工　　　　　　　　　　　　　　　　　　　重要度 B

既成杭は、打込み杭と埋込杭に分類できる。また打込み杭工法は、打撃工法と振動工法に、埋込み杭工法は、中掘り杭工法とプレボーリング杭工法に分類される。

○　打込み杭

打撃工法とは、ディーゼルハンマ、ドロップハンマ、油圧ハンマ等により既製杭を所定の深さまで打込む工法で、他工法に比べて**施工速度が速く、支持層への貫入をある程度確認できる**。一般に、中掘り杭工法に比べ**大きい支持力**が得られる。ただし、**近接構造物に対する影響が大きく**、**騒音・振動**が発生するため、環境条件に配慮する必要がある。

①　各種打込み杭

杭打ち機の種類	特　徴
ディーゼル パイルハンマ	・ラムの落下によって空気が圧縮され、燃料の噴射による爆発力によって杭を打ち込む。 ・**大きな打撃力**が得られ、**施工速度が速く**機動性に富み、**比較的硬い地盤の海洋工事や大型杭工事**に使用される。 ・打撃力は大きく燃料費は安いが、騒音、振動、油煙の飛散を伴う。
ドロップハンマ （もんけん）	・もんけんとも呼ばれるハンマをウィンチで引き揚げ自由落下させて打ち込むもので、**ハンマの重量は杭の重量以上**、あるいは杭1mあたりの重量の10倍以上が望ましい。

油圧パイルハンマ	・ラムの落下高さを調節することにより，打撃力の調整をする。 ・大きな打撃エネルギーを発生することができ，**コンクリート杭工事**に使用される。
振動パイルハンマ （バイブロハンマ）	・**振動杭打機で強制振動**を杭に伝達することにより，杭を打ち込む工法で，比較的騒音が少ないが，大容量の電力が必要である。 ・多くの機種があり，杭種・工法に幅広く適用することができ，**軟らかい地盤での鋼矢板，鋼管等の工事に使用**される。 ・地盤中間層の打抜きは，その層が粘性土層で N 値 15〜30 以下の場合，層厚が杭径の2倍程度までなら可能な場合が多い。
油圧式杭 圧入引抜機	・**低振動・低騒音**・無削孔のため，市街地の工事で多く用いられる。 ・硬質地盤での施工には，**ウォータージェットとの併用が必要**になる。

② 施工上の留意事項

・杭の打込みの準備作業では，施工機械の据付け地盤の強度を確認し，必要であれば敷鉄板の使用，地盤改良などの処理も検討する。

・杭の建込み作業段階では，上杭，下杭ともに，**杭を直行する2方向で鉛直性**を確認して打ち込む。

・杭の打込み精度とは，**杭の平面位置，杭の傾斜，杭軸の直線性**などの精度をいう。

・杭の打込みの初期段階においては，杭にズレが生じやすいので，杭打ち機の機種に応じた打込み方法を採用する。

・打込み杭工法で一群の杭を打つときは，杭群の**中央から周辺**に向かって打込むか，杭群の**一方の端から他方の隅へ**打ち込んでいく。**既設の構造物の近く**で杭を打ち込む場合は，**構造物の近くから離れる**ように打ち込む。

・時間の経過とともに杭周面の摩擦力が増大し，打込みが困難になるため，**杭は原則として連続的に打ち込む**。

③ 支持層の確認

・打撃工法では，一般に試験杭施工時に支持層における1打当たりの**貫入量**，

リバウンド量などから動的支持力算定式を用いて支持力を推定し，打止め位置を決定する。

・杭の支持力はリバウンド量に比例しており，リバウンド量が大きくなれば，支持力は大きくなる。

・**杭の打止め**は，1打あたりの**貫入量2〜10mm**を目安とする。杭材・ハンマに損傷を与える原因となるため，2mm以下で打ち続けてはならない。

・バイブロハンマ工法では，一般に試験杭施工時に支持層における**バイブロハンマモータの電流値，貫入速度**などから動的支持力算定式を用いて支持力を推定し，打止め位置を決定する。そのため簡易に支持力の確認が可能である。

最重要 既成杭（打込み杭）　　　　　　　　　　　　合格ノートⅢ－①

・既成杭（打込み杭）⇒ ┌─特徴（メリット）─
　　　　　　　　　　　　│・施工速度(速い)　支持層の確認が容易
　　　　　　　　　　　　│（デメリット）
　　　　　　　　　　　　│・騒音，振動大　近接構造物への影響大

① 各種打込み杭

　・油圧ハンマ…ラムの落下高さで打撃力を調整可

　・ディーゼルハンマ…打撃力大　騒音・振動，油煙の飛散あり

　・ドロップハンマ…ハンマを落下して打込み

　（もんけん）　　ハンマ重量は杭の重量以上とする

　・バイブロハンマ…振動杭打機で杭を打設（電動 or 油圧式）

　　※比較的騒音少ない（打込み杭の中で）※大電力が必要

② 留意事項

　・一群の杭の打設⇒中央から周辺に，もしくは一方向に

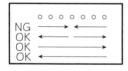

　　　　　　　　　　　　　　　　※既設構造物の近くでは構造物から離れるように

　・杭は連続的に打ち込む（打ち止めると摩擦力が増大）

③ 支持層の確認

　・貫入量，リバウンド量で支持層を確認

　　2〜10mm（打止め）　リバウンド量大 ⇒ 支持力大

○ 埋込み杭

① ［中堀り杭工法］施工上の留意事項

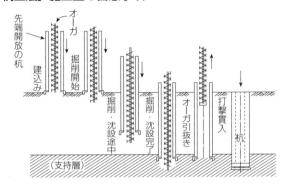

・掘削中は，原則として，杭径程度以上の**拡大掘り・先堀り**は周辺地盤を乱し，周面摩擦力を低減させるので**行わない**。

・支持層の確認は，事前の地盤調査結果の深さと比較し，**オーガモータの駆動電流値**等から読みとった**掘削抵抗を比較**しながら行う。また，合わせてスパイラルオーガの引上げ時にオーガ先端に付着している土砂を直接目視により確認するのがよい。

・先端処理は最終打撃方式とセメントミルク噴出撹拌方式とコンクリート打設方式がある。

　○ **最終打撃の場合**は締固められた杭先端地盤がボイリングによってゆるまないように，杭内部に**先端閉塞効果が確保できる長さを残して**打ち込みに移ることが望ましい。

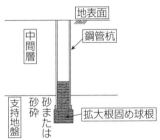

　○ **セメントミルク噴出撹拌方式**で行う，**先端処理部**において，施工管理手法に示される範囲の**先掘り，拡大掘り**を行い，根固め球根を築造する。

　○ **コンクリート打設方式**は，杭中空部の土砂を排出し，管内面を洗浄した後，コンクリートを杭先端の所定区間まで打設して支持層と一体化させる。

② ［プレボーリング杭工法］施工上の留意事項

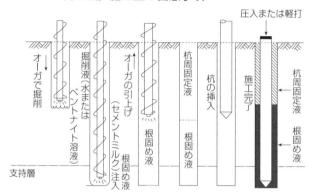

・孔内を泥土化して孔壁の崩壊を防止する。そのため，**泥水処理，排土処理が必要**となる。

・支持層の確認は，掘削速度を一定に保ち，**オーガの駆動電流値の変化を電流計から読み取り**，事前の地盤調査結果と掘削速度の関係を照らし合わせて確認する。また，オーガの引上げ時には，その先端部に付着している土砂を直接目視により確認するのがよい。

・拡大根固め球根築造完了後，ロッド引上げは，オーガ駆動装置を**正回転**とし杭周固定液の注入を開始するようにする。

・掘削孔内の地盤には，先端部には**根固め用セメントミルク（根固液）**を使用し，以降から杭頭までは**杭周固定用セメントミルク（杭周固定液）**を注入し，攪拌混合してソイルセメント状にした後に，杭を沈設する。

最重要 既製杭（埋込み杭）			合格ノートⅢ-②
	穴堀りながら沈設		あらかじめ穴堀って沈設
	中堀り杭工法		プレボーリング杭工法
特徴	（メリット）　騒音・振動が小さい（打込み杭と比較）		
	（デメリット）支持力が小さい（打込み杭と比較）		
	排土処理，泥水処理が必要		

場所打ち杭工法 重要度 **A**

　場所打ち杭工法では，掘削→鉄筋建て込み→コンクリート打設の順に施工を行い，コンクリート杭を築造する。掘削においては，オールケーシング工法・アースドリル工法・リバース工法・深礎工法があり，それぞれ使用する機械および孔壁の保護方法が異なる。

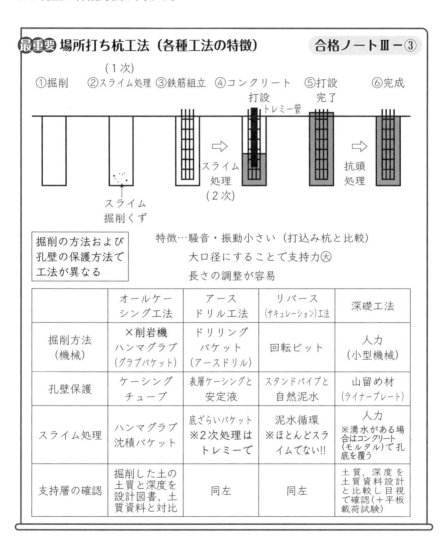

最重要 場所打ち杭工法（各種工法の特徴）　　合格ノートⅢ－③

①掘削　②スライム処理（1次）　③鉄筋組立　④コンクリート打設（トレミー管）　⑤打設完了　⑥完成

スライム掘削くず

スライム処理（2次）

抗頭処理

掘削の方法および孔壁の保護方法で工法が異なる

特徴…騒音・振動小さい（打込み杭と比較）
大口径にすることで支持力大
長さの調整が容易

	オールケーシング工法	アースドリル工法	リバース(サキュレーション)工法	深礎工法
掘削方法（機械）	×削岩機 ハンマグラブ（グラブバケット）	ドリリングバケット（アースドリル）	回転ビット	人力（小型機械）
孔壁保護	ケーシングチューブ	表層ケーシングと安定液	スタンドパイプと自然泥水	山留め材（ライナープレート）
スライム処理	ハンマグラブ 沈積バケット	底ざらいバケット ※2次処理はトレミーで	泥水循環 ※ほとんどスライムてない!!	人力 ※湧水がある場合はコンクリート（モルタル）で孔底を覆う
支持層の確認	掘削した土の土質と深度を設計図書，土質資料と対比	同左	同左	土質，深度を土質資料設計と比較し目視で確認(＋平板載荷試験)

○　オールケーシング工法
①　工法の概要

　杭の全長にわたり**ケーシングチューブ**を揺動圧入（回転圧入）し，孔壁の崩壊を防ぎ，ボイリングやパイピングは，孔内水位を地下水位と均衡させることにより防止する。掘削機械には**ハンマグラブ**を用いる。

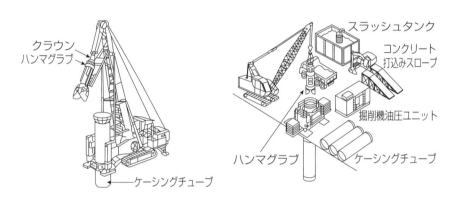

②　掘削時の留意事項・支持層の確認方法
・ヒービング現象が発生するような軟弱な粘性土地盤では，ケーシングチューブを孔内掘削底面よりケーシングチューブ径以上先行圧入させて掘削する。
・ハンマグラブで**掘削した土の土質と深度を設計図書及び土質調査資料と対比**し，支持層確認を行う。また，掘削時間・掘削抵抗の状況も参考にする。
・掘削深度の測定は，**外周部の対面位置を2箇所以上**測定する。
③　スライム処理
・孔内に注入する水は土砂分混入が少ないので，**鉄筋かご建込み前にハンマグラブや沈積バケット**で土砂やスライムを除去する。

○　アースドリル工法
①　工法の概要

　地表部に**表層ケーシング**を建て込み，以深はベントナイトまたは CMC（カルボキシメチルセルロース）を主材料とする**安定液**によって，孔壁を安定させる。掘削は，**ドリリングバケット**により排土する。

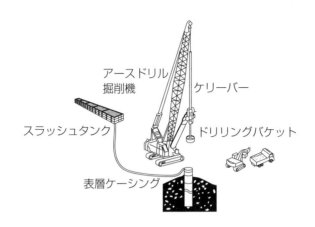

② **掘削時の留意事項・支持層の確認方法**

・安定液の配合は，コンクリートの置換を考慮して，**低粘性・低比重**のものとし，水位の管理に留意する。

・バケットにより**掘削した試料の土質と深度を設計図書及び土質調査資料と対比**するとともに，掘削速度・掘削抵抗の状況も参考にする。

③ **スライム処理**

・アースドリル工法では，掘削完了後に**底ざらいバケット**で掘りくずを除去し，**二次孔底処理**は，**コンクリート打込み直前**に**トレミー**等を利用したポンプ吸上げ方式で行う。

○ リバース（サキュレーション）工法

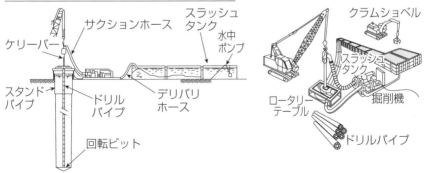

① 工法の概要

　スタンドパイプを建込み，孔壁に水圧をかけて**自然泥水で孔壁を保護する。**
回転ビットで掘削した土砂を，ドリルパイプを介して泥水とともに吸上げ排出
する。掘削土砂と泥水は地上のプラントで水と土砂を分離した後，孔内に**循環**
させる。

② 掘削時の留意事項・支持層の確認方法

・掘削時，孔内水位は地下水位より **2m 以上高く保持する。**

・デリバリホースから排出される**循環水に含まれる砂を採取し，設計図書及び**
　土質調査資料と対比し，支持層を確認する。また，掘削速度・ビット荷重の
　変化などの状況も参考にする。

※建設汚泥を自工区の現場で盛土に用いるには，生活環境の保全上支障のない
　ものであることを確認しなければならない。

③ スライム処理

・泥水循環により素粒子の沈降が期待でき，1次孔底処理により，泥水中のス
　ライムはほとんど処理できる。

○　深礎工法

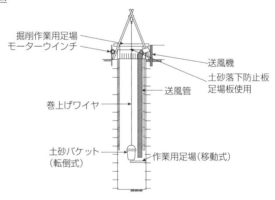

　　　掘削作業用足場
　　　モーターウインチ
　　　　　　　　　　　　　　　　　　　送風機
　　　　　　　　　　　　　　　　　土砂落下防止板
　　　　　　　　　　　　　　　　　足場板使用
　　　巻上げワイヤ
　　　　　　　　　　　　送風管
　　　土砂バケット
　　　（転倒式）　　　作業用足場（移動式）

① 工法の概要

　この工法は，ライナープレート等の**山留め材**によって，孔壁の土留めをしな
がら内部の土砂を**人力掘削**で排土する。（人力以外にクラムシェル型バケット
などを使用する機械掘削方式も採用されるようになってきている。）

② 掘削時の留意事項・支持層の確認方法

・土質と深度を設計図書及び土質調査資料と対比し，**目視により支持層を確認**する。また，必要に応じて平板載荷試験を行う。

③ スライム処理

・深礎杭工法では，底盤の掘りくずを取り除くとともに，支持地盤が水を含むと軟化するおそれのある場合には，孔底処理完了後に孔底をモルタル又はコンクリートで覆う。

直接基礎　　　　　　　　　　　　　　　重要度 B

　直接基礎は，良質な支持層が**浅い位置に存在する場合**に採用される。直接基礎の適用深度は，陸上で5m 未満（水上は水深5m 未満）である。良質な支持層の目安は，**砂・礫層ではN 値が30以上**，粘性土では**N 値が20以上かつ圧密のおそれがないこと**等である。また，基礎地盤の支持力は，**平板載荷試験**の結果から確認ができる。

○　施工上の留意事項

・一般に基礎が滑動するとき，せん断面は基礎の床付け面の**ごく浅い箇所に生じる**ことから，構造物の安定性を確保するために，掘削時に基礎地盤を緩めないようにする。

・基礎地盤が**砂地盤の場合**は，<u>基本的には凹凸がないように平らに仕上げる</u>が，栗石や砕石とのかみ合いが期待できるように，**ある程度の不陸を残す**。湧水・雨水などにより基礎地盤面が乱されないように，基礎作業は素早く行う。

・滑動抵抗を増すため底面に**突起を設けるときには割栗石を貫い**

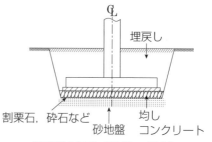

砂地盤の場合（N 値30以上）

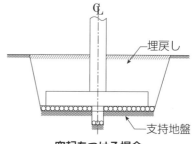

突起をつける場合

て，十分**支持地盤に貫入**させなければならない。

・基礎底面地盤が**岩盤の場合**は，（底面地盤を水平に掘削し，浮き石は完全に除去し）**割栗石を用いず**，構造物底面がかみ合うように**基礎地盤面に均しコンクリート**を施工する。このとき，基礎地盤底面には**ある程度の不陸を残し，平滑な面とならないようにする。**床付け面にゆるんだ岩盤がある場合，掘削したずりを使用して埋め戻しても支持力は得られないため，**貧配合コンクリート（均しコンクリート）を施工**する。

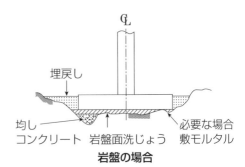

埋戻し
均しコンクリート　岩盤面洗じょう
必要な場合　敷モルタル
岩盤の場合

・岩盤の掘削が基礎地盤面に近づいたときは，手持ち式ブレーカなどで整形し，所定の形状に仕上げる。

最重要 直接基礎　　　標準貫入試験　　　　**合格ノートⅢ−④**
　　　　　　　　　　　平板載荷試験で確認

支持地盤が地表から浅い箇所

※基礎が滑べる場合のせん断面は，ごく浅い箇所に発生
　　　　　　　　　十分なせん断抵抗を有するよう施工

　┌ 支持層の目安 ┐
　　　　　　　　　　　Ｎ値
　粗粒土（砂質土・砂礫土）　⇒　30以上
　細粒土（粘性土）　⇒　20以上（ただし，圧密の恐れがないこと）

・基礎地盤の処理
　①　砂地盤…基本的には凹凸がないように平らに仕上げる。
　どちらも○→※栗石・砕石とのかみ合いが期待できるようにある程度不陸
　　　　　　　を残す。
　②　岩盤…ある程度の不陸を残し，平滑な面とならないようにする。
　　　　　　※浮き石を除去，割栗石なしで均しコンクリートOK!!
・床付け面にゆるんだ岩盤がある場合⇒均しコンクリート（貧配合）打設
　（堀りすぎた場合）　　　NG　掘削ずりで埋戻す

土留め（土止め）支保工　　　重要度 **A**

　地下埋設物の設置や地下構造物をつくるときの根切り掘削工事の際に，周囲の土砂の崩れ込みを防ぐとともに，地盤を安定させた状態で土砂を取り除くために設けられる土圧に抵抗する仮設構造物を土留め（山留め）支保工という。

○　土留め壁の種類

① 親杭横矢板壁

・H形鋼等の親杭を一定間隔で打設し，掘削に伴い木材もしくはコンクリート製の横矢板を挿入して築造する。

・**施工が比較的容易**であるが，土留め板と地盤との間に間隙が生じやすいため，地山の変形が大きくなる。

・**止水性がないため，地下水位の高い地盤や軟弱地盤**には適さない（補助工法が必要となることがある）。

② 鋼矢板壁

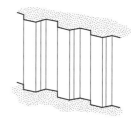

・U型等の断面形状の鋼矢板を互いにかみ合わせて築造する。

・**止水性がある**ため，**地下水位の高い地盤や軟弱地盤にも適用化。**

※軽量鋼矢板は止水性がないため，小規模開削工事で用いる。

・鋼矢板壁の継手部のかみ合わせ不良などから地下水や土砂の流出が生じ，背面地盤の沈下や陥没の原因となることがあるので，鋼矢板打設時の鉛直精度管理が必要となる。

・鋼矢板の打設時に，水みちが出来た場合は，貧配合モルタルを注入するなどの空隙処理が必要となる。

③ 鋼管矢板壁

・継手を有する鋼管矢板をかみ合わせて連続して築造する。

・**止水性があり**，15mを超える大深度，大規模工事で用いられる。

・剛性が比較的大きいため地盤変形が問題となる場

合に適する。

・地盤変形が問題となる場合に適し，深い掘削に用いられる。

④ 柱列式連続壁；モルタル柱列壁（ソイルセメント壁）

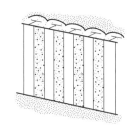

・現地盤にモルタルで置換した柱体に形鋼等の芯材を挿入して築造する。

・**止水性がよく**，親杭横矢板や鋼矢板壁に比べ剛性が大きいため**地盤変形が問題となる場合に適する**。

・場所打鉄筋コンクリート地中壁と比較すると排出土量が少ない。

⑤ 地中連続壁；場所打鉄筋コンクリート地中壁

・安定液を使用して掘削した壁状の溝の中に**鉄筋かごを建て込み，場所打ちコンクリートを打設**する工法である。

・**止水性がよく剛性が大きい**ため，大きな土圧や水圧が作用する**大規模な開削工事**や，地盤変形が問題となる場合などに用いる。

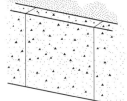

・掘削時に用いるベントナイト系安定液は，砂質土層が多い場合は泥膜形成性が高い安定液が用いられる。性質や強度が異なった地層が交互に堆積しているような複合地盤では，**最も崩壊しやすい地層に焦点をしぼり配合設計を行う**。

最重要 **土留め壁の種類と特徴**　　　　　　　　　　**合格ノートⅢ−⑤**

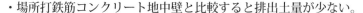

（簡易）
止水性
なし

① 親杭横矢板壁…止水性なし（地下水の少ない良質地盤に用いる）

- -

止水性・剛性㋒

② 鋼矢板壁………止水性あり（地下水の高い地盤，軟弱地盤㋒）
　　　　　　　　　※軽量鋼矢板壁は止水性なし（小規模開削工事）

③ 鋼管矢板壁……止水性あり，比較的剛性㋒　深い掘削OK

④ 柱列連続壁……止水性・剛性㋒（排土量が少ない）
（ソイルセメント壁）

⑤ 地中連続壁……止水性・剛性㋒（大規模開削工事）
（場所打鉄筋コンクリート壁）

○　土留め支保工の形式

①　自立式土留め

・切ばり，腹起し等の支保工を用いず，主として**掘削側の地盤の抵抗によって**，土留め壁を支持する工法。

・**比較的良質な地盤で浅い掘削に適する。**

・掘削面内に支保工がないので掘削が容易である。

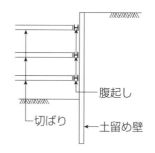

土留め壁

②　切ばり式土留め

・切ばり，腹起し等の支保工と掘削側の地盤の抵抗によって土留め壁を支持する工法。

・現場の状況に応じて**支保工の数，配置等の変更が可能**である。

・機械掘削時には支保工が障害となりやすい。

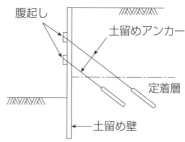

腹起し

切ばり

土留め壁

③　アンカー式土留め

・掘削周辺地盤中に定着させた土留めアンカーと掘削側の地盤の抵抗によって土留め壁を支持する工法。

・切ばりによる土留めが困難な場合や**掘削断面の空間を確保**する必要がある場合に用いる。

腹起し

土留めアンカー

定着層

土留め壁

・**偏土圧が作用する場合**や**任意形状の掘削**にも適応が可能である。

・掘削周辺に既設構造物およびその基礎，地下埋設物があると，アンカーの施工の障害となり，適用は困難である。

○ 土留めの施工（切ばり式土留め）

・掘削は，偏土圧が作用しないよう**左右対称**に行い，さらに土留め壁の前面掘削開放による応力的に不利な状態をできるだけ短期間にするため，**中央部分から掘削**する。

・切ばり・腹起し・土留め壁の取付け時における過大な掘削は，土留め壁に設計値以上の荷重が作用することにより，変形を助長し，危険な状態となるおそれがあるので避ける。

・腹起しは，締切り工や土留め工で，矢板や親杭を支え，その力を切ばりへ伝える役割を果たす横方向のはりをいう。

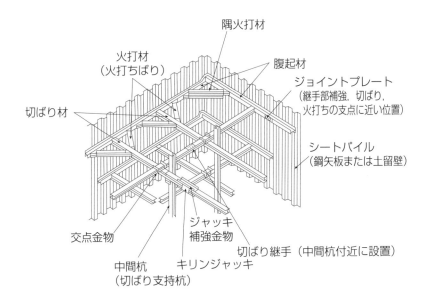

・切ばりは，継手のないものを用いることが望ましいが，やむを得ず継手を用いる場合には，**継手位置は中間杭付近に設ける**とともに，継手部にはジャッキ等を取り付けて補強し，十分な強度を確保する。

・土留め壁又は支保工の応力度，変形が許容値を超えると予測される場合は，切ばりに**プレロード**を導入する。

・腹起し材の継手部は弱点となりやすいので，ジョイントプレートを取り付けて補強するとともに，**継手位置は応力的に余裕のある切ばりや火打ちの支点に近い箇所**とする。

・腹起しと切りばりの遊間（すき間）は，土留め壁の変形原因となるので，あらかじめパッキング材などにより埋め，また，ジャッキの取付け位置は腹起しあるいは中間杭付近とし，**ジャッキの取付位置**は同一線上に並ばないように**千鳥配置**とする。

・切りばりを撤去する際は，土留め壁に作用している荷重を鋼材や松丸太などを用いて本体構造物に受け替えるなどして，土留め壁の変形を防止する。

◯ 掘削底面の安定

① ボイリング

　（i）地盤の状況・現象

・掘削底面が透水性の高い砂質土で地下水位の高い場合に発生しやすい。

・掘削によって，生じた地下水位面の水位差によって，上向きの浸透流が発生し，お湯が沸き立つように砂が掘削面に流出してくる現象である。

　（ii）ボイリング対策

・土留め壁の根入れを長くする。　・背面側の**地下水位を低下**させる

・掘削底面下の地盤改良を行う。

② 盤ぶくれ

　（i）地盤の状況・現象

・掘削底面が難透水層で，その下に透水性の高い砂質土で地下水位の高い場合に発生しやすい。

・発生する条件は「ボイリング」と同様だが，難透水層があるため，上向きの水圧が作用し，掘削底面が浮き上がる現象。最終的には，ボイリング状の破壊に至る。

　（ii）盤ぶくれ対策

・土留め壁の**根入れを長く**する。　・**地下水位を低下**させる。

・掘削底面下の**地盤改良**を行う。

・盛土などで押さえる（**不透水層の層厚を増加**させる）。

③　ヒービング

（i）　地盤の状況・現象

・軟らかい粘性土で発生しやすい。

・土留め背面の土の重量や，地表面荷重により，地盤が沈下し，土留め壁がはらみ，掘削底面が隆起，最終的には土留めの崩壊に至る。

（ii）　ヒービング対策

・土留め壁の**根入れ長さと剛性を増す**

・掘削底面下の**地盤改良**を行う。

・**背面の土をすき取る**など，背面の重量を軽減させる。

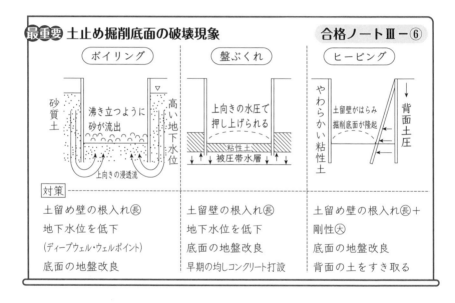

問題1 □□□

既製杭の各種施工に関する記述として，適当なものはどれか。

(1) バイブロハンマは，圧縮空気又は蒸気の圧力によって駆動するハンマである。

(2) 中掘り杭工法は，バイブロハンマ工法に比べて近接構造物に対する影響が大きい。

(3) バイブロハンマ工法は，中掘り杭工法に比べて騒音・振動が小さい。

(4) 中掘り杭工法は，打込み杭工法に比べ支持力が小さい。

解説

(1) バイブロハンマは，**振動杭打機で強制振動**を杭に伝達することにより，杭を所定の深度まで打ち込む工法である。

(2) 掘削排土を行う**中掘り杭工法**は，打撃工法（バイブロハンマ工法）に比較して**近接構造物に対する影響が小さい**。

(3) 掘削排土を行う**中掘り杭工法**は，打撃工法（バイブロハンマ工法）に比較して**騒音・振動は小さくなる**。

解答　(4)

問題2 □□□

場所打ちコンクリート杭工法の工法名とその掘削や孔壁の保護に使用される主な機材との次の組合せのうち，適当なものはどれか。

「工法名」	「孔壁の保護」	「主な機材」
(1) オールケーシング工法	ケーシングチューブ	削岩機
(2) リバース工法	スタンドパイプと自然泥水	回転ビット
(3) アースドリル工法	セメントミルク	アースドリル
(4) 深礎工法	安定液（ベントナイト）	人力掘削

解説

(1) **オールケーシング工法はケーシングチューブ**により孔壁を保護し，**ハンマグラブ**で掘削を行う。

(3) アースドリル工法は表層ケーシングを建て込み，以深は**安定液（ベントナイト等）**によって孔壁を安定させる。

(4) **深礎工法は山留め材（ライナープレート）**により孔壁を保護し，**人力**にて掘削する。

解答 (2)

問題3　□□□

場所打ちコンクリート杭の特徴に関する記述として，適当でないものはどれか。

(1) 掘削土により，中間層や支持層の土質が確認できる。

(2) 施工時の騒音・振動が打込み杭に比べて小さい。

(3) 材料の運搬などの取扱いや長さの調節が難しい。

(4) 大口径の杭を施工することにより，大きな支持力が得られる。

解説

(3) 場所打ち杭は，**長さの調整が比較的容易**で，杭体は現場で打設するため，既成杭のように材料の運搬の取扱いの留意事項は少なくなる。

解答 (3)

問題4　□□□

基礎地盤及び基礎工に関する記述として，適当でないものはどれか。

(1) 砂地盤では，標準貫入試験による N 値が10以上あれば良質な基礎地盤といえる。

(2) 基礎地盤が砂層の場合で作業が完了した後は，湧水・雨水などにより基礎地盤面が乱されないように，割ぐり石や砕石を敷並べる基礎作業を素早く行う。

(3) 基礎地盤が岩盤の場合は，構造物底面がかみ合うように基礎地面に均しコンクリートを施工する。

(4) 基礎地盤が砂層の場合は，基礎地盤面に凹凸がないよう平らに整地し，その上に割ぐり石や砕石を敷き均す。

解説

(1) 支持層は，「粗粒土（砂質土・砂礫土）では N 値30以上」と定められている。

解答　(1)

問題5 □□□

　右図に示す土留め工の（イ），（ロ）に示す部材の名称の組合せとして，適当なものはどれか。

(1)　イ．火打ちばり……ロ．切ばり

(2)　イ．切ばり………ロ．腹起し

(3)　イ．切ばり………ロ．火打ちばり

(4)　イ．腹起し………ロ．切ばり

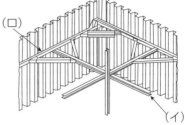

（ロ）

（イ）

解説

(2) 切ばりは，腹起しを支持する水平材［梁（はり）材］である。腹起しは，親杭や矢板に作用する土圧や水圧を支持するために**山留壁に沿わせる水平部材**である。よって，（イ）が切ばり（ロ）が腹起しとなる。

解答　(2)

問題6 □□□

　掘削時に用いる土留め工法とその一般的な特徴に関する記述として，適当でないものはどれか。

(1)　親杭横矢板壁は，止水性を有しているので軟弱地盤に用いられる。

(2)　鋼矢板壁は，止水性を有しているので地下水位の高い地盤に用いられる。

(3)　鋼管矢板工法は，地盤変形が問題となる場合に適し，深い掘削に用いられる。

(4)　連続地中壁は，止水性を有しているので大規模な開削工事に用いられる。

解説

(1)　親杭横矢板壁は，**止水性は少ない**ため地下水の少ない良質地盤の場合に用いる。

解答　(1)

一問一答 ○×問題

基礎工に関する記述において，正しいものには○，誤っているものには×をいれよ。

- □□□ ①【 】 打撃工法における打込みを打込み途中で一時休止すると，時間の経過とともに打込みは比較的容易になる。
- □□□ ②【 】 中掘り杭工法は，過大な先掘りを行ってはならない。
- □□□ ③【 】 中掘り杭工法では，泥水処理，排土処理が必要である。
- □□□ ④【 】 オールケーシング工法は，スタンドパイプを建込み，孔内水位を地下水位より2m以上高く保持し，孔壁に水圧をかけて崩壊を防ぐ。
- □□□ ⑤【 】 岩盤の基礎地盤を削り過ぎた部分は，基礎地盤面まで掘削した岩くずで埋め戻す。
- □□□ ⑥【 】 土留めアンカーは，切ばりによる土留めが困難な場合や掘削断面の空間を確保する必要がある場合に用いる。
- □□□ ⑦【 】 地中連続壁工法は，深い掘削や軟弱地盤において，土圧，水圧が小さい場合などに用いられる。

解答・解説

- ①【×】…時間の経過とともに杭周面の摩擦力が増大し，打込みが困難になるため，**杭は原則として連続的に打ち込む。**
- ②【○】…設問の記述の通りである。
- ③【○】…設問の記述の通りである。
- ④【×】…記述は**リバース工法**の説明である。オールケーシング工法は，ケーシングチューブを土中に挿入し，ハンマグラブを用いて掘削する。
- ⑤【×】…岩盤において，掘削しすぎた場合は**貧配合のコンクリートで置き換える。**
- ⑥【○】…設問の記述の通りである。
- ⑦【×】…地中連続壁工法は，**止水性がよく，剛性が大きい**ため，大きな土圧や水圧が作用する大規模な開削工事・地盤変形が問題となる場合などに用いる。

第2章　専門土木

[2級] 20問出題され，6問を選択し解答します。

（選択問題）

構造物3問，河川・砂防4問，道路・舗装4問，ダム・トンネル2問，海岸・港湾2問，鉄道・地下構造物3問，上水道・下水道2問

勉強のコツ

※専門土木は出題数が必要解答数の3倍以上と，幅広い範囲から出題されます。ここでは，専門知識のある項目のみに絞るのではなく，広く浅く勉強することで得点率を上げることができます。また，今まで勉強した土工・コンクリート工の知識で解答できる問題も多く出題されます。

構造物

力学的特性　　　　　　　　　　　　　　　　　　重要度 B

・鋼材に引張荷重を加えると，鋼材に
伸び（ひずみ）と応力が生じる。こ
の関係をまとめた右図を「応力－ひ
ずみ曲線図」という。

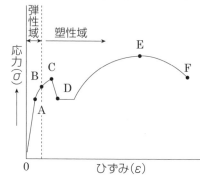

[点A（比例限度）]
…応力度とひずみが比例関係となる
限界点

[点B（弾性限度）]
…引張力を除くとひずみもなくなり
元に戻る限界点，これを超えるとひずみが残る

[点C・D（降伏点）]
…弾性限度を超えひずみが急に大きくなる点
さらに荷重をかけると伸びが急に大きくなる点を降伏点（点Cを上降伏
点，点Dを下降伏点）という。

[点E（引張り強さ）]…引っ張り強さが最大の点（最大応力点）

[点F（破壊点）]…破断する点

・**弾性限度を超えない範囲のひずみを弾性域，弾性限度を超えて**これ以上の応
力を加えるとひずみが残る範囲を**塑性域**という。

○　鋼材の特徴

・温度の変化や荷重によって伸縮する橋梁の伸縮継手には，鋳鋼（ちゅうこう）などが用い
られる。

・無塗装橋梁に用いられる耐候性鋼材は，炭素鋼にクロムやニッケルなどを添
加する。

・**炭素量が高いほど硬さ，引張強さ，電気抵抗は増加するが，延伸性・じん性
などは低下する。**一般的に S50C 以上の高炭素鋼は，炭素量が多くじん性は

劣化する。

・吊り橋や斜張橋に用いられる線材には，炭素量の多い硬鋼線材などが用いられる。

・**鉄筋コンクリート構造物に使用される鉄筋**は，**炭素が少なく展性・延性のある加工しやすい材料である**。

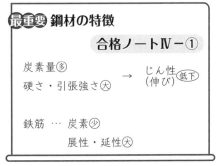

鉄骨工事の施工／検査　　　　　　重要度 **B**

○　鋼橋の鋼材の加工

・鋼材の切断法には，ガス切断法と機械切断法があり，**主要部材の切断は原則として自動ガス切断により行う**ものとする。

・鋼橋などの大型構造物の製作は，自重などによるたわみを考慮してあらかじめ製作キャンバーをつけておく。

※**キャンバー（調整）**とは，橋桁などに発生するたわみを考慮して予め**上部方向へ「そり」を付けておく**ことをいう。

○　高力ボルト接合の継手施工

・鋼道路橋に高力ボルトを使用する際には，**高力ボルトの等級と強さ，摩擦面継手方法，締め付ける鋼材の組立形状**等について確認を行う。

・摩擦接合において，継手部分に使用する鋼板の添え板のことを**スプライスプレート**という。

・摩擦接合において接合される材片の接触面を塗装しない場合は，所定のすべり係数が得られるよう黒皮，浮きさびなどを除去し，**粗面**とする。

・**曲げモーメントを主として受ける部材のフランジ部と腹板部とで，溶接と高力ボルト摩擦接合をそれぞれ用いるような場合には，溶接の完了後に高力ボルトを締め付ける**のを原則とする。（併用する場合は高力ボルトの締付けを先に行う）

・継手部の**母材に1mm 以上の板厚差**がある場合には，部材の厚さに合わせた**フィラープレート**を使用する。

※フィラーの2枚重ねて使用すると，1枚使用に比べて肌隙が増加し腐食が発

生しやすくなるため好ましくない。

・ボルト軸力の導入は，**ナットを回して行うのを原則**とする。

・ボルトの締付けは，連結板の**中央のボルトから順次端部ボルトに向かって行**
い，2度締めを行う。

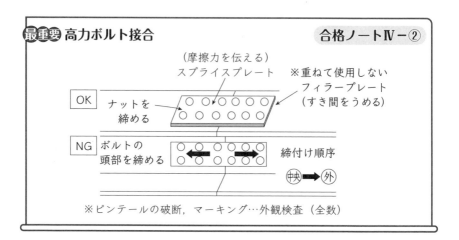

最重要 高力ボルト接合 　　　　　　　　　　合格ノートⅣ－②

（摩擦力を伝える）
スプライスプレート　　　※重ねて使用しない
　　　　　　　　　　　　フィラープレート
　　　　　　　　　　　　（すき間をうめる）

| OK | ナットを締める |
| NG | ボルトの頭部を締める |

締付け順序
中央 ➡ 外

※ピンテールの破断，マーキング…外観検査（全数）

鋼橋の溶接継手の施工／検査　　　　　　　重要度 **B**

・軟鋼用被覆アーク溶接棒は，割れのおそれのない場合に使用されるが，溶接
棒が吸湿していると，溶接不良が発生する恐れがあるため，**十分乾燥させて
使用する。**

・溶接部の強さは，溶着金属部ののど厚と有効長によって求められる。

・グルーブ溶接は，溶接する部分を加工してすきまをつくり溶接する継手であ
る。

・橋梁はアーク溶接による突合せ溶接，隅肉溶接等が用いられる。

※スポット溶接は自動車のボディーのような薄い板の接合に用いられる。

・溶着金属の線が交わる場合は，応力の集中を避けるため，スカラップと呼ば
れる扇状の切欠きを片方の部材に設ける。

・**エンドタブ**は，部材の溶接端部において所定の溶接品質を確保するために，
溶接線の始終点に取り付ける補助板で，**部材との開先形状は同等**でなければ
ならない。

・開先溶接及び主桁のフランジと腹板のすみ肉溶接は**エンドタブ**を取付け，**溶**

接の始端及び終端が溶接する部材上に入らないようにする。

・**溶接割れの検査**は，肉眼で行うのを原則とし，疑わしい場合には**磁粉探傷試験又は浸透探傷試験**を用いるのがよい。

・溶接の部材の**内部欠陥が無い**ことの確認には，**超音波探傷試験**を用いる。

・スタッドジベルの溶接後の外観検査は，**全数**について行うものとし，**不合格**となったものについては**全数ハンマ打撃**による**曲げ検査**を行う。

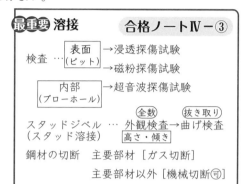

専門土木

鋼橋の架設　　　重要度 **B**

○　各種架設工法

①　ベント式工法

・橋桁部材を自走クレーン車で吊り上げ，継ぎ手が完成するまで下側より**ベント（架設桁を支持する構台）で支持（仮受け）しながら組み立てて架設する工法**である。

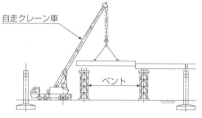

・桁の組立，**キャンバー調整が容易**であり，あらゆる橋梁形式に適用可能である。

・自走式クレーン車が進入でき，**桁下にベントを設置できる場合**に用いられる。

②　架設桁工法

・架設桁を架け渡し，**架設げた（エレクションガーター）**上にトロリーを走行させて部材を桁下より吊り込む**クレーンガーター方式**と，架設げた上の**台車**に部材を載せながら架設する台車方式がある。

・これには橋体自体を片持ち工法により架設する方法と，橋体を架設げたで支持しながら架設する方法がある。

・架設場所が交通のはげしい道路上や水上などでベントが設置できない箇所に使用される。（クレーンガーター方式）

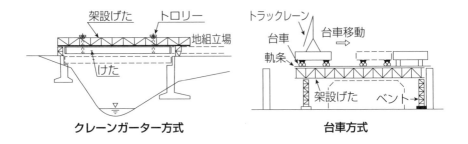

クレーンガーター方式　　　　　　　　台車方式

③　送出し工法（押出し工法）

・架設地点の隣接場所で橋脚の部分または全体を組み立て，手延機<ruby>てのべき</ruby>などを使用し橋桁を所定の位置に縦方向に送り出して据え付ける工法である。

・架設中の構造系および支持点が完成系と異なるため，橋体について各段階での応力，変形および局部応力などを検討しておく必要がある。

・鉄道，道路などと交差する場合，架設作業が比較的短時間で済むので規制時間も短く比較的安全に作業を行える工法である。

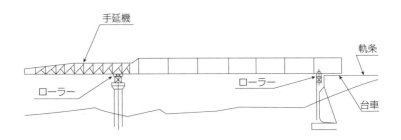

④　ケーブルクレーン工法（ケーブルエレクション工法）

・橋台上あるいは部材の取り込みを考慮して橋台の後方に鉄塔を建て，これにケーブルを張り渡し，部材をケーブルクレーンで吊り込み，受け梁上で組み立てて架設する工法である。

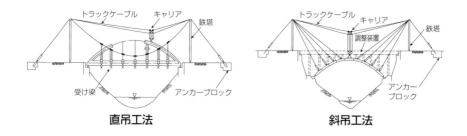

直吊工法　　　　　　　　　　斜吊工法

・吊り索で橋桁を直接吊る直吊工法と，鉄塔より斜めに吊る斜吊工法がある。
・**深い谷や河川などでベントが利用できないような場所**で用いられる。
・架設途中におけるケーブルの伸びによる変形量が大きいため，張力調整装置
　を設けて**キャンバー調整を行う必要がある**。

⑤　**片持式工法**
・**トラベラークレーンを用いて，**すでに架設した桁を**カウンターウェイト**とし
　て，先に架設した桁に架設用クレーンを設置して部材を吊り上げながら**片持
　ち式に架設するもの**である。
・工法には両側の側径間から順次張り出して中央で閉合する**中央閉合式**と，側径
　間から中央径間を一方向に張り出して対岸に行く**一方向片持式**などがある。
・架橋下の桁下の空間が利用できない場合や，航路制限，河川使用制限等によ
　り仮設構造物が制限される時，深い谷や河川でベントが利用できないような
　場所などに採用される。

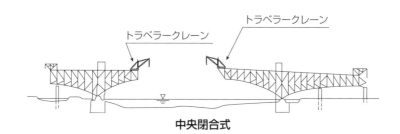

中央閉合式

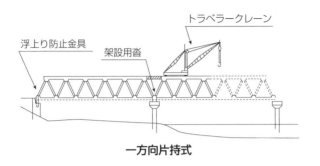

一方向片持式

⑥ 大ブロック工法（一括架設工法）

・事前に**現場近辺の地組ヤード**，あるいは台船上で大ブロックに地組立を行い，大ブロックに組み立てられた**橋体を現場まで台船等で運搬して架設を行う工法**である。

・架設はフローティングクレーンおよび巻き上げ機等により所定の位置に設置する。

・**水深があり流れの弱い場所**で使われる。

・大ブロック工法は輸送中，架設中の構造系および支持点が完成系と異なるため，橋体について各段階での応力，変形および局部応力などを検討しておく必要がある。

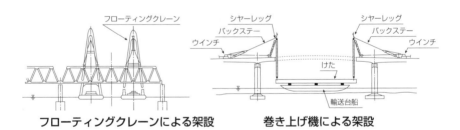

フローティングクレーンによる架設	巻き上げ機による架設
（台船工法）	

工法名	機械等	特　徴
ベント工法	自走式クレーン車	桁下に自走車両が進入可能な場所で用いる。
架設桁工法	エレクション　ガーター	架設桁を使用して架設する。
送出し工法	手延機	隣接場所で組立，送り出して架設する。
ケーブルクレーン工法（ケーブルエレクション工法）	ケーブルクレーン	深い谷や，河川など桁下が利用できない場所で用いる。
片持ち工法	トラベラークレーン	すでに架設した桁をカウンターウェイトとして架設する。
大ブロック工法（一括架設工法）	フローティングクレーン	水深があり流水の弱い場所で用いる。

専門土木

コンクリートの耐久性（劣化要因）　　　重要度 C

　コンクリート構造物の耐久性とは，コンクリート構造物が所要の性能を設計耐用期間にわたり保持することであり，コンクリート構造物の耐久性は①　中性化　②　塩害　③　凍害　④　化学的侵食　⑤　アルカリ骨材反応（アルカリシリカ反応）等について照査する。

○　中性化

現象 …空気中の**二酸化炭素**がコンクリート内に侵入し，セメントの水和反応によって生じた水酸化カルシウムと反応し，徐々に炭酸カルシウムになり，**コンクリートのアルカリ性が低下**する現象である。これがコンクリートの**鋼材位置まで達すると鋼材腐食**が生じやすくなる。

外観目視調査による変状 …①　**鉄筋軸方向のひび割れ**　②　**コンクリートはく離**

防止対策 …①　**タイル，石張りなどの表面仕上げや気密性の吹付け材を施工**する。②　**かぶり（厚さ）を大きく**する。③　気密性の吹付け材により表面

を被覆する。

補修工法 …①再アルカリ化工法　②断面修復工法　③表面処理工法

・鋼材の入っていない**無筋コンクリート**では，**構造物の性能は損なわれない**。

・**塩害**を受ける環境にあるコンクリート構造物では，鋼材腐食が早まる傾向にあるため，**中性化残りは大きく設定する**。

※中性化残り…かぶりから中性化した深さを引いた残りの長さ。通常は10mm，　塩分の浸透が多い場合は10〜25mm確保するように定められている。

・中性化深さは，一般的に構造物完成後の**供用年数の1/2乗に比例**する。

・屋内のコンクリートよりも，**屋外のコンクリートのほうが，中性化速度は小**さい。降雨の影響を遮断するような，乾燥しやすい条件の方が進行しやすい。

・**混合セメント**は，セメントの使用量が少なくなり，水酸化カルシウムの生成量が減少するため，**中性化速度が大きくなる場合がある**。

・コンクリートにフェノールフタレイン1%溶液を噴霧し，**紅色に発色しない箇所**が，**中性化した部分**であると判断できる。

※コアを採取する際には，水分と切断機，コアビットの摩擦により塑性が変化するため，**水を用いて切断を行ってはならない**。

○　塩害

現象 …コンクリート中に存在する**塩化物イオン**の作用により**鋼材が腐食**し断面欠損，腐食物質の膨張に伴うコンクリートのひび割れ，はく離を誘発し，コンクリート構造物に損傷を与える現象である。

外観目視調査による変状 …①　**鉄筋軸方向のひび割れ**　②　**コンクリートはく離**

防止対策 …①　コンクリート中に含まれる**塩化物イオンの総量が0.30kg/m³以下**であれば，構造物の所要の性能は失われない。（外部から塩化物の影響を受けない環境の場合）②　高炉セメントなどの**混合セメントを使用**する。③　水セメント比を小さくして密実なコンクリートとする。④　**かぶりを十分大きく**して水分や酸素の供給を少なくする。⑤　樹脂塗装鉄筋を使用する。⑥　コンクリート表面にライニングを行う。

補修工法 …①断面修復工法　②表面処理工法　③脱塩電気防食工法

○　凍害

現象 …コンクリートに含まれている**水分が凍結**すると，水の**凍結膨張**に見合

う水分がコンクリート中を移動し，その際に生じる水圧がコンクリートの破壊をもたらす。打込み直後に凍害を受けたコンクリートは，その後養生を行なっても，初期凍害を受けなかったものと比べ耐久性に劣ったものとなる。

外観目視調査による変状 …①　ポップアウト（骨材の品質が悪い場合に発生）②　微細ひび割れ・スケーリング（適切な空気量が連行されていない場合に発生）③　亀甲状のひび割れ（凍結・融解作用）

防止対策 …①　耐凍害性の大きな骨材を用いる。②　AE剤，AE減水剤を使用し，所要の強度を満足することを確認の上で6%程度の空気量を確保する（エントレインドエアを連行させる）。③　水セメント比を小さくして密実なコンクリートとする。

補修工法 …①断面修復工法　②ひび割れ注入工法　③表面処理工法

○　アルカリ骨材反応（アルカリシリカ反応）

現象 …骨材中のシリカ分とセメントなどに含まれるアルカリ性の水分が反応して骨材の表面に膨張性の物質が生成され，これが吸水膨張してコンクリートにひび割れが生じる現象である。

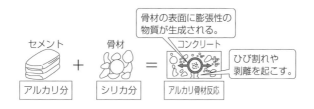

外観目視調査による変状 …①　亀甲状の膨張ひび割れ　※鉄筋コンクリート構造物では主筋方向に，部材両端が強く拘束されている構造物では拘束されている面に直角にひび割れが生じる。②　ゲルの滲出　③　変色

防止対策 …①　アルカリシリカ反応の抑制効果のある混合セメント（高炉セメントB種・C種，フライアッシュセメントB種・C種等）を使用する。②　コンクリート中のアルカリ総量を3.0kg/m³以下とする。※単位セメント量を小さくする。（単位水量を減らすことで単位セメント量も小さくなる）③　骨材のアルカリシリカ反応性試験（化学法・モルタルバー法）で無害（区分A）と確認された骨材を使用する。

補修工法 …① 止水・排水処理工法ひび割れ注入工法 ② 表面処理工法 ③ 撒き立て工法
・アルカリ骨材反応を生じたコンクリートでは，圧縮強度と比較して弾性係数の減少が顕著に表れる。

○ 化学的侵食

現象 …侵食性物質とコンクリートとの接触による**コンクリートの溶解・劣化**や，コンクリートに侵入した侵食性物質が**セメント組成物質や鋼材と反応**し，体積膨張によるひび割れやかぶりの剥離などを引き起こす劣化現象である。化学物質としては，酸，塩類，油などを伴う微生物，海水などがあげられる。

外観目視調査による変状 …① **鉄筋軸方向のひび割れ** ② **コンクリートはく離，骨材露出**

防止対策 …① **コンクリート表面を仕上げ材等で被覆**する。② **かぶりを十分とる**などして鋼材を保護する。③水セメント比を小さくして密実なコンクリートとする。

補修工法 …①断面修復工法 ②表面被覆工法

※第1章第2節「コンクリート工」に記載している事項からも多く出題されます。

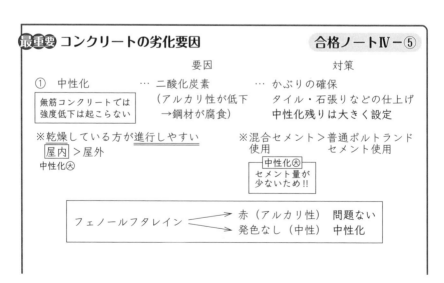

| ② | 塩害 | … | 塩化物イオン | … | 塩化物量0.30kg/m³ 以下
混合セメント使用，かぶり㋐
密実なコンクリートとする
防せい処理を行う |

| ③ | 凍害 | … | 水分の凍結
（膨張）
凍結融解作用 | … | AE 剤，AE 減水剤の使用
単位水量を少なくする
耐凍害性のある，密度㋐の骨
　安低性試験　　吸水性㋑
材を使用 |

| ④ | アルカリ骨材反応
（アルカリシリカ反応） | … | セメント中のアル
カリ分
骨材中のシリカ
（反応性骨材） | … | アルカリ総量の抑制
　　　　　　3.0kg/m³ 以下
混合セメントの使用
安全とみられる骨材の使用
（アルカリシリカ反応性試験） |

※水セメント比を小さくしてもアルカリ骨材反応対策とはならない

水セメント比㋑ ⇒ 水㋐ … セメント㋓

| ⑤ | 化学的侵食 | … | 侵食性物質
（硫酸・塩酸等） | … | コンクリート表面被覆
かぶりの確保
密実なコンクリートとする |

コンクリート構造部のひび割れ　　　　重要度 C

① 乾燥収縮ひび割れ…コンクリート中の水が時間の経過に伴って蒸発する時の収縮を乾燥収縮という。**単位水量および空気量が多いほど発生**する。

② 温度ひび割れ（水和熱によるひび割れ）…セメントの水和熱量が大きい場合，**部材表面部と内部の温度差によりひび割れが発生**する。**部材軸と垂直方向に直線状のひび割れがほぼ等間隔で規則的に発生する，部材を貫通して発生する場合が多い。**

③ 沈降ひび割れ…コンクリート打設後，コンクリートの沈下に伴い，**水平鉄筋の上に規則性のある直線状の表面ひび割れが発生**する。タンピングなどの処理により再振動を与えで修復する。

④ プラスチックひび割れ…**コンクリート表面を初期養生中に急激に乾燥**させると，表面乾燥ひび割れ及び，引張応力により表面に網状の不規則なひび割れが発生する。

問題1 □□□

下図は，鋼材の引張試験における応力度とひずみの関係を示したものである。次の記述のうち，適当でないものはどれか。

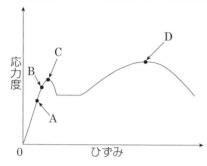

(1) 点Aは，応力度とひずみが比例する最大限度で比例限度という。

(2) 点Bは，荷重を取り去ればひずみが0に戻る弾性変形の最大限度で弾性限度という。

(3) 点Cは，応力度が増えないのにひずみが急激に増加し始める点で上降伏点という。

(4) 点Dは，応力度が最大となる点で破壊強さという。

解説

(4) 点Dは破壊強さではなく，「最大応力点」引張り強さが最大の点である。

解答　(4)

問題2 □□□

鋼材に関する記述として，適当でないものはどれか。

(1) 無塗装橋梁に用いられる耐候性鋼材は，炭素鋼にクロムやニッケルなどを添加している。

(2) 鉄筋コンクリート構造物に使用される鉄筋は，炭素鋼で展性・延性が小さく加工が難しい。

(3) 耐候性鋼は，大気中での耐食性を高めたもので，塗装の補修費用を節減する橋梁などに用いられている。

(4) ステンレス鋼は，構造用材料としての使用は少ないが，耐食性が特に問題となる分野で用いられている。

(2)　鉄筋コンクリート構造物に使用される鉄筋は，**炭素が少なく加工しやすい材料である。**

解答　(2)

問題3　☐☐☐

鋼橋の架設工法に関する記述として，適当なものはどれか。

(1)　クレーン車によるベント式架設工法は，自走式クレーン車で橋桁をつり上げて所定の位置に架設するもので，自走式クレーン車が進入でき，桁下にベントを設置できる場合などに用いられる。

(2)　手延桁による押出し工法は，エレクションガーターと呼ばれる架設用の桁に部材をつり下げ所定の位置に押し出すもので，桁下の空間が利用できない場合に用いられる。

(3)　ケーブルクレーンによる直づり工法は，部材をケーブルクレーンでつり込み受け梁上に組み立てる工法で，主に市街地の道路上で交通規制が困難な場所で使われる。

(4)　トラベラークレーンによる片持ち式架設工法は，既に架設した橋桁上に架設桁を連結し，その部材を送り出して架設する。

(2)　手延桁による押出し工法は，隣接場所で橋桁の部分組立または全体組立を行い，**手延機を使用して端桁を所定の位置に押し出し，据え付ける工法**である。エレクションガーター（架設桁）は，架設桁工法で使用する。

(3)　ケーブルクレーンによる直づり工法は，**深い谷や河川などの桁下が利用できないような場所で用いられる工法**である。

(4)　トラベラークレーンによる片持ち式架設工法は，すでに架設した桁をカウンターウェイトとして，先に架設した桁に架設用クレーンを設置して部材をつり上げながら片持ち式に架設するものであり，**送り出して架設する工法ではない。**

解答　(1)

専門土木

問題4 □□□

鋼道路橋の架設工法に関する次の記述のうち，市街地や平坦地で桁下空間が使用できる現場において用いる工法として適当なものはどれか。

(1) トラベラークレーンによる片持ち式工法
(2) 自走クレーン車によるベント式工法
(3) フローティングクレーンによる一括架設工法
(4) ケーブルクレーンによる直吊り工法

解説

(1) トラベラークレーンによる片持ち式工法は，**架橋下の桁下空間が高くベント等の仮設構造物の建て方が困難か，航路制限，河川使用制限等により仮設構造物が制限される時**に用いる。

(3) フローティングクレーンによる一括架設工法は，**流れの弱い水面や海面**で用いる。

(4) ケーブルクレーンによる直吊り工法は，**流水部や谷部など，桁下が利用できない場合**に用いる。

解答 (2)

問題5 □□□

鋼橋の溶接接合に関する記述として，適当でないものはどれか。

(1) 溶接を行う部分は，溶接に有害な黒皮，さび，塗料，油などを除去する。
(2) 軟鋼用被覆アーク溶接棒は，われのおそれのない場合に使用されるが，吸湿すると欠陥が生じるので，十分乾燥させて使用する。
(3) 溶接の始端と終端部分は，溶接の乱れを取り除くためにスカラップを取り付けて溶接する。
(4) すみ肉溶接には，重ね継手とT継手がある。

解説

(3) 記述は**エンドタブ**についての説明である。スカラップは，**溶接が交差し重なり応力が集中することを避けるために設ける円弧上の切り欠き**のことである。

解答 (3)

問題6　□□□

鋼道路橋に高力ボルトを使用する際の確認する事項として，適当でないものはどれか。

(1)　鋼材隙間の開先の形状

(2)　高力ボルトの等級と強さ

(3)　摩擦面継手方法

(4)　締め付ける鋼材の組立形状

解説

(1)　開先の形状は**溶接継手における確認事項**である。

解答　(1)

専門土木

問題7　□□□

コンクリート構造物の耐久性を向上させる対策に関する記述として，適当でないものはどれか。

(1)　アルカリ骨材反応（アルカリシリカ反応）対策として，高炉セメントB種を使用する。

(2)　凍害対策（凍結融解に対する抵抗性を向上させるため）に，AE剤を用いる。

(3)　塩害に伴う鉄筋腐食に関する対策のひとつとしては，水セメント比が大きいコンクリートを使用する。

(4)　化学的侵食に関する対策のひとつとしては，かぶりを厚くする。

解説

(3)　**水セメント比が大きい**ほど，単位水量が多く，**耐久性が劣るコンクリート**となる。水セメント比を小さくし密実なコンクリートを打設し，鋼材の腐食を防ぐ。

解答　(3)

問題8 □□□

コンクリート構造物の耐久性を向上させる対策に関する記述として，適当なものはどれか。

(1) 耐久性を高めるために，吸水率の大きい骨材を使用する。

(2) 水密性対策として，水セメント比を小さくする。

(3) 凍害に対するコンクリートの耐久性を高めるためには，コンクリート中の空気量を3％未満にする。

(4) アルカリ骨材反応対策として，水セメント比を小さくする。

解説

(1) **吸水率の大きい骨材**を用いると，**単位水量が大きくなる**。耐久性の高いコンクリートとするためには，単位水量の小さいものとする。また，吸水率の大きい骨材は多孔質で密度も小さく，強度も低下する。

(3) 耐凍害性を高めるためには AE 剤を使用し**6％程度の空気量を確保**する。

(4) **水セメント比の小さい材料**は水の比率が小さく，**セメントの比率が大きい材料**となる。アルカリ骨材反応対策とはならないため，アルカリ総量を減らす（セメント量を減らす）対策が必要である。

解答 (2)

問題9 □□□

コンクリートの劣化機構とその要因の組合せのうち，適当でないものはどれか。

(1) 凍害………………………凍結融解作用

(2) 化学的侵食………………反応性骨材

(3) 中性化……………………二酸化炭素

(4) 塩害………………………塩化物イオン

解説

(2) **化学的侵食**とは，**侵食性物質**とコンクリートの接触によって発生するコンクリートの劣化現象である。**反応性骨材**が原因で起こる劣化現象は**アルカリ骨材反応**である。

解答 (2)

一問一答 〇×問題

鋼材に関する記述において，正しいものには〇，誤っているものには×をいれよ。

□□□ ①【 】 鋼材は炭素量が高いほど硬さ，引張強さ，電気抵抗は増加するが，延伸性・じん性などは低下する。

□□□ ②【 】 応力度－ひずみ度曲線において，弾性限度を超えないひずみの範囲を塑性域という。

□□□ ③【 】 ケーブルクレーン工法は，橋桁を架設地点に隣接する箇所であらかじめ組み立てた後，所定の場所に縦送りし架設する。

□□□ ④【 】 トラベラークレーンによる片持ち式架設工法は，すでに架設した桁上に架設用クレーンを設置して部材をつり上げながら架設するもので，桁下の空間が利用できない場合に用いられる。

□□□ ⑤【 】 溶接の始点と終点は，溶接の乱れや溶接金属の溶込み不足などの欠陥が生じやすいので，エンドタブを取付け溶接欠陥が部材上に入らないようにする。

□□□ ⑥【 】 橋梁の溶接は，一般にスポット溶接が多く用いられる。

□□□ ⑦【 】 鋼材の切断は，切断線に沿って鋼材を切り取る作業で，原則として主要部材は機械切断で行い，主要部材以外は自動ガス切断で行う。

□□□ ⑧【 】 鋼橋のボルトの締付けにおいて，ボルト軸力の導入は，ボルトの頭部を回して行うことを原則とする。

コンクリート構造物に関する記述において，正しいものには〇，誤っているものには×をいれよ。

□□□ ⑨【 】 塩害対策として，鉄筋のかぶりを大きくとる。

□□□ ⑩【 】 アルカリシリカ反応抑制対策としては，早強セメントを使用する。

□□□ ⑪【 】 中性化による劣化防止対策としては，かぶりを厚くする。

□□□ ⑫【 】 レイタンスとは，コンクリート構造物の劣化機構の一つである。

解答・解説

①【〇】…設問の記述の通りである。

②【×】…応力度－ひずみ度曲線において，**弾性限度を超えないひずみの範囲を弾性域**という。

③【×】…設問の記述は「送り出し工法」の説明である。

④【○】…設問の記述の通りである。

⑤【○】…設問の記述の通りである。

⑥【×】…スポット溶接は**自動車のボディーのような薄い板の接合**に用いられる。

⑦【×】…主要部材の切断は，原則として**自動ガス切断**により行わなければならない。

⑧【×】…ボルトの導入は，**ナットを回して行う**のが原則である。

⑨【○】…設問の記述の通りである。

⑩【×】…**高炉セメントB・C種やフライアッシュセメントB・C種などのアルカリシリカ反応の抑制効果のあるセメントを使用する。**

⑪【○】…設問の記述の通りである。

⑫【×】…レイタンスとは，ブリージングにより**コンクリートの表面に浮かび出て薄皮状に見えるセメント，骨材中の微粒子，セメント水和物などからなる微細な物質をいう。劣化機構とは，塩害・凍害・中性化・アルカリシリカ反応等のことである。**

河川・砂防

河川堤防の施工 　　　　　　　　　　　重要度 A

※第1章第1節［土工］および第3章第5節［河川関係法］に記載している事項からも多く出題されます。

○ 留意事項

・堤防法面が急な場合は，表層すべりを起こしやすいので，堤体と表層が一体になるよう（**せん断強度が大きくなるよう**）に締め固める。

・築堤の施工中は，降雨による法面浸食の防止のため適当な間隔で仮排水溝を設けて降雨を流下させたり，降水の集中を防ぐため堤体の**横断方向に3〜5％程度の勾配**を設けながら施工する。

・築堤材料では，水の浸入を防ぐために，**川表側に透水性の小さいもので遮水壁を設ける**。

・**川裏側**は，堤内にたまった浸透水を速やかに排除する必要があり，**ドレーン（排水層）をのり尻に設置する**。

・堤防法面の表層部の材料に堤体と異質な材料を使用するときは，二種の材料を混合して締め固め，**明瞭な異層境界を残さないようにすり付ける**。

・のり面の整形をブルドーザで行うときは，**のり勾配が2割以上で法長が3m以上あり**，天端，小段及びのり尻にブルドーザの全長以上の幅が必要である。

・高含水比粘性土を敷き均すときは，**湿地ブルドーザ等の接地圧の小さいブルドーザ**による盛土箇所までの二次運搬を行う。もしくは，施工性が得られるよう安定処理を行う必要がある。

・法面仕上げは，**丁張り**をのり肩，法先に**約10m**間隔に設置し，施工する。

・既設の堤防に腹付けを行う場合は，**新旧法面をなじませるため段切り**を行い，一般にその大きさは堤防締固め**一層仕上り厚の倍の50〜100cm程度**とする。

・堤防の**拡幅の腹付け**は，安定している旧堤防の**裏法面**に行う。

・新堤防の盛土が安定するのに完成後3年程度かかるため，旧堤防は3年程度

経過した後に撤去する。

・築堤した堤防は法面が，降雨や流水等による浸食・洗堀に対して安全となるように，法面保護工は自然繁茂や植樹ではなく，**芝張り，種子吹付け等の芝付工**が用いられる。

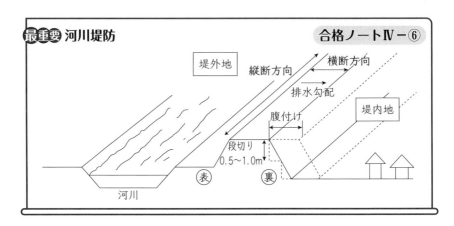

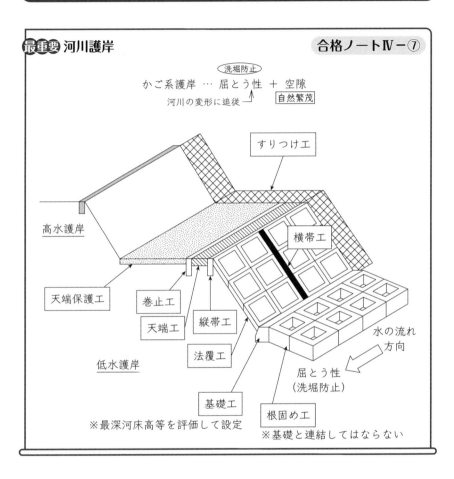

最重要 河川護岸　　　　　　　　　　合格ノートⅣ－⑦

〔洗堀防止〕

かご系護岸 … 屈とう性 ＋ 空隙

河川の変形に追従→　　　自然繁茂

- すりつけ工
- 高水護岸
- 天端保護工
- 巻止工
- 天端工
- 縦帯工
- 横帯工
- 法覆工
- 低水護岸
- 基礎工
- 根固め工
- 屈とう性（洗堀防止）

水の流れ方向

※最深河床高等を評価して設定

※基礎と連結してはならない

専門土木

○　のり覆工の種類

(1)　かご系護岸

- 鉄線蛇かご工は，あらかじめ工場で編んだ鉄線を現場でかご状に組み立て，法面に敷設し，**蛇かごの中に玉石などを詰める**工法である。
- かごマットは，現場での据付けや組立作業を省力化するため，かごは工場で完成に近い状態まで加工する。
- 蛇かごを施工する場合の詰石は，常に蛇かごの編み目より大きい玉石又は割

石を用い，低い方（法尻）から順次（天端にむかって）かごを満杯に詰め込む。

・かご系護岸は，**屈とう性があり**，かつ空隙があるため，かごの上に現場発生土を覆土すると，ある程度の時間を要するものの**自然の植生が回復するのが特徴**である。

・かごマット工では，底面に接する地盤で土砂の吸出し現象が発生するため，これを防止する目的で吸出し防止材を施工する。

(2) 石積み・石張り工

・石積工と石張工の違いは，のり勾配によって定められており，**のり勾配1割より緩やかなものを石張工，急なものを石積工**と区別されている。

・石の積み方には，布積み・谷積み・乱積みがある。景観形成や多自然型川づくりなど用途に合わせて工法を選定する。

  ① 布積み…各段の高さをそろえて積み，横目地が水平に一直線となる石の積み方。

  ② 谷積み…石を組み合わせて積む方法で，一定の谷ができるように石を斜めにして積む方法。**自重で自然に締まり，高い安定性があり**，地震や洪水に対しても強い工法である。**石積み工では，布積みでなく谷積みを原則とする。**

※土木工事共通仕様書では，「谷積みを原則とするが，曲線部など谷積みで施工することが困難な箇所については，布積みにすることが出来る」と定めている。

  ③ 乱積み…割石・切石等の大小さまざまな石を，組み合わせて積む方法。石の大きさをそろえる必要はなく上下左右の石どうしをかみ合わせて積む工法である。

・自然石を利用した石積みや石張り護岸は，強度もあり当該河川に自然石がある場合にはこれを活用することにより，周辺と調和した優れた工法となる。

・石積み工は，個々の石のすきま（胴込め）にコンクリートを充てんした練石積みと，単に砂利を詰めた空石積みがあり，河川環境面からは空石積みが優れている。

・目地は，多様な水際となり，**魚巣効果が期待される深目地**とする。また，土砂がたまることによって，**植物繁茂の効果も期待できる**。

(3) コンクリートブロック工

① 間知ブロック（積みブロック）は，勾配の急な法面や流速の大きい急流部に使用される。

② 平板ブロック（張りブロック）は，勾配の比較的緩い法面で流速が小さいところに使用される。法面の不同沈下が生じないよう十分締め固めた

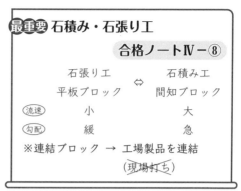

強固な法面をつくり，ブロックの目地にモルタルを完全に充てんするなど入念に施工する。

(4) **コンクリート張り工・コンクリート法枠工**

・コンクリート張り工に用いるコンクリートは，一定の厚さかつ平坦に仕上げることが難しいので，**スランプを小さくしてコンクリートの流動化を防止**する必要がある。

・コンクリート法枠工は，工事現場の法面にコンクリートの格子枠を作り，格子枠の中にコンクリートを打ち込む工法で，法勾配が急な場所では施工が難しい。

(5) **連節ブロック**

・連結（連節）ブロック張工は，**工場製品を現場で張りながら連結する工法**である。

・裏込め材の設置は不要となるが背面土砂の吸出しを防ぐため吸出し防止材の敷設が代わりに必要である。

○ **天端工**

・天端保護工は，**低水護岸が流水により，裏面から浸食されること**を防止するために設置される。

・護岸肩部の洗掘防止には，護岸の天端に水平折り返し（天端工）を設け，折返しの終端には巻止めコンクリートを設ける。

・天端工（天端保護工）は，天端部の洪水による浸食から保護する必要がある場合に設置するもので，天端の端部に巻止め工を設置しない場合もある。

○ すり付け工・縦帯工・横帯工

・すり付け工は護岸の上下流端部に設け，河岸浸食が発生しても護岸が破壊されるのを防ぐ。**屈とう性を有し，在来護岸より粗度の大きな構造とすること**が望ましい。また，法尻の浸食防止のために，河床面にも適当な範囲に設置する。**（すり付け工と護岸は連結しない。）**

・横帯工は，法覆工の**延長方向の一定区間ごとに設け，**護岸の変位や破損が他に波及しないよう**絶縁するために施工**するものである。

・縦帯工は法覆工の延長方向に連続して設け，**法肩部の破損を防ぐ。**

○ 根固め工

・根固め工は，護岸基礎前面の河床の洗掘を防止し基礎工の安定をはかるために設ける。

・根固ブロック，沈床，捨石工等，屈とう性のある構造とし，河床変化に追随でき，**被覆工や基礎工と絶縁する。**

・異形コンクリートブロックの**乱積み**は，河床に合わせてブロックを不規則に**積上げる工法**である。**水深が深い場所や，河床変化の大きなところでも施工性がよい。**

・根固工の敷設天端高は，護岸基礎工の天端高と同じ高さとすることを基本とする。

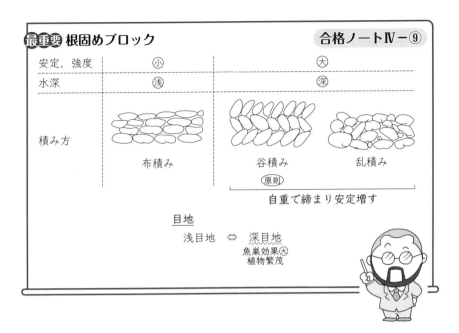

最重要 根固めブロック　　　　　　合格ノートⅣ－⑨

安定, 強度	⑤	⑤
水深	⑤	⑤
積み方	布積み	谷積み　　　　乱積み

（原則）

自重で締まり安定増す

目地

浅目地　⇔　深目地
　　　　　魚巣効果⑤
　　　　　植物繁茂

専門土木

○　基礎工

・基礎工は，法覆工を支える基礎であり，**洗掘**に対する保護や裏込め土砂の流出を防ぐものである。

・基礎工天端高は，洪水時に洗掘が生じても護岸の浮き上がりが生じないよう，過去の実績などを考慮して最深河床高を評価して設定する。

基礎工天端高の決定方法

① **最深河床高を天端高**とし，必要に応じて前面に小限の根固工を設置する方法

② **最深河床高よりも上を天端高**とし，洗掘に対しては前面の根固工で対処する方法

③ **最深河床高よりも上を天端高**とし，洗掘に対しては基礎矢板等の根入れと前面の根固工で対処する方法

④ 感潮区間など水深が大きく基礎の根入れが困難な場合に，**基礎を自立可能な矢板で支える方法**

※②および③の方法では，**基礎工天端高を計画断面の平均河床高と現況河床高のうち低い方より，0.5〜1.5m 程度深くしている**ものが多い。

○　砂防えん堤の役割

・砂防えん堤は，主に渓岸・渓床の浸食を防止する機能，流下土砂を調節する機能，土石流の捕捉及び減勢する機能，立木を補足する機能を有する。**主な目的には，洪水の防止や調節は含まれない。**

○　施工上の留意事項

・砂防えん堤の施工順序は　①**本えん堤の基礎部→**②**副えん堤→**③**側壁護岸→**④**水叩き→**⑤**本えん堤上部**の順に施工する。

・堤体下流の法勾配は，越流土砂による損傷を受けないようにするために，一般に1：0.2を標準とする。

・工事のため植生を伐採する区域では，幼齢木や苗木はできる限り保存して現場の植栽に役立て，**萌芽が期待できる樹木の切株は保存する。**

・砂防工事の現場では，**仮置き土砂は流出に注意が必要で，シートなどで保護**する。

・工事中に生じた**余剰コンクリートや工事廃棄物は，その都度持ち帰り処理**する。

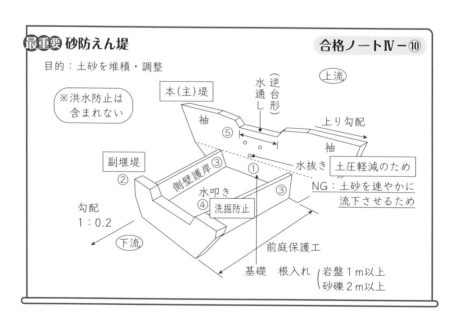

最重要 砂防えん堤　　　　　　　　　　合格ノートⅣ－⑩

目的：土砂を堆積・調整

※洪水防止は含まれない

本（主）堤
水通し（逆台形）
上流
袖　⑤
上り勾配
袖

副堰堤
②
側壁護岸 ③
①
水抜き
水叩き ④ 洗掘防止
③
土圧軽減のため
NG：土砂を速やかに流下させるため

勾配
1：0.2
下流

前庭保護工

基礎　根入れ　岩盤1m以上／砂礫2m以上

ⓐ **基礎**

・基礎地盤の掘削は，えん堤本体の基礎地盤への貫入による支持，固定，滑動，洗掘に対する抵抗力の改善，安全度の向上を目的としている。**えん堤下流部の洗掘を防止するためには，えん堤基礎を必要な深さまで掘り下げて施工する。**

・地形，地質状況に応じ必要最小限の基礎の根入れ深を決定する。本えん堤の基礎の根入れは，**基礎地盤が岩盤の場合は1m以上**とする，**砂礫盤の場合は2m以上根入れ**を行う。

ⓑ **前庭保護工**

・前庭保護工は，本堤を越流した落下水によるえん堤下流部の洗掘による砂防えん堤本体の破壊を防止するため，**堤体の下流側に設置される。**

・砂防えん堤の前庭保護工には，流量，流送石礫ともに大きく，えん堤位置の河床を構成する石礫が小さい場合，副えん堤と水叩き工を設ける。

・水叩きは，落下水の衝撃を緩和し，洗掘を防止するために前庭部に設ける。

・ウォータークッションは，落下する水のエネルギーを拡散・減勢させるために，本えん堤と副えん堤との間にできる水を湛えたプールをいう。

ⓒ **水通し**

・水通しは，**水や土砂を安全に越流させるために**設けられ，一般的にその**形状は逆台形**とする。

ⓓ **水抜き**

・水抜きは，**流出土砂の調節**，施工中の**流水の切り替え**，堆砂後の**水圧軽減**等を目的として設置される。また，えん堤本体を完成させた後も閉塞しない。

ⓔ **袖**

・砂防えん堤の袖の勾配は，土石流の越流防止等のため，両岸にむけて上流の計画河床勾配と同程度かそれ以上の上り勾配をつける。また，土石などの流下による衝撃力で破壊されないように強固な構造とする。

地すべり防止対策工法　　　重要度 **A**

・地すべり防止工は，**抑制工と抑止工**とに大別される。

・**抑制工**は，地形，土質，地下水の状態などの地すべりの誘因となる**自然的条件を変化**させることによって，**地すべり運動を停止または緩和**させることを目的とする。

- 抑止工は，すべり面を貫いた**構造物**により地すべり推力に対抗し，**地すべりを移動停止**させるものである。
- **抑制工を先行**し，運動が軽減，停止してから抑止工を導入するのが一般的である。

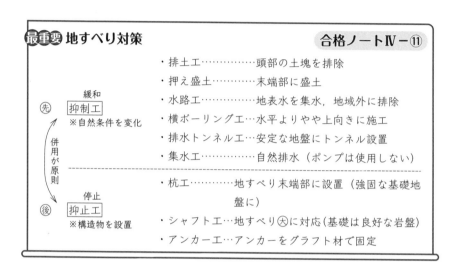

最重要 地すべり対策　　　　　　　　　　　　　　合格ノートⅣ－⑪

先）
緩和
|抑制工|
※自然条件を変化

併用が原則

- 排土工…………頭部の土塊を排除
- 押え盛土…………末端部に盛土
- 水路工…………地表水を集水，地域外に排除
- 横ボーリング工…水平よりやや上向きに施工
- 排水トンネル工…安定な地盤にトンネル設置
- 集水工…………自然排水（ポンプは使用しない）

後）
停止
|抑止工|
※構造物を設置

- 杭工…………地すべり末端部に設置（強固な基礎地盤に）
- シャフト工…地すべり大に対応（基礎は良好な岩盤）
- アンカー工…アンカーをグラフト材で固定

○　抑制工

① 排土工…**地すべり頭部などの不安定な土塊を，斜面に水平に排除**し，土塊の滑動力を減少させる工法である。地すべり**頭部の地塊の厚さが末端の厚さに比較して厚い場合**，頭部の**排土は効果が大きい**。中小規模の地すべり防止工に用いられる。

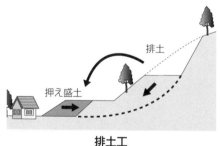

排土工

② 押え盛土工…地すべり末端部の盛土により地すべり斜面を安定させるものである。一般的には，排土工と併用すると効果的である。

③ 水路工…**地すべり地周囲の地表水を速やかに集水し，地域外に排除**するためのもので，水の再浸透を防ぐ。

④ 横ボーリング工…帯水層をねらってボーリングを行い，地下水を排除する

工法で，地すべり斜面に向かって**水平よりやや上向きに**（自然排水を促すため5～10度程度の勾配をつけて）施工する。
- ・横ボーリング工の1本あたりの長さは，集水効率を高めるため，原則として**50m程度を標準**としている。

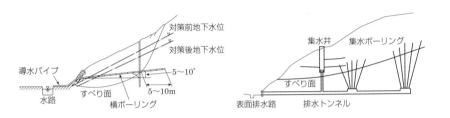

⑤　排水トンネル工…**安定な地盤にトンネルを設け**，ここから滞水層に向けてボーリングを行い，トンネルを使って地下水を排水する工法である。

⑥　集水井工…比較的堅固な地盤に井筒を設け，集水孔や集水ボーリングによって地下水を集水し，原則として**排水（集水）ボーリングにより自然排水する工法**である。
- ・集水井の計画深度は**基盤に貫入させない**設計とし，地すべりが活動中の場合はすべり面より2m以上浅くし，停止中の場合はすべり面より2～3m程度貫入させる。

○　抑止工

①　杭工…鋼管などの杭を**地すべり土塊の下層の不動土層に打ち込み**，斜面の安定を高める工法である。杭工は**地すべりの末端部で，基礎が強固な地盤の箇所に設置**する。
- ・杭の配列は，基盤の破損を避けるために，孔壁間の距離は，**1m以上確保**し，杭の配列は地すべりの運動方向に対して，概ね**直角**で，等間隔になるようにする。
- ・地すべり抑止工で用いる鋼管杭およびH形鋼杭などの打込杭は，恒久対策として**基礎工と併用することは避ける**。

②　シャフト（深礎杭）工…径2.5～6.5mの縦杭を不動土塊まで掘り，ここに鉄筋コンクリートを充填したシャフトをもって杭に代える工法である。
- ・シャフト工は，地すべり推力が大きく，**基礎岩盤が良好**な場合に施工する。

③　アンカー工…斜面から基盤に鋼材などを挿入し，基盤内に定着させた鋼材
などの引張り強さを利用して斜面を安定化させる工法である。緊急性が高く
早期に効果を発揮させる必要がある場合などに用いられる。

・**アンカーの定着長**は，**地盤とグラウトとの間の付着長及びテンドンとグラ
ウトとの間の付着長**について比較を行い，それらのうち**長い方**とする。

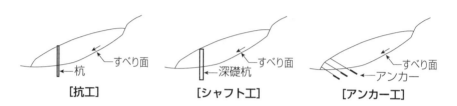

[抗工]　　　　　　[シャフト工]　　　　　　[アンカー工]

○　がけ崩れ防止工

・落石対策工のうち**落石防護工**は，**発生した落石を斜面下部や中部で止める**も
のであり，**落石予防工**は，斜面上の転石の除去など**落石の発生を未然に防ぐ**
ものである。

①　排水工…がけ崩れの主要因となる地表水，地下水の斜面への流入を防止す
る。切土斜面の法肩付近は，浸食を受けやすいので原則として地表水が集中
する箇所に排水路を設けて斜面への流入を阻止する。

②　法枠工…斜面に枠材を設置し，法枠内を植生工や吹付け工，コンクリート
張り工などで被覆し，斜面の風化や浸食の防止をはかる工法である。

③　擁壁工…斜面脚部の安定や斜面上部からの崩壊土砂の待受けなどをはかる
工法である。

実践問題

問題1 □□□

河川に関する記述として，適当でないものはどれか。

(1) 堤防の法面は，河川の流水がある側を表法面，堤防で守られる側を裏法面という。

(2) 河川において，河川の流水がある側を堤内地，堤防で守られる側を堤外地という。

(3) 河川における右岸，左岸とは，上流から下流を見て右側を右岸，左側を左岸という。

(4) 河川の横断面図は，上流から下流方向を見た断面を表す。

解説

(2) 河川において，**堤防で守られる側が堤内地**で，河川の流水がある堤防で挟まれた範囲を堤外地という。

解答 (2)

問題2 □□□

河川堤防の施工に関する記述として，適当でないものはどれか。

(1) 堤防の基礎地盤が軟弱な場合は，地盤改良などの対策を行う。

(2) 腹付けは，旧堤防との接合を高めるために（幅0.5〜1.0mの）階段状に段切りを行う。

(3) 堤防の拡幅の腹付けは，安定している旧堤防の裏法面に行う。

(4) 現堤防の堤内地側に新堤防をつくった場合は，新堤防の完成後，直ちに旧堤防を撤去する。

解説

(4) 旧堤防は**3年程度経過した後に撤去する**。

解答 (4)

問題3 □□□

河川護岸の構造に関する記述として，適当でないものはどれか。

(1) かご系護岸は，屈とう性があり，かつ，空隙があり，覆土による植生の復元も早い。

(2) 低水護岸基礎工の天端の高さは，一般に急流河川においては現況河床高さより高く施工する。

(3) 高水護岸は，単断面河川において高水時に表法面を保護するために施工する。

(4) 根固工は，河床の洗掘を防ぎ，基礎工，法覆工を保護するものである。

解説

(2) 洪水時などに洗掘され浮き上がりが生じないように，最深河床高を調べ決定する。一般に現況河床高さより高く施工することはない。

解答 (2)

問題4 □□□

砂防えん堤に関する記述として，適当なものはどれか。

(1) 砂防えん堤の主な目的には，洪水の防止や調節は含まれない。

(2) 砂礫層上に施工する砂防えん堤の施工順序は，側壁護岸，副えん堤を施工し，最後に本えん堤と水叩きを同時に施工する。

(3) 堤体下流の法勾配は，越流土砂による損傷を受けないようにするために，一般に1：2より緩やかにする必要がある。

(4) 水抜きは，流出土砂を下流にできるだけ速やかに流下させるために設けられる。

解説

(2) 砂防えん堤の施工順序は ① 本えん堤の基礎部→② 副えん堤→③ 側壁護岸→④ 水叩き→⑤ 本えん堤上部の順に施工する。

(3) 越流部断面の下流の勾配は，一般に1：0.2を標準とする。

(4) 水抜きは，流出土砂の調節，施工中の流水の切り替え，堆砂後の水圧軽減等を目的として設置される。

解答 (1)

問題5 □□□

地すべり防止工事に関する記述として，適当でないものはどれか。

(1) 抑制工は，地形，地下水の状態などの自然条件を変化させることによって，地すべり運動を緩和させることを目的とする。

(2) 抑止工は，杭などの構造物を設けることによって，地すべり運動の一部又は全部を停止させることを目的としている。

(3) 地すべり防止工の施工は，抑止工，抑制工の順に行い，抑制工だけの施工はさけるのが一般的である。

(4) 地すべり防止の抑制工には，水路工，横ボーリング工，排土工，押え盛土工などがある。

解説

(3) **抑制工を先行**し，運動が軽減，停止してから抑止工を導入する。

解答　(3)

問題6 □□□

地すべり防止工事に関する記述として，適当でないものはどれか。

(1) 排土工は，地すべり頭部に存在する不安定な土塊を排除し，地すべりの滑動力を減少させる工法である。

(2) 水路工は，地すべり地周辺の地表水を速やかに地すべり地内に集水する工法である。

(3) 横ボーリング工は，帯水層をねらってボーリングを行い，地下水を排除する工法で，排水を考えて，地すべり斜面に向かって水平よりやや上向きに施工する。

(4) 地すべり抑止工のシャフト工は，地すべり推力が大きく，基礎岩盤が良好な場合に施工する。

解説

(2) 水路工は，地すべり地周囲の地表水を速やかに集水し，**地域外に排除**するためのもので，水の再浸透を防ぐ。

解答　(2)

河川工事の施工に関する記述において，正しいものには〇，誤っているものには×をいれよ。

□□□ ①【　】　締固めに対して，高い密度を得られる粒度分布で，せん断強度が小さい材料がよい。

□□□ ②【　】　河川堤防に用いる土質材料は，できるだけ透水性があるものを用いる。

□□□ ③【　】　築堤した堤防の法面保護は，一般に草類の自然繁茂により行う。

□□□ ④【　】　盛土施工中の雨水の集中流下を防ぐためには，堤防の縦断方向に3〜5%程度の勾配を施工面に設ける。

河川護岸の施工に関する記述において，正しいものには〇，誤っているものには×をいれよ。

□□□ ⑤【　】　法覆工は，堤防の法勾配が緩く流速が小さな場所では，平板ブロックで施工する。

□□□ ⑥【　】　石材を用いた護岸の施工方法としては，法勾配が急な場合は石張工，緩い場合は石積工を用いる。

□□□ ⑦【　】　連結（連節）ブロック張工は，工場で製作したコンクリートブロックを鉄筋で珠数継ぎにして法面に敷設する工法である。

□□□ ⑧【　】　根固めブロックの積み方は，水深の浅い場合には乱積みを基本とする。

□□□ ⑨【　】　鉄線蛇かご工は，あらかじめ工場で編んだ鉄線を現場でかご状に組み立て，法面に敷設し，蛇かごの中に玉石などを詰める工法である。

砂防えん堤に関する記述において，正しいものには〇，誤っているものには×をいれよ。

□□□ ⑩【　】　砂防えん堤は，渓床の勾配を急にして，流出する砂礫を速やかに流下させるための構造物である。

□□□ ⑪【　】　袖は，洪水を越流させないようにし，両岸に向って上り勾配とする。

□□□ ⑫【　】　前庭保護工は，土砂が砂防えん堤を越流しないようにするため，えん堤の上流側に設ける。

地すべり防止工事に関する記述において，正しいものには〇，誤っているものには×をいれよ。

□□□ ⑬【　】　地すべり防止工では，一般に抑制工，抑止工の順に行い，抑止
　　　　　　　　工だけの施工はさける。

□□□ ⑭【　】　排水トンネル工は，地すべり土塊内にトンネルを設け，ここか
　　　　　　　　ら滞水層に向けてボーリングを行い，トンネルを使って排水す
　　　　　　　　る。

□□□ ⑮【　】　杭工は，鋼管などの杭を地すべり土塊の下層の不動土層に打ち
　　　　　　　　込み，斜面の安定を高める工法である。

解答・解説

① 【×】…せん断強度が小さい材料とは，せん断破壊（地すべり）しやす
　　　　い材料のことをさすため，**せん断強度が大きい材料がよい盛土**
　　　　材料である。

② 【×】…河川堤防に用いる土質材料としては，不透水性材料（透水性が
　　　　小さいもの）が適している。

③ 【×】…築堤した堤防は法面が降雨や流水等による浸食や洗掘に対して
　　　　安全となるように，**自然繁茂ではなく，芝等による法面保護工**
　　　　を行う。

④ 【×】…堤防の縦断方向ではなく，**横断方向に3〜5%程度の勾配を施工**
　　　　面に設ける。

⑤ 【○】…設問の記述の通りである。

⑥ 【×】…石積工と石張工の違いは，のり勾配によって定められている。**法**
　　　　勾配1割より緩やかなものを石張工，急なものを石積工と区別し
　　　　ている。

⑦ 【○】…設問の記述の通りである。

⑧ 【×】…根固めブロックを乱積みで施工するのは，**水深の深い箇所**である。

⑨ 【○】…設問の記述の通りである。

⑩ 【×】…砂防えん堤は，**土砂を堆積させ流出土砂の調節を行うための構**
　　　　造物である。

⑪ 【○】…設問の記述の通りである。

⑫ 【×】…前庭保護工は，**砂防えん堤の下流に，洗掘による砂防えん堤本**
　　　　体の破壊を防止するため設ける。

⑬ 【○】…設問の記述の通りである。

⑭ 【×】…排水トンネル工は，地すべり土塊内ではなく，安定な地盤にト
　　　　ンネルを設ける。

⑮ 【○】…設問の記述の通りである。

第3節 道路・舗装

○ 路体・路床の施工

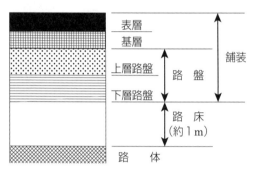

・岩塊・玉石などの多く混じった土砂は**敷均しは困難**であるが，出来上がった盛土は**安定性が高い**。

・路床は**舗装を直接支える厚さ約1mの土の層**であり，その強度は設計CBRによって判定され，舗装の厚さを決定する基礎となる。（舗装の下1mを超える，路床以深の盛土を路体という）

・**盛土路床**は，使用する盛土材の性質をよく把握した上で均一に敷き均し，十分に締め固める必要があり，その一層の敷均し厚さは**仕上り厚20cm以下**を目安とする。

・**切土路床**は，**表面から30cm程度以内**に木根，転石などの路床の均一性を損なうものがある場合はこれらを**取り除いて仕上げる**。

○ 構築路床の施工

・路床舗装の施工に当たり，原地盤が軟弱（**設計CBRが3未満**），排水や凍結融解に対する対応等をとる必要があり，舗装の仕上がり高さが制限される，もしくは原地盤を改良した方が経済的な場合等に，原地盤を改良して構築された層を**構築路床**という。

・安定処理材は，対象土が**砂質系材料の場合はセメント**が，**粘性度の場合は石灰**が一般的に有効である。

・安定処理工法では，一般に**路上混合方式**で行い，所定の締固め度が得られることが確認できれば，全層を1層で仕上げる。

- 安定処理工法により路床を構築する場合は，**タイヤローラなどによる仮転圧を行い**，次に**モーターグレーダなどにより所定の形状に整形し**，**タイヤローラなどにより締め固める**。（軟弱で締固め機械が入れない場合には，湿地ブルドーザなどで軽く転圧を行い，**数日間の養生（ばっ気乾燥）の後に整形・締固めを行う**。）
- 安定材として粒状の生石灰を用いる場合には，**1回目の混合が終了したのち仮転圧して放置し，生石灰の消化を待ってから再び混合する**。

路盤の施工　　　　　　　　　　重要度 **A**

○　下層路盤の施工

- 下層路盤材料は**骨材の最大粒径50mm** 以下とするが，やむを得ないときは**1層の仕上がり厚さの1/2以下で100mm** まで許容してよい。

①　粒状路盤工法

- 下層路盤の粒状路盤工法では，締固め前に降雨などにより路盤材料が著しく水を含み締固めが困難な場合には，晴天を待ってばっ気乾燥を行うか，少量の石灰またはセメントを散布して締め固める。
- **1層の仕上り厚さ20cm 以下**を標準とする。
- **修正 CBR20%以上，PI（塑性指数）6以下**の材料を用いる。

②　セメント安定処理工法・石灰安定処理工法

- 締固め時の含水比が**最適含水比付近**となるよう注意して締固めを行う。
- 一般に**モーターグレーダで敷き均し，ローラで締め固める**。
- **1層の仕上り厚さ15〜30cm** を標準とする。
- 一般に，**路上混合方式**によって製造する。また，横方向の施工継目は，**前日の施工部分を乱して，各々新しい材料を打ち継ぐ**。
- **石灰安定処理工法は，セメント安定処理に比べて強度の発現が遅いが，長期的には耐久性及び安定性が期待できる**。
- セメント安定処理工法；**修正 CBR10%以上，PI（塑性指数）9以下**の材料を用いる。
- 石灰安定処理工法；**修正 CBR10%以上，PI（塑性指数）6〜18**の材料を用いる。
- セメント安定処理工法において，**普通ポルトランドセメント・高炉セメントどちらも使用することができる**。

専門土木

○ 上層路盤の施工

- 上層路盤材料は，ほとんどが**中央混合方式**等により製造される。
- 上層路盤の安定処理に用いる**骨材の最大粒径40mm以下**でかつ**1層の仕上がり厚さの1/2以下**のものを用いる。

① 粒度調整工法

- 良好な粒度に調整した骨材を用いる工法である。

※敷均しや締固めが容易であるが，瀝青材や安定剤を添加しないため，**剛性はない**。

- 敷均しは一般に**モーターグレーダ**で行う。転圧は一般に**10〜12tのロードローラ**と**8〜20tのタイヤローラ**で行うが，同等以上の効果がある**振動ローラ**を用いてもよい。
- 材料分離に留意しながら粒度調整路盤材料を均一に敷き均し，**材料が乾燥しすぎている場合は適宜散水し，最適含水比付近の状態で締め固める**。
- **1層の仕上り厚さは，15cm以下を標準**とするが，**振動ローラを用いる場合は一般に上限を20cm**としてよい。

※所要の締固め度が保証されている施工方法であれば20cmを超えてもよい。

- 粒度調整路盤の場合には，施工終了後の降雨による洗掘や雨水の浸透によって路盤が損傷しないように，**上層路盤面はアスファルト乳剤などでプライムコートを施す**。
- 粒度調整工法における上層路盤材料の品質規格は，**修正CBR 80%以上，PI（塑性指数）4以下**とする。
- 粒度調整路盤では，路盤材料が著しく水を含み締固めが困難な場合には晴天を待ってばっ気乾燥を行う。

② セメント安定処理工法・石灰安定処理工法

- セメント安定処理工法は，骨材にセメントを添加して処理する工法で，強度を増し，含水比の変化によって強度の低下を抑制できるため，耐久性を向上させる。
- 石灰安定処理工法は，骨材に石灰を添加して処理する工法である。骨材中の粘土鉱物と石灰との化学反応によって安定させる。
- **1層の仕上り厚さは，10〜20cmを標準**とするが，**振動ローラを用いる場合は30cm以下**で所要の締固め度が確保できる厚さとしてもよい。
- 敷均した路盤材料は，**速やかに締め固める**。特にセメント安定処理の場合は，

敷き均し後の路盤材料の硬化が始まる前までに締固めを完了する。

・横方向の施工継目は，セメントを用いた場合は施工端部を垂直に切り取り，石灰を用いた場合は前日の施工端部を乱して，それぞれ新しい材料を打ち継ぐ。

・セメント安定処理路盤で**セメント量が多くなる場合は，安定処理層の収縮ひび割れ**により上層のアスファルト混合物層に**リフレクションクラック**が発生するので注意する。

・石灰安定処理路盤の締固めは**最適含水比よりやや湿潤状態**で行う。

③ **瀝青安定処理工法（加熱アスファルト安定処理）**

・骨材に瀝青材料を添加して処理する工法で，平坦性が良く，たわみ性や耐久性に富んでいる。

・加熱アスファルト安定処理路盤では，下層の路盤（瀝青安定処理路盤を除く）を仕上げた後，路盤とアスファルト混合物とのなじみをよくするため，速やかに路盤面に**プライムコート**を所定量均一に散布して養生する。

・加熱アスファルト安定処理には，**一層の仕上がり厚さを10cm以下で行う一般工法**と，それを超えた厚さで仕上げる**シックリフト工法**とがある。

・**シックリフト工法**は，施工厚さが**厚いため，混合物の温度が低下しにくく，交通開放まで時間がかかる。**

		使用機械	1層の仕上り厚さ	概　要
路　床（構築路床）		モーターグレーダ・ブルドーザロードローラ,タイヤローラ振動ローラ	20cm以下	安定処理を行う場合は原則路上混合方式で行う普通ポルトランドセメント・高炉セメントどちらでもOK
下層路盤 サイズ 50mm 以下	粒状路盤	モーターグレーダロードローラ,タイヤローラ振動ローラ	20cm以下	修正CBR　20%以上
	セメント 石灰 安定処理		15～30cmを標準	長期強度　石灰＞セメント修正CBR　10%以上
上層路盤 サイズ 40mm 以下	粒度調整工法	モーターグレーダタイヤローラ,ロードローラ	15cm以下	乾燥しすぎている場合は散水（最適含水比に近づける）修正CBR　80%以上
		振動ローラ	上限20cm※ ←	※締固め度が保証できる場合は20cm以上でもOK
	セメント・石灰安定処理工法	モーターグレーダタイヤローラ,ロードローラ	10～20cmを標準	石灰・最適含水比よりやや湿潤状態で締固める。混合後は養生期間が必要セメント・硬化が始まる前までに締固め
		振動ローラ	30cm以下	
	加熱アスファルト安定処理工法	アスファルトフィニッシャ	10cm(通常)シックリフト工法10～30cm程度	敷均し時の混合物の温度110℃を下回らない修正CBR　20%以上（セメント・石灰の安定処理も同様）

プライムコート，タックコート　　　重要度 B

○　プライムコート

① プライムコートの目的

・路盤の上にアスファルト混合物を施工する場合は，**路盤とアスファルト混合物とのなじみをよくする。**

・路盤の上にコンクリートを施工する場合は，打設したコンクリートからの水分の吸収を防止する。

・降雨による**路盤の洗掘**または**表面水の浸透など**を**防止**する。

② 使用材料および標準使用量

・プライムコートには，通常，**アスファルト乳剤（PK-3）**を用いる。

・散布量は一般に**1～2ℓ/m²**が標準である。

③ 施工上の留意点

・施工機械などへのアスファルト乳剤の付着および剥がれを防止するために，プライムコート散布後に**必要最小限の砂を散布**する。

・寒冷期の舗設では，アスファルト乳剤を散布しやすくするために，その性質に応じて加温しておく。

○　タックコート

① タックコートの目的

・タックコートは，**新たに施工する混合物層とその下層の瀝青安定処理層，中間層，基層との接着，**および**継目部や構造物との付着をよくする。**

② 使用材料および標準使用量

・タックコートには，通常，**アスファルト乳剤（PK-4）**を用いる。散布量は一般に**0.3～0.6ℓ/m²**が標準である。

・**ポーラスアスファルト混合物**や橋面舗装など，層間接着力を特に高める必要がある場合には，**ゴム入りアスファルト乳剤（PKR-T）**を用いる。散布量は，一般に**0.4～0.6ℓ/m²**が標準である。

③ 施工上の留意点

・急速施工の場合，瀝青材料散布後の養生時間を短縮するため，ロードヒータにより路面を加熱する方法を採ることがある。

最重要 プライムコート・タックコート

	プライムコート	タックコート
用 途	路盤 ⇔ アスファルト なじみよく	アスファルト ⇔ アスファルト 付着力 UP
使用量	1〜2ℓ/m² ㊂	0.4〜0.6ℓ/m² ㊃
備 考	路盤の洗堀防止 表面水の浸透防止 微量の砂の散布 OK	ポーラスアスファルト ⇕ ゴム入りアスファルト乳剤

アスファルト舗装 　　　　　　　　重要度 A

○ 加熱アスファルト混合物の敷均し

・一般にアスファルトフィニッシャにより敷均し，使用できない箇所などにおいては，人力によって敷均す。

・敷均し時の混合物の温度は，一般に**110℃を下回らないようにする**。

・管理目標とする温度は，使用するアスファルトの温度粘度曲線に示された**最適締固め温度より10〜15℃高い温度で敷き均す**のが望ましい。

・敷均し作業中に雨が降り始めた場合には，敷均し作業を中止するとともに，敷均し済みの混合物を速やかに締め固めて仕上げる。

○ 加熱アスファルト混合物の締固め

・混合物は，敷均し終了後，所定の密度が得られるように締め固める。

・締固め作業は，**継目転圧，初転圧，二次転圧および仕上げ転圧の順序**で行う。

・締固め作業のローラは，一般にアスファルトフィニッシャ側に駆動輪を向けて，**横断勾配の低い方から高い方**に向かい，順次幅寄せしながら低速かつ等速で転圧する。

① 初転圧

・一般に**10〜12t のロードローラで2回（1往復）程度**行う。

・ヘアクラックの生じない限りできるだけ高い温度で行う。初転圧温度は一般に**110〜140℃**である。

・ローラへの混合物の付着防止には，**少量の水**，切削油乳剤の希釈液，または

152

軽油などを噴霧器等で薄く塗布する。

② 二次転圧

・一般に **8〜20t のタイヤローラ**もしくは，**6〜10t の振動ローラ**を用いる。

・タイヤローラによる混合物の締固め作業では，骨材相互のかみ合わせがよくなり深さ方向に均一な密度が得やすい。

・振動ローラを使用する場合は，荷重，振動数及び振幅が適切であればタイヤローラを用いるよりも少ない転圧回数で所定の締固め度が得られる。

・振動による転圧では，転圧速度が**速すぎると不陸や小波が発生し，遅すぎると過転圧**となることもあるので最適な速度で締め固める。

※ヘアクラックは，ローラの線圧過大や転圧時の温度の高すぎ，過転圧などの場合に多く見られる。

・二次転圧の終了温度は一般に **70〜90℃** である。

③ 仕上げ転圧

・仕上げ転圧は，不陸の修正，ローラマークの消去のために行うものであり，**タイヤローラあるいはロードローラで2回（1往復）程度**行う。高い平坦性が必要な場合はタンデムローラが効果的である。

・二次転圧に振動ローラを用いた場合には，仕上げ転圧にタイヤローラを用いることが望ましい。

・仕上げた直後の舗装の上には，**長時間ローラを停止させない**ようにする。

※一般にロードローラの作業速度は2〜6km/h，タイヤローラは6〜15km/h である。

④ 継目の施工

・継目の施工に当たっては，継目または構造物との接触面をよく清掃したのち，タックコートを施工後，敷き均した混合物を締め固め，相互に密着させる。

・横継目の位置は，既設舗装の補修，延伸の場合を除いて，**下層の継目の上に上層の継目を重ねない**ように施工する。

・縦継目部は，レーキなどで粗骨材を取り除いた新しい混合物を，既設舗装に5cm 程度重ねて敷き均し，直ちに新しく敷き均した混合物にローラの駆動輪を15cm 程度かけて転圧する。

・縦継目の施工法であるホットジョイントは，複数のアスファルトフィニッシャを併走させて，混合物を敷き均し締め固めることで，ほぼ等しい密度が得られ一体性の高いものである。

⑤　交通開放温度

・交通開放時の舗装の温度は，舗装の初期のわだち掘れに大きく影響するため，転圧終了後の交通開放は，舗装表面の温度がおおむね**50℃以下**となってから行う。

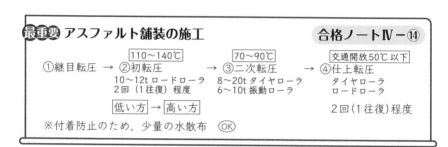

○　寒冷期の施工

・やむを得ず5℃以下の気温で舗設を行う場合は，混合物製造時の温度を少し上げたり，運搬車の荷台に帆布を2〜3枚重ねて用いたり，特殊保温シートを用いたり，木枠を取り付けたりするなど，運搬中の保温方法の改善を行う。

・混合物の温度は，舗設現場の状況に応じて製造時の温度を普通の場合より**若干高め**とするが，アスファルトの劣化をさけるため，必要以上に上げないように注意する。

・敷均しに際しては，連続作業に心掛け，アスファルトフィニッシャのスクリードを断続的に加熱する。

・転圧作業のできる最小範囲まで，混合物の敷均しが進んだら，直ちに締固め作業を開始する。

・コールドジョイント部は，温度が低下しやすく締固め不足になりやすいため，直前に過加熱に注意して既設舗装部分をガスバーナなどで加熱しておく。

道路のアスファルト舗装の補修工法 重要度 B

○ アスファルト舗装の主な補修工法と概要

工 法	概 要
打換え工法	既設舗装のひび割れの程度が大きい場合に，路盤若しくは路盤の一部まで打ち換える工法。状況により路床の入れ換え，路床または路盤の安定処理を行うこともある。表層から路盤までの打換え工法は**全体が相当大きく損傷**している場合に用いる。
局部打換え工法	既設舗装の表層，基層，路盤などの破損が局部的に著しいと判断された場合に，**表層，基層あるいは路盤から局部的に打ち換える工法**。供用後，特に縁端部の沈下が起こりやすいので，必要に応じて表層の仕上り面を既設の舗装面より 0.5cm 程度高くなるようにしておく。
線状打換え工法	**線状に発生したひび割れ**に沿って**舗装を打ち換える工法**。通常は，加熱アスファルト混合物層のみを打ち換える。規模の大きな線状打換えにおいては，既設舗装の撤去に**線状切削機械**を使用すると効率的である。
路上路盤再生工法	既設アスファルト混合物層を，**原位置で路上破砕混合機等によって既設アスファルト混合物層を破砕**すると同時にセメントなどの安定材と既設路盤材料などとともに混合，転圧して新たに路盤を構築する工法。
切削工法	**路面の凸凹等を切削除去し**，不陸や段差を解消する工法。その上に加熱アスファルト混合物で舗設する。オーバーレイ工法や，表面処理工法の事前処理として行われる。
表層・基層打換え工法	既設舗装を表層または基層まで打ち換える工法。切削により既設アスファルト混合物層を撤去する工法を，特に切削オーバーレイ工法と呼ぶ。**流動によるわだち掘れが大きい場合**は，表層・基層打ち替え工法を選定する。
オーバーレイ工法	既設舗装の上に，厚さ3cm 以上の加熱アスファルト混合物層を舗設する工法。オーバーレイ厚は3cm〜15cm 程度。**流動によるわだち掘れや，線状に発生したひび割れが著しい箇所**の補修は，一般にオーバーレイ工法が用いられる。

専門土木

路上表層再生工法	原位置において，路上表層再生機械等を用いて既設アスファルト混合物層の加熱，かきほぐしを行い，これに必要に応じて新規アスファルト混合物や，再生用添加物を加え，混合したうえで敷き均らし，締固め再生した表層を構築する工法。
薄層オーバーレイ工法	既設舗装の上に厚さ3cm未満の加熱アスファルト混合物を舗設する工法。予防的維持工法として用いられることもある。
わだち部オーバーレイ工法	既設舗装のわだち掘れ部のみを，加熱アスファルト混合物で施工する工法。主に摩耗等によってすり減った部分を補うものであり，流動によって生じたわだち掘れ箇所には適さない。
シール材注入工法	比較的幅の広いひび割れに注入目地材等を充填する工法。予防的維持工法として用いられることもある。
表面処理工法	既設舗装の上に，加熱アスファルト混合物以外の材料を使用して，3cm未満の封かん層を設ける工法。予防的維持工法として用いられることもある。
パッチングおよび段差すり付け工法	既設舗装の路面に生じたポットホール，くぼみ，段差などの局部的なひび割れ破損部分を応急的に充填する工法。加熱アスファルト混合物，瀝青系や樹脂系のバインダーを用いた常温混合物などで穴埋めする。

○ 補修工法の選定上の留意点・劣化要因

- 車両の停止や発進を繰り返す交差点手前には，波長の短いさざ波状の凹凸が発生する。
- 路床・路盤の支持力低下や沈下及び混合物の劣化や老化により，亀甲状ひび割れが発生することがある。
- 路面のたわみが大きい場合は，路床，路盤などを開削して調査し，その原因を把握したうえで補修工法の選定を行う。
- ひび割れの程度が大きい場合は，路床，路盤の破損の可能性が高いので，オーバーレイ工法より打換え工法を選定することが望ましい。
- 路面のたわみが大きい場合は，路床，路盤などの開削調査を実施し，その原因を把握したうえで工法の選定を行う。路床，路盤に破損が生じている場合には，打換え工法を選定することが望ましい。
- 線状にひび割れが発生した場合は，線状打換え工法を選定する。
- 流動によるわだち掘れが大きい場合は，その原因となっている層を除去する

表層・基層の打換え工法（オーバーレイ工法）等を選定する。

・摩耗等によってすり減った部分を補う場合は，**わだち部オーバーレイ工法**が用いられる。

コンクリート舗装の施工　　　　　　　重要度 **A**

○　コンクリート版の種類

① 普通コンクリート版

　フレッシュコンクリートを振動締固めによって，締め固めてコンクリート版とするものである。**あらかじめ目地を設け，コンクリート版に発生するひび割れを誘導する。ダウエルバーを用いた横収縮目地と膨張目地を設置し，タイバー**を用いた**縦目地**も設けるのが一般的で，原則として鉄網および縁部補強鉄筋を使用する。

② 連続鉄筋コンクリート版

　舗設箇所において，横方向鉄筋上に縦方向鉄筋を予め連続的に設置しておき，フレッシュコンクリートを振動締固めによって，締め固めてコンクリート版とするものであり，**横伸縮目地は設けない構造**である。発生する横ひび割れを，**連続した縦方向鉄筋で分散**させる。

③ 転圧コンクリート版

　単位水量の少ない硬練りコンクリートを，アスファルト舗装用の舗設機械を使用して敷き均し，転圧締固めによってコンクリート版とするものである。転圧コンクリート版には，一般に横収縮目地，膨張目地および縦目地等を設置する**ダウエルバーやタイバーは使用しない。**

④ プレキャストコンクリート版

　工場製品であるプレキャストコンクリート版（PC版，RC版等）を，施工現場で路盤上に敷き並べ，**版相互を特殊な結合体でつなぎ合わせて舗設する**コンクリート舗装である。従来のコンクリート舗装のような養生時間を必要としないため，即日の交通開放も可能となる。

最重要 コンクリート舗装の施工

上面から深さ 1/3 に設置
重ね継手，焼なまし鉄線で結束
溶接は NG

・普通コンクリート版…………場所打ちコンクリート舗装。鉄鋼，縁部補
　　　　　　　　　　　　　　　　　横目地　　　縦目地
　　　　　　　　　　　　　強鉄筋（ダウエルバー，タイバー）使用

・転圧コンクリート版…………硬練りコンクリートを，アスファルト舗装
　　　　　　　　　　　　　用機械で打設。縁部補強鉄筋不使用

・連続鉄筋コンクリート版………予め縦横方向鉄筋を連続的に設置→コンク
　　　　　　　　　　　　　リート打設。横伸縮目地は設けない構造

・プレキャストコンクリート版…工場製品のコンクリート版を路盤上に敷き
　　　　　　　　　　　　　並べ，バーなどで結合

○　普通コンクリート版の施工

①　普通コンクリート版の施工順序

　荷おろし→敷均し→鉄網および縁部補強鉄筋の設置→締固め→荒仕上げ→平坦仕上げ→粗面仕上げの順に各作業を連続的に行った後，養生を行うことで所要の出来形と品質および性能が得られるように施工を行う。

②　運搬・荷おろし

・一般に，スランプ**5cm 未満**の硬練りコンクリートおよび転圧コンクリートの運搬は**ダンプトラック**で行う。**アジテータトラックを用いる場合のスランプは6.5cm 以上を標準**とする。

・コンクリートの練混ぜから，舗設開始までの時間の限度の目安は，**ダンプトラックによる運搬の場合で約1時間以内，アジテータトラックによる運搬の場合で約1.5時間以内**とする。

・大量荷卸しの場合，コンクリート横引き時に材料分離がし易くなることや敷

均し作業が効率的でないことから，1回あたりの荷卸し量は適切な量とし，できるだけコンクリートの山が小さくなるように何回にも分けて荷おろしする。

③　敷均し

・敷均し機械（スプレッダ）を用いて行い，全体ができるだけ均等な密度になるように適切な余盛りをつけて行う。

④　鉄網および縁部補強鉄筋の設置

・鉄網及び縁部補強鉄筋を用いる場合の横収縮目地間隔は，版厚に応じて8m又は10mとする。

・鉄網および縁部補強鉄筋は，下層コンクリートを敷き均した後，コンクリート版の上面から1/3の深さを目標に設置する。

・鉄網の継手はすべて重ね継手とし，焼きなまし鉄線で結束する。縁部補強鉄筋も，所定の位置に焼きなまし鉄線で鉄網と結束する。

⑤　締固め，表面仕上げ

・敷き均したコンクリートは，コンクリートフィニッシャを用い，十分に締め固めて所定の高さに荒仕上げをする。

・コンクリートの表面は，表面仕上げ機械を用い，緻密で平坦に仕上げる。

・平坦に仕上げたコンクリートの表面は，粗面仕上げ機又は人力によりシュロなどで作ったほうきやはけを用いて，表面を粗面に仕上げる。（すべり止め）

・粗面仕上げには，ほうき目仕上げ，タイングルービング仕上げおよび骨材露出（洗出し）仕上げがある。一般的には，ほうき目仕上げが用いられる。

・荒仕上げ，平坦仕上げおよび粗面仕上げの順に行う一連の作業を，総称して表面仕上げという。

⑥　養生

・コンクリートの後期養生は，その期間中，養生マットなどを用いてコンクリート版表面をすき間なく覆い，完全に湿潤状態になるように散水する。

・養生期間を試験によって定める場合は，現場養生を行った供試体の曲げ強度が，配合強度から求められる所定強度以上となるまでとする。

・強風時などコンクリート版の初期ひび割れ発生を防止するためには，通常よりも養生の開始時期を早めるなどの対策をとる。

⑦　目地の施工

・普通コンクリート版には，応力を軽減する目的で膨張，収縮，そり等をある程度自由に起こさせるための目地を設ける。横目地には，コンクリート版の

収縮応力を軽減するために設ける収縮目地，コンクリート版の構造物等への影響や温度上昇によるブローアップ等を防ぐために設ける伸縮目地（膨張目地）がある。縦目地には，コンクリート版のそり応力を軽減するためのそり目地，膨張目地がある。

※ブローアップ…コンクリート舗装が夏場に高温になって膨張し，目地で吸収しきれずに目地やひび割れのあるところで折れ曲がって持ち上がる現象

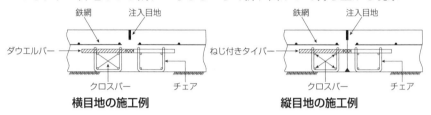

横目地の施工例　　　　　　**縦目地の施工例**

問題1 ☐☐☐

道路のアスファルト舗装における構築路床の安定処理に関する次の記述のうち，適当でないものはどれか。

(1) セメント又は石灰などの安定材の散布に先だって現状路床の不陸整正や，必要に応じて仮排水溝の設置などを行う。

(2) セメント又は石灰などの所定量の安定材を散布機械又は人力により均等に散布する。

(3) 粒状の生石灰を用いる場合は，混合が終了したのち仮転圧して放置し，生石灰の消化を待ってから再び混合する。

(4) セメント又は石灰などの安定材の混合終了後，バックホゥによる仮転圧を行い，タイヤローラによる整形を行う。

| 解説 |

(4) タイヤローラによる仮転圧を行い，ブルドーザ・モーターグレーダなどによって整形を行う。**タイヤローラで整形を行うことはできない。**

解答 (4)

問題2 ☐☐☐

道路のアスファルト舗装における，路床の施工に関する記述のうち，適当でないものはどれか。

(1) 路床盛土の一層の仕上り厚さは，20cm以下とする。

(2) 路床が切土の場合であっても，表面から30cm程度以内にある木根，転石などを取り除いて仕上げる。

(3) 路床土が軟弱な場合は，良質土で置換する工法やセメント又は石灰などで安定処理する工法がある。

(4) セメント安定処理工法には，普通ポルトランドセメントを使用し，高炉セメントは使用してはならない。

| 解説 |

(4) セメント安定処理工法には，**普通ポルトランドセメント・高炉セメントどちら**

も使用することができる。

問題3　□□□

道路のアスファルト舗装における，**下層路盤の施工**に関する記述のうち，適当でないものはどれか。

(1)　下層路盤のセメント安定処理工（石灰安定処理路盤）の一層の仕上り厚さは，15〜30cmとする。

(2)　下層路盤材料は，粒径が大きいと施工管理が難しいので最大粒径を原則100mm以下とする。

(3)　石灰安定処理工法における強度の発現は，セメント安定処理工法に比べて遅いが長期的には耐久性及び安定性が期待できる。

(4)　下層路盤の粒状路盤材料の転圧は，一般にロードローラと8〜20tのタイヤローラで行う。

解説

(2)　粒径の大きな下層路盤材料は，**最大粒径は50mm以下**とする。やむを得ない時は1層の仕上り厚さの1／2以下で100mmまで許容してよいとされている。

解答　(2)

問題4　□□□

道路のアスファルト舗装の上層路盤の施工に関する記述として，適当でないものはどれか。

(1)　石灰安定処理路盤材料の締固めは，最適含水比よりやや湿潤状態で施工するとよい。

(2)　セメント安定処理路盤の1層の仕上り厚さは，10〜20cmを標準とするが，振動ローラを用いる場合は30cm以下で所要の締固め度が確保できる厚さとしてもよい。

(3)　上層路盤の加熱アスファルト安定処理工の一層の仕上り厚さは，30cm以下とする。

(4)　粒度調整路盤が1層の仕上り厚さ20cmを超える場合においては，所要の締固め度が保証される施工方法が確認されていれば，その仕上り厚さを

用いてもよい。

解説

(3) 上層路盤の**加熱アスファルト安定工法の1層の仕上り厚さを10cm以下**で行う。

解答 (3)

問題5 □□□

　道路のアスファルト舗装のプライムコート及びタックコートの施工に関する記述として，適当なものはどれか。
　(1)　プライムコートは，新たに舗設する混合物層とその下層の瀝青安定処理層，中間層，基層との接着をよくするために行う。
　(2)　プライムコートに用いるアスファルト乳剤の散布量は，一般に0.3〜0.6ℓ/m²が標準である。
　(3)　タックコートに用いるアスファルト乳剤の散布量は，一般に1〜2ℓ/m²とする場合が多い。
　(4)　寒冷期の舗設では，アスファルト乳剤を散布しやすくするために，その性質に応じて加温しておく。

解説

(1)　説問の記述は，タックコートの説明である。
(2)　プライムコートに用いるアスファルト乳剤の散布量は，一般に**1〜2ℓ/m²**が標準である。
(3)　タックコートに用いるアスファルト乳剤の散布量は，一般に**0.3〜0.6ℓ/m²**とする場合が多い。

解答 (4)

問題6 □□□

　道路のアスファルト舗装の施工に関する記述として，適当でないものはどれか。
　(1)　やむを得ず5℃以下の気温で舗設を行う場合は，混合物製造時の温度を少し上げたり，運搬トラックに保温設備を設けるなど配慮する。
　(2)　施工継目の横継目は，既設舗装の補修・延伸の場合を除いて，下層の継

目と上層の継目の位置を合わせて施工する。

(3) 締固め温度は，一般に初転圧温度は110〜140℃で，二次転圧終了温度は70〜90℃で行う。

(4) 舗装の転圧終了後の交通開放温度は，舗装表面温度を50℃以下にすることで，初期のわだち掘れや変形を少なくすることができる。

解説

(2) 横継目の位置は，**上下層の継目が重ならないように施工**する。

解答 (2)

問題7 □□□

道路のアスファルト舗装の施工に関する記述として，適当でないものはどれか。

(1) 初期転圧は，8〜10t程度のロードローラで2回（1往復）程度行い，横断勾配の低い方から高い方へ低速でかつ一定の速度で転圧する。

(2) 二次転圧は，一般に10〜12tのロードローラで2回（1往復）程度転圧を行う。

(3) 仕上げ転圧は，8〜20tのタイヤローラあるいはロードローラで2回（1往復）程度行う。

(4) 混合物の締固め作業は，継目転圧，初転圧，二次転圧及び仕上げ転圧の順序で行う。

解説

(2) 二次転圧は，**一般に8〜20tのタイヤローラ**もしくは，振動ローラを用いる。

※仕様書（テキスト）記載の数値と問題の数値に多少ずれがある場合があります。t数のずれで選ばず，明らかな誤りのある選択肢を探して解答して下さい。

解答 (2)

問題8 □□□

道路のアスファルト舗装の破損・補修工法に関する記述として，適当でないものはどれか。

(1) 局部打換え工法は，既設舗装の破損が局部的に著しいときに路盤から局

部的に打ち換える工法である。

(2) オーバーレイ工法は、舗装表面にひび割れが多く発生するなど、応急的な補修では近い将来に全面的な破損にまで及ぶと考えられる場合などに行う。

(3) パッチングは、既設舗装のわだち掘れ部を加熱アスファルト混合物で舗設する工法である。

(4) 切削工法は、路面の凸部を切削除去し、不陸や段差の解消に用いられる。

解説

(3) パッチングは、応急処置として行われる路面補修で、路面に生じたポットホール、局部ひび割れ部分をアスファルト混合物などで充填する工法である。**わだち掘れの補修には、切削工法やオーバーレイ工法が用いられる。**

解答　(3)

問題9 □□□

道路のコンクリート舗装の施工に関する記述として、適当なものはどれか。

(1) コンクリートの表面仕上げは、荒仕上げ、平たん仕上げ、粗面仕上げの順に行う。

(2) 鉄網をコンクリート版に設置する場合、一般にその継手には溶接継手が用いられる。

(3) 鉄網及び縁部補強鉄筋を設置する場合は、その深さはコンクリート版の上面から2／3の深さを目標に設置する。

(4) 転圧コンクリート版は、コンクリート版にあらかじめ目地を設け、目地部にダウエルバーやタイバーを使用する。

解説

(2) 鉄網の継手は、溶接継手ではなく、**重ね継手とし焼きなまし鉄線で結束**する。

(3) 鉄網及び縁部補強鉄筋は、**コンクリート版の上面からほぼ1／3の深さ**を目標に設置する。

(4) **転圧コンクリート版**は、横収縮目地、膨張目地及び縦目地を設置するが、**目地部にダウエルバーやタイバーは設置しない。**

解答　(1)

一問一答 ○×問題

道路舗装工事に関する記述において，正しいものには○，誤っているものには×をいれよ。

□□□ ①【　】 路床の安定処理を行う場合には，原則として中央プラントで混合する。

□□□ ②【　】 粒状路盤の転圧は，材料分離に注意し一般にモーターグレーダを用いて敷均し，タイヤローラで転圧する。

□□□ ③【　】 下層路盤に粒状路盤材料を使用した場合の1層の仕上り厚さは，30cm 以下とする。

□□□ ④【　】 下層路盤には，一般に施工現場近くで経済的に入手できる材料を用い，粒状路盤の場合は修正 CBR 10％以上の材料を用いる。

□□□ ⑤【　】 加熱アスファルト安定処理には，1層の仕上り厚を10cm 以下で行う工法と，それを超えた厚さで仕上げるシックリフト工法とがある。

□□□ ⑥【　】 施工機械などへの付着を防止するために，プライムコート散布後は，砂を散布してもよい。

□□□ ⑦【　】 タックコートは，新たに舗設する混合物層と，その下層の瀝青安定処理層との透水性をよくする。

□□□ ⑧【　】 アスファルト舗装の施工における初転圧時に，ロードローラへのアスファルト混合物の付着防止のため，ローラに水を多量に散布した。

□□□ ⑨【　】 アスファルト舗装の施工における二次転圧の終了温度は，一般に50℃である。

□□□ ⑩【　】 道路の排水性舗装（ポーラスアスファルト混合物の施工）における，タックコートには，ゴム入りアスファルト乳剤を使用してはならない。

□□□ ⑪【　】 わだち部オーバレイ工法は，流動によって生じたわだち掘れ箇所に用いられる。

□□□ ⑫【　】 表面処理工法は，既設舗装の表面に薄い封かん層を設ける工法である。

① 【×】…安定処理を行う場合には，通常，**路上混合方式**で行う。

② 【○】…設問の記述の通りである。

③ 【×】…**下層路盤の粒度調整工の一層の仕上り厚さは，20cm 以下**とする。

④ 【×】…粒状路盤では**修正 CBR20%以上，PI（塑性指数）6以下**の材料を用いる。

⑤ 【○】…設問の記述の通りである。

⑥ 【○】…設問の記述の通りである。

⑦ 【×】…タックコートは，新たに舗設する混合物層と，その下層の瀝青安定処理層との**接着性をよくするために使用する**。透水性をよくするものではない。

⑧ 【×】…**水を多量に散布すると，施工不良を起こす可能性がある**。アスファルト混合物の付着防止のためには，少量の水，乳剤の希釈液，軽油などを噴霧器等で薄く塗布する。

⑨ 【×】…二次転圧の終了時のアスファルト混合物の温度は，**70～90℃**である。

⑩ 【×】…**道路の排水性舗装**において，タックコートは，原則として**ゴム入りアスファルト乳剤を使用**する。

⑪ 【×】…わだち部オーバーレイ工法は，主に摩耗によってすり減った部分を補うものである。**流動わだちの場合は切削オーバーレイ工法**等により補修を行う。

⑫ 【○】…設問の記述の通りである。

第4節 ダム・トンネル

ダムの種類　　　　　　　　　　　　　　　重要度 B

○ 面状工法と柱状工法

① 面状工法

・ブロック間に高低差を設けずにコンクリートを打ち継ぐ工法で，RCD 工法，CSG 工法等がある。堤体を**面状**に打上げるため，安全性にすぐれた連続施工を可能とする合理化施工法である。

・一般に，ダムのコンクリート打設は，ダム堤体全面に，水平に連続して実施する面状工法が多い。

・**面状工法**は柱状工法と比較して，**連続して大量施工ができる。**

・面状工法は，高リフトではなく低リフト（0.75m）が標準でリフト差をつけずに平面的にコンクリートを打ち込む工法である。

② 柱状（ブロック）工法

・ダムのコンクリートの打設の際，コンクリート内部の温度応力によりクラックが発生することを防止するため，コンクリートダムを縦継目，横継目によっていくつかのブロックに分割してコンクリートを打設する工法である。

・一般的に**横継目を15m**間隔に，縦継目を30〜50m 程度の間隔に設け，それにより分割されたブロックごとに打設する。

・1リフトの高さは，**ブロック工法では1.5〜2.0m，面状工法（RCD工法等）**では**0.75m〜1.0m**程度が一般的である。

○ 各種工法

① RCD（Roller Compacted Dam-Concrete）工法

・**超硬練りコンクリート**を**ダンプトラック**などで堤体に**運搬**し，ブルドーザにより**敷き均し，振動ローラ**で締固めを行う工法である。

・1リフト0.75m から1.0m 程度に仕上げ，打継目処理を行ってコンクリートを連続施工する。（打込みは0.75m リフトで3層，1.0m リフトでは4層に分割して仕上げる。）

- パイプクーリングは設置すると**重機走行の支障**となるため行わない。暑中コンクリートとなる場合は，粗骨材のプレクーリングなどを行い，水和熱の上昇を抑える。
- 横継ぎ目の設置は，ダム軸方向に対して**直角方向に設置し，間隔は15m**を標準とする。
- コンクリートの横継目は，**敷均し後に振動目地切り機などを使って設置**する。

② ELCM（Extended Layer Construction Method；拡張レヤー）工法

- ブロックをダム軸方向に拡張して，複数ブロックを単位セメント量の少ない有スランプコンクリートを用いて一度に打ち込み，**バイブロドーザなどの内部振動機（棒状バイブレータ）で締め固める**工法で，横継目は打設後又は打設中に設け堤体を**面状**に打ち上げる。
- **横目地の設置**は，ダム軸方向間隔で**15m**を原則とし，**コンクリート締固め後，振動目地切機により造成**する。

③ PCD（Power Connector Duct）工法

- ダムコンクリートポンプ圧送工法のことで，コンクリートに使用する骨材の最大寸法を60〜80mmに抑え，**ダムコンクリートをポンプ圧送し，ディストリビュータによって打設する工法**である。

④ CSG（Cemented Sand and Gravel）工法

- 河床砂礫や掘削ズリなど，ダムの近くで容易に入手できる材料に，セメント，水を添加し，ブルドーザで敷き均し，振動ローラで締め固める工法で，打込み面はブリーディングが極めて少ないことから**グリーンカット（レイタンス処理）**は必要としない。
- コンクリートに比べて強度は小さいが，経済性，環境保全などで優れている。

⑤ CFRD（Concrete Face Rockfill Dam）工法

- コンクリート表面遮水壁型ロックフィルダムの施工における工法である。
- ブルドーザによる敷均しは，原則として**ダム軸に平行**に行い，遮水ゾーンの転圧は，未転圧部が生じないよう**20〜30cmは重複**させる。

最重要 コンクリートダムの施工

- RCD工法 ……………… 超硬練りコンクリートをブルドーザで敷均し，振
  （面状工法）　　　　　動ローラで締固める。

  　　　　　　　　　　　　※パイプクーリングは行わない!!

  リフト高0.75～1.0m　横継目…ダム軸に直角方向に設ける。コンクリー
  　　　（低）　　　　　　　　　トの敷均し後に目地を切る。

- ELCM工法……………… バイブロドーザ等の内部振動機を使用

- 柱状（ブロック）工法…水和熱抑制のため，柱状の小ブロックに分割して
  　　　　　　　　　　　　コンクリートを打破する。

  リフト高1.5～2.0m　※打継処理のレイタンス除去は，完全硬化（後）に!!
  　　　（高）

  ※ダムコンクリートの注意事項…単位水量，単位セメント量を少なく（中
  　（マスコンクリート）　　　　庸熱ポルトランドセメント・フライアッ
  　　　　　　　　　　　　　　　シュセメントを使用）

  　　　　　　　求められる特性　| 水密性（大），耐久性（大），|
  　　　　　　　　　　　　　　　| 発熱量（小），容積変化（小）|

コンクリートダムの施工　　　重要度 B

- ダムの基礎掘削は，基礎岩盤に損傷を与えることが少なく大量掘削に対応で
  きる**ベンチカット工法**が一般的である。
- 基礎掘削は，計画掘削線に近づいたら発破掘削はさけ，人力やブレーカなど
  で岩盤が緩まないように注意して施工する。
- グラウチングは，ダムの基礎地盤などの遮水性の改良又は弱部の補強を主な
  目的として実施する。
- ダムコンクリートの一般部の打込み方向は，材料分離や降雨などによる打止

めを考慮して**ダム軸に平行**な方向に打ち込むものとする。

・コンクリート打込み終了後は，硬化作用の順調な進展と乾燥による表面ひび割れを防ぐために，柱状ブロック工法では湛水養生，面状工法では散水養生が標準的である。

・コンクリートの水平打継目に生じたレイタンスは，**完全硬化する前**，新たなコンクリートの打込み前に圧力水や電動ブラシなどで除去する。（一般的に打設日の翌日に行う）

※第1章第2節［特別な考慮を必要とするコンクリート（マスコンクリート）］に関連事項の記載があります。

専門土木

山岳工法によるトンネルの掘削工法　　　重要度 **B**

○　機械掘削工法と発破掘削工法

・**発破掘削は地山が岩質（硬岩地山から軟岩地山）**である場合などに用いられ，**砂礫地山では機械掘削**が一般的である。（近年，周辺環境上の制約から，中硬岩から硬岩の地山にも適用されることが多い。）

・発破掘削は切羽の中心の一部を先に爆破し，新しい自由面を次の爆破に利用する。

・発破掘削では，発破孔の穿孔に削岩機を移動式台車に搭載したドリルジャンボがよく用いられる。

・機械掘削は，発破掘削に比べ，地山を緩めることが少なく，発破掘削の騒音や振動などの規制がある場合に有効である。

・機械掘削では，比較的**強度の低い地山の掘削にはバックホウ**が，**軟岩地山の掘削には，ブーム掘削機**が一般に使用される。

・機械掘削は，ブーム掘削機やバックホウ及び大型ブレーカなどによる自由断面掘削方式と，トンネルボーリングマシンによる全断面掘削方式に大別できる。

・発破掘削…………硬岩・軟岩地山で適用される。（砂礫地山は機械掘削）

・機械掘削 ＜ 自由断面方式
（ブーム掘削機・バックホウ・大型ブレーカ等）
全断面方式（トンネルボーリングマシン）

吹付コンクリート ・地山の凹凸を埋める
（施工時の留意事項）・吹付けノズルは掘削面に対してノズルを直角に

※観察・計測頻度…掘削直後㊙，切羽が離れる㊕

○　施工断面分割方式による分類

①　自由断面掘削方式

・地質条件の適合性からだけでなく，発破掘削に比べて騒音・振動が比較的少ないので周辺環境上の制約がある場所でも適用される。

(1)　ベンチカット工法

・一般にトンネルの断面を**上半断面と下半断面に分割して掘進する工法**である。

・ロングベンチカット工法は，全断面では切羽が自立しないが，地山が安定していて，断面閉合の時間的制約がなく，ベンチ長を自由にできる場合に適用する。

・ショートベンチカット工法は，地山条件が変化し全断面では切羽が安定しない場合に適用され，周囲の地山を安定させるにはベンチの長さをできるだけ短くすることが望ましい。

・補助ベンチ付き全断面工法は，全断面工法では施工が困難となる地山において，ベンチを付けることにより切羽の安定をはかるとともに，上半，下半の同時施工により掘削効率の向上をはかるものである。

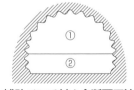

補助ベンチ付き全断面工法

(2) 頂設導坑先進工法

・トンネル掘削断面の**頂部に先進させる導坑**で，これを左右，さらに下方に拡幅するものである。

・トンネルの坑口切付けが施工基面まで掘り下らなくても工事にかかれるのが特徴である。

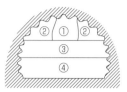

頂設導坑先進工法

(3) 底設導杭先進工法

・**底設導坑を先進して掘進**する工法で，切羽を増やすことで工期の短縮が可能となる。

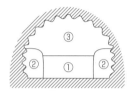

底設導杭先進工法

(4) 側壁導坑先進工法

・ベンチカット工法で側壁脚部の地盤支持力が不足する場合，及び土被りが小さい土砂地山で地表面沈下を抑制する必要のある場合に適用される。

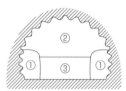

側壁導坑先進工法

(5) 中壁分割工法

・**左右どちらか片側半断面を先進掘削**し，掘削途中で各々のトンネルが閉合された状態で掘削されることが多く，切羽の安定性の確保とトンネルの変形や地表面沈下の抑制に有効である。

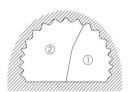

中壁分割工法

② 全断面掘削方式

・全断面掘削方式では，トンネルボーリングマシン（TBM）が用いられる。

・余掘りが少なくてすむなどの利点はあるが，一般に掘削断面が円形であるため断面変更が難しい。

・設計断面を一度に掘削するもので，亀裂の少ない**硬岩および中硬岩地山**で採用される工法である。（大きな断面のトンネルや，軟弱な地山で設計断面を一度に掘削すると，坑内の破壊を引き起こす可能性が高い。）

全断面掘削方式

- 支保工の施工は，**掘削後速やかに行い**，支保工と地山をできるだけ密着あるいは一体化させ，地山を安定させる。
- 支保工に補強などの必要性が予測される場合は，速やかに対処できるよう必要な資機材を準備しておく。
- 鋼製支保工は，地山又は一次吹付けコンクリート面にできる限り密着して建て込み，空隙を吹付けコンクリートなどで充てんし，コンクリートと鋼製支保工が一体となるように注意して吹付けする。
- 鋼製支保工の施工は，覆工の所要の巻厚を確保するために，**建込み誤差等を考慮した上げ越しや広げ越しをしておくことが必要である。**

○　ロックボルトの施工

- ロックボルトの種類は，全面定着方式（定着材式），摩擦定着方式（摩擦式）に大別される。
- ロックボルト全長を地山に定着させる**全面定着方式が基本**である。
- **定着材式は，ロックボルトをモルタル・セメントミルク等の定着材**を用いて地山に固定する方式である。
- ロックボルトの孔は，所定の位置，方向，深さ，孔径となるように穿孔するとともに，ボルト挿入前にくり粉が残らないよう清掃する。（自穿孔型；崖錐部や軟弱な地盤で穿孔したロックボルト孔の孔壁の自立が困難な場合あるいは穿孔自体が難しい場合等において適用が検討される工法）
- **摩擦式では定着材を介さずロックボルトと周辺地山との直接の摩擦力に期待**するため，特に孔径の拡大や孔荒れに注意を要する。

○　吹付けコンクリートの施工

- 吹付けコンクリートの施工は，吹付けノズルを吹付け面に直角に保ち，ノズルと吹付け面の距離を適正となるようにする必要がある。
- 吹付けコンクリートの施工は，掘削後できるだけ速やかに行わなければならないが，吹付けコンクリートの付着性や強度に悪影響を及ぼす掘削面の浮石などは，吹付け前に入念に取り除く必要がある。
- 吹付けコンクリートは，**地山の凹凸を埋める**ように吹付けることで地山応力が円滑に伝達される。また，後続作業の防水シート取付のためにも平滑に仕

上げる。
・吹付けコンクリートは，圧縮性・付着性を確保するために，**掘削面に対して吹付けノズルを直角に向け**，ノズルと吹付け面の距離を保って行う。
・吹付けコンクリートは，トンネル壁面に付着する支保工部材であるため，長期強度はもちろん重要であるが，**掘削後ただちに施工し地山を保護するためには初期強度も重要**である。

問題1 □□□

ダムに関する記述として，適当でないものはどれか。

(1) ダム基礎掘削には，基礎岩盤に損傷を与えることが少なく，大量掘削が可能なベンチカット工法が用いられる。

(2) コンクリートダム堤体工のコンクリート打設方法には，柱状工法や面状工法（RCD工法等）があり，連続して大量施工ができるのは面状工法である。

(3) コンクリートを1回に連続して打設するリフト高さは，ブロック工法では0.75m～1.0m，RCD工法では1.5mが一般的である。

(4) RCD工法におけるコンクリート打込み後の養生では，原則としてパイプクーリングなどによる打設後の温度制御を行わない。

解説

(3) 1リフトの高さは，**ブロック工法では1.5～2.0m，RCD工法では0.75m～1.0m** 程度が一般的である。

解答 (3)

問題2 □□□

コンクリートダムの施工に関する記述として，適当でないものはどれか。

(1) グラウチングは，ダムの基礎地盤などの遮水性の改良又は弱部の補強を主な目的として実施する。

(2) ダムコンクリートは，ひび割れ抵抗の性能が求められることから，粗骨材最大寸法を小さくして単位セメント量を多くするのが一般的である。

(3) 中庸熱ポルトランドセメントは，普通ポルトランドセメントと比べて発熱量が小さいので，ダムコンクリート用セメントとして一般的に使用される。

(4) コンクリートダムの水平打継目は，レイタンスなどを取り除き，モルタルを敷き均してからコンクリートを打設する。

(2) ダムコンクリートは，ひび割れを抑制するため単位水量・セメント量ともに少なくなるような配合とし，水和熱の発生を抑制する。粗骨材最大寸法を大きくして単位セメント量を減らすのが一般的である。

解答　(2)

問題3　□□□

山岳工法によるトンネルの掘削方式・支保工に関する記述として，適当なものはどれか。

(1) 機械掘削は，ブーム掘削機やバックホゥ及び大型ブレーカなどによる全断面掘削方式とトンネルボーリングマシンによる自由断面掘削方式に大別できる。

(2) 砂礫地山の掘削には，発破掘削が一般に用いられる。

(3) 支保工におけるロックボルトの孔は，所定の位置，方向，深さ，孔径となるように穿孔するとともに，ボルト挿入前にくり粉が残らないよう清掃する。

(4) 吹付けコンクリートは，地山の凹凸を残すように吹付け，地山との付着を確実に確保する。

解説

(1) 機械掘削は，**ブーム掘削機やバックホゥ及び大型ブレーカ**などによる**自由断面掘削方式**と，**トンネルボーリングマシン**による**全断面掘削方式**に大別できる。

(2) 発破掘削は，硬岩地山から軟岩地山で適用される。**砂礫地山では機械掘削が一般的である**。

(4) 吹付けコンクリートは，**地山の凹凸を埋めるように吹付ける**ことで地山応力が円滑に伝達される。また，**後続作業の防水シート取付のためにも平滑に仕上げる**。

解答　(3)

専門土木

問題4 □□□

トンネル掘削方式のうち，側壁導坑先進工法を示した図は，次のうちどれか。

(1)
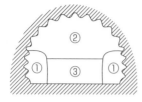

(2)
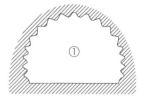

(3)
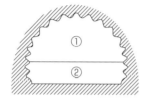

(4)
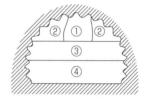

解説

(1) **側壁導坑先進工法**

(2) 全断面掘削方式

(3) 補助ベンチ付き全断面工法

(4) 頂設導坑先進工法

解答 (1)

178

一問一答 ○×問題

ダムに関する記述において，正しいものには○，誤っているものには×をいれよ。

□□□ ①【 】 RCD 工法は，コンクリートの運搬にダンプトラックなどを用い，ブルドーザで敷き均し，振動ローラで締め固めるものである。

□□□ ②【 】 RCD 工法において，コンクリートの締固めは，バイブロドーザなどの内部振動機で締め固める。

□□□ ③【 】 RCD 工法での横継目は，一般にダム軸に対して直角方向には設置しない。

□□□ ④【 】 RCD 工法において，コンクリートの横継目は，敷均し後に振動目地切り機などを使って設置する。

□□□ ⑤【 】 ダムのコンクリート配合においては，セメントの水和発熱量の少ないフライアッシュセメントなどが使用される。

□□□ ⑥【 】 コンクリートの水平打継目に生じたレイタンスは，完全に硬化後，新たなコンクリートの打込み前に圧力水や電動ブラシなどで除去する。

□□□ ⑦【 】 ダムの堤体工のコンクリート打込み後の養生は，RCD 工法の場合パイプクーリングにより実施するのが一般的である。

山岳工法（トンネル工事）に関する記述において，正しいものには○，誤っているものには×をいれよ。

□□□ ⑧【 】 観察・計測頻度は，切羽の進行を考慮し，掘削直後は疎に，切羽が離れるに従って密になるように設定する。

□□□ ⑨【 】 吹付けコンクリートは，吹付けノズルを吹付け面に斜めに向けノズルと吹付け面の距離を保って行う。

□□□ ⑩【 】 ベンチカット工法は，一般にトンネルの断面を上半断面と下半断面に分割して掘進する工法である。

□□□ ⑪【 】 全断面工法は，トンネルの全断面を一度に掘削する工法で，大きな断面のトンネルや，軟弱な地山に用いられる。

□□□ ⑫【 】 導坑先進工法は，地質が安定した地山で採用され，大型機械の使用が可能となり作業能率が高まる。

① 【○】…設問の記述の通りである。

② 【×】…RCD 工法で使用するコンクリートは，超硬練りのコンクリートであるため，**締固めは振動ローラーを用いる**。

③ 【×】…横継目の設置は，**ダム軸方向に対して直角方向に設置し**，間隔は 15m を標準とする。

④ 【○】…設問の記述の通りである。

⑤ 【○】…設問の記述の通りである。

⑥ 【×】…レイタンスの除去は**完全硬化する前**に行う。

⑦ 【×】…RCD 工法では，**パイプクーリングを設置すると重機走行の支障となる**。粗骨材のプレクーリングなどを行い，水和熱の上昇を抑える。

⑧ 【×】…掘削直後は天端の沈下などの発生も考えられるので計測頻度は多くなる。**掘削直後は密に，切羽が離れるに従って疎**になるように設定する。

⑨ 【×】…吹付けノズルは，**掘削面に対してノズルが直角に吹付けられた場合が，最も圧縮され**，付着性もよい。

⑩ 【○】…設問の記述の通りである。

⑪ 【×】…大きな断面のトンネルや，**軟弱な地山で設計断面を一度に掘削すると，坑内の破壊を引き起こす可能性が高い**。全断面工法は，設計断面を一度に掘削するもので，亀裂の少ない**硬岩および中硬岩地山で採用される工法**である。

⑫ 【×】…導坑先進工法は，地質が複雑な地山や湧水のある地盤で使用する工法である。**大型機械の使用は困難**で，作業能率は劣る。

第5節 海岸・港湾

海岸堤防 　　　　　　　　　　　　　　重要度 **B**

○ 海岸堤防の形状

① 傾斜型（傾斜堤）　　　　② 緩傾斜型（緩傾斜堤）

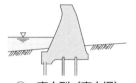

③ 直立型（直立堤）　　　　④ 混成型（混成堤）

① 傾斜型（傾斜堤）

・傾斜堤は，堤防前面の**法勾配が1：1より緩やか**なものをいう。堤体土砂が容易に得られる場合に適する。

・**堤防用地が容易に得られる**場合で，**基礎地盤が比較的軟弱な**場合に用いられる。

・**堤防直前で砕波がおこる**場合は，波力が強大となるので，**傾斜堤とすることが水理的には有利**である。

・海浜利用上，望ましい場合や**親水性の要請が高い**場合に適している。

※親水性とは「海との近さ，触れやすさ」のことである。

② 緩傾斜型（緩傾斜堤）

・傾斜型の内，堤防前面の**法勾配が1：3より緩やか**なものを緩傾斜型という。

・**親水性の要請が高い**場合には，**緩傾斜型**が適している。

形　状	法勾配
直立型	1：1より急
傾斜型	1：1より緩やか
緩傾斜型	1：3より緩やか

③ 直立型（直立堤）
・堤防前面の**法勾配が1：1より急**なものをいう。天端や法面の利用は困難である。
・**堤防用地が容易に得られない場合に適している。**
・**地盤が堅固**で波による洗掘のおそれのない場所に用いられる。
④ 混成型（混成堤）
・混成型は，**水深が割合に深く，**比較的**軟弱な基礎地盤**に適する。
・混成堤は，防波堤を小さくする事ができるため経済的であり一般に多く用いられている。

○ 傾斜堤の構造・役割

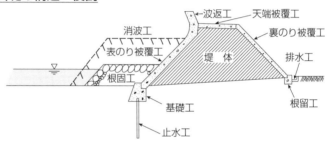

① 根固め工・基礎工
・脚部の**洗掘や吸出しを防止**するために必要な**基礎工**または**根固め工**を設ける。
② 天端被覆工・裏法被覆工・排水工
・緩傾斜堤防の天端及び裏法被覆工は，堤体土の**収縮及び圧密による沈下に適応**できる構造とする。
・緩傾斜堤防の天端被覆工の表面は，排水のため**陸側に2〜5％の片勾配**をつけるのがよい。
・**排水工**は，緩傾斜堤防にあっては裏法尻に設けるものとし，緩傾斜護岸にあっては天端工の**陸側端に併設**するものとする。
③ 消波工
・波の打上げ高さを小さくし，波による圧力を減らすため堤防の前面に設けられる。
・ブロックの施工は，極端な凹凸が生じないようにかみ合せ良く据え付ける。

- ブロックのつみ方には**乱積み**と**層積み**があるが，よくかみ合わせた場合，**空隙率や消波効果に大きな差はない。**
- ブロック間に侵入した水塊のエネルギーを受け止めるためには自然空隙が重要となるため，消波工の施工時，**空隙に間詰石を挿入してはならない。**
- 乱積みは，層積みと比べて据付けが容易だが，据付け時の安定性は劣る。**乱積みは，高波を受けるたびに沈下し，徐々にブロック同士のかみ合わせがよくなる。**
- **層積み**は，規則正しく配列する積み方で**施工当初から安定性が優れている**が，海岸線の**曲線部**などでは**高度な技術と経験が必要**で，施工性はよいとは言えない。

ケーソン式防波堤　　　　　　　　　　　重要度 B

○　ケーソン式防波堤の施工手順（留意事項）

- 一般に陸上で製作されたケーソンは，海上に浮上させ基礎捨石工の場所までえい航して据え付ける場合が多い。起重機船や引き船などを併用してワイヤー操作によってケーソンの位置を決めて注水しながら徐々に沈設する。
- 波浪や風などの影響でケーソンのえい航直後の**据付けが困難な場合**には，**仮置きマウンド上まで浮函曳航**し，注水して，**沈設仮置**するか，計画係留位置まで浮函曳航し**係留仮置**とする。
- えい航・浮上・沈設を行うため，水位を調節しやすいように，ケーソンのそれぞれの隔壁に**通水孔を設ける。**
- 注水開始後，**基礎マウンド上に接触する直前に注水をいったん中止し，据え付け位置の最後の確認を行った後に注水を再開する。**
- ケーソン据付け時の注水方法は，気象，海象の変わり易い海上での作業であり，できる限り短時間でかつバランスよく各隔室に平均的（**各隔室の水位差を1m以内**）に注水する。
- 据付け後すぐにケーソン内部に中詰めを行って質量を増し，安定を高めなければならない。中詰め材には，土砂，割り石，コンクリート，プレパックドコンクリート等を用いる。
- ケーソンは，中詰め後，波により中詰め材が洗い流されないように，ケーソンに蓋となるコンクリートを打設する。
- 港外で長距離曳航をする場合は，天候の急変などが予想され，波浪などによ

る急激な張力の作用が想定されることから，曳航ロープは長めにするのがよい。

・ケーソンに大廻しワイヤを回して回航する場合には，原則として二重回しとし，その**取付け位置はケーソンの吃水線以下で浮心付近の高さに取り付ける**。

・**港外側の波浪条件が港内側に比べて厳しい**ため，ブロック据付け手順は**港外側より施工**するのが一般的である。

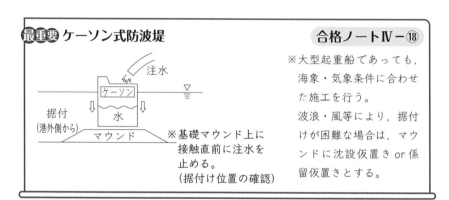

合格ノートⅣ－⑱

最重要 ケーソン式防波堤

※大型起重船であっても，海象・気象条件に合わせた施工を行う。

波浪・風等により，据付けが困難な場合は，マウンドに沈設仮置き or 係留仮置きとする。

注水

ケーソン

据付
（港外側から）

水

マウンド

※基礎マウンド上に接触直前に注水を止める。
（据付け位置の確認）

水中コンクリート　　　重要度 C

○　施工上の留意事項

・水中コンクリートでは，材料分離を少なくするために，空気中で施工するコンクリートより**粘性の高い配合**とし，かつ**配合強度を大きくとる**。また，適切な混和剤を使用するとともに細骨材率を適度に大きくする必要がある。なお，水中コンクリートの強度は，**水中施工時の強度が標準供試体強度の0.6～0.8倍**とみなして，配合強度を設定する。

・**トレミー**もしくは**コンクリートポンプ**を用いて打ち込み，**管の先端を打設されたコンクリート中に挿入した状態で打ち込む**。

・水中不分離性コンクリートは，多少の速度を有する流水中へ打ち込んだり，水中落下させて打ち込んでも信頼性の高いものが得られる性能を有している。

浚渫工事 重要度 B

<ruby>浚渫<rt>しゅんせつ</rt></ruby>

○ 浚渫船の特徴

浚渫船の種類	特　徴
ポンプ浚渫船	浚渫ポンプにより吸入し，パイプラインを介して遠距離送泥を行う浚渫船である。
グラブ浚渫船	グラブ浚渫船は，グラブバケットによって水底土砂をつかみ揚げ，自船に接舷した土運船に積載する浚渫船である。自航と非自航があり，土質に応じてグラブバケットの種類（形状，容量，重量）を変えて使用する。
バケット浚渫船	多数のバケットを取り付けたバケットラインを船体に装備している。回転することによって連続的に水底土砂を掘削・揚土し，土運船に積載する浚渫船である。
バックホウ浚渫船	バックホウを台船上に搭載した硬土盤用浚渫船である。**比較的規模の小さい浚渫工事に使用される**ことが多い。
ディッパー浚渫船	パワーショベルを台船にのせた構造で，土丹層，**礫層など固い地盤を浚渫**する場合に使用される。

専門土木

- ポンプ浚渫船は，**あまり固い地盤には適さない**が，大量の浚渫や埋立に適している。グラブ浚渫船と比較すると，掘り跡の<u>平坦仕上げ精度は高い</u>が，**掘削面は比較的凹凸が大きく**，構造物の築造箇所ではなく，航路や泊地の浚渫に使用される。<ruby>泊地<rt>はくち</rt></ruby>

- カッター付きポンプ浚渫船の場合は，比較的硬い地盤の浚渫も可能となる。

- グラブ浚渫船は，**軟土質から硬土質までの広範囲の浚渫に適している**。

- 非航式グラブ浚渫船は，中小規模の浚渫に適し，岸壁など構造物周辺等，**狭い場所の浚渫に適している**。

- 余掘は，一般に**グラブ船に比べポンプ船の余掘を大きく見込む必要がある**。ポンプ船の底面余堀り厚は0.6〜1.0m，のり面余堀り幅6.5m程度，グラブ船は0.5〜0.6mと4m程度とされている。

※余堀…所定の掘削断面を確保するための，浚渫深度および幅員の余裕

- 非航式グラブ浚渫船の**標準的な船団**は，グラブ浚渫船の他に，曳船，**非自航土運船，自航揚<ruby>錨<rt>びょう</rt></ruby>船**が一組となって作業を行う。<ruby>自航揚錨船<rt>じこうようびょうせん</rt></ruby>

- 浚渫後の**出来形確認測量**には，原則として，**音響測深機を使用**する。

最重要 浚渫工事

	仕上げ精度	余掘	掘削量	使用箇所	土質
ポンプ浚渫船	（比較的）高い	大	大規模	広	固い地盤×
グラブ浚渫船	低い	小	小～中規模	狭（深さの変化にも対応）	軟土質～硬土質

※ポンプ浚渫船とグラブ浚渫船の比較

問題1 □□□

海岸堤防に関する記述として，適当でないものはどれか。

(1) 堤防用地が容易に得られない場合には，直立型が適している。

(2) 堤防直前で砕波が起こる場合には，傾斜型が適している。

(3) 緩傾斜堤は，堤防前面の法勾配が1：1より緩やかなものをいう。

(4) 混成型は，水深が割合に深く比較的軟弱な基礎地盤に適する。

解説

(3) 緩傾斜堤は，堤防前面の**法勾配が1：3**より緩やかなものをいう。

解答　(3)

問題2 □□□

ケーソンの施工に関する記述として，適当でないものはどれか。

(1) ケーソンは，えい航・浮上・沈設を行うため，水位を調節しやすいように，ケーソンのそれぞれの隔壁に通水孔を設ける。

(2) ケーソンは，注水開始後，中断することなく注水を連続して行い速やかに据え付ける。

(3) ケーソンは，据付け後すぐにケーソン内部に中詰めを行って質量を増し，安定を高めなければならない。

(4) ケーソンは，中詰め後，波により中詰め材が洗い流されないように，ケーソンに蓋となるコンクリートを打設する。

解説

(2) **基礎マウンド上に接触する直前に注水をいったん中止**し，据え付け位置の最後の確認を行った後に注水を再開する。

解答　(2)

問題3 □□□

水中コンクリートの施工に関する記述として，適当でないものはどれか。

(1) 打込みは，静水中で材料が分離しないように，原則としてトレミー又はコンクリートポンプを用いる。

(2) 打込みは，所定の高さ又は水面上に達するまで連続して打ち込む。

(3) トレミーで打ち込む場合は，管の先端を打設されたコンクリート面から上方に離した状態で打ち込む。

(4) 打込み中は，トレミーを固定してコンクリートをかき乱さないようにする。

解説

(3) トレミーで打ち込む場合は，**管の先端を打設されたコンクリート中に挿入した状態で打ち込む。**

解答 (3)

問題4 □□□

浚渫工事の施工に関する記述として，適当なものはどれか。

(1) グラブ浚渫船は，岸壁など構造物前面の浚渫や狭い場所での浚渫にも使用できる。

(2) ポンプ浚渫船は，グラブ浚渫船に比べ底面を平坦に仕上げるのが難しい。

(3) 非航式グラブ浚渫船の標準的な船団は，グラブ浚渫船と土運船の2隻で構成される。

(4) 浚渫後の出来形確認測量には，原則として音響測探機は使用できない。

解説

(2) グラブ浚渫船は，ポンプ浚渫船に比べ底面を**平坦に仕上げるのが難しい。**

(3) 非航式グラブ浚渫船の標準的な船団は，**グラブ浚渫船の他に，曳船，非自航土運船，自航揚錨船が一組**となって作業を行う。

(4) 浚渫後の出来形確認測量には，**水深の深いところでは音響測探機による場合が多い。**

解答 (1)

一問一答 ○×問題

海岸・港湾工事に関する記述において，正しいものには○，誤っているものには×をいれよ。

□□□ ①【 】 直立堤は，地盤が堅固で波による洗掘のおそれのない場所に用いられる。

□□□ ②【 】 親水性の要請が高い場合には，直立型が適している。

□□□ ③【 】 異形コンクリートブロックによる消波工において，乱積みは層積みと比べて据付けが容易であり，据付け時は安定性がよい。

□□□ ④【 】 層積みは，乱積みに比べて据付けに手間がかかるが，海岸線の曲線部などの施工性がよい。

□□□ ⑤【 】 波浪や風などの影響でケーソンのえい航直後の据付けが困難な場合には，波浪のない安定した時期まで浮かせて仮置きする。

□□□ ⑥【 】 水中コンクリートでは，材料分離を少なくするために，空気中で施工するコンクリートより粘性の高い配合とし，かつ配合強度を大きくとる。

□□□ ⑦【 】 余掘は，計画した浚渫の面積を一定にした水深に仕上げるために必要である。

解答・解説

①【○】…設問の記述の通りである。

②【×】…親水性とは「海との近さ，振れやすさ」のことである。**親水性を高める**ためには，直立型ではなく，**傾斜堤**が適している。

③【×】…層積みは，規則正しく配列する積み方で**施工当初から安定性が優れている。**

④【×】…層積みは，**海岸線の曲線部などは高度な技術と経験が必要**で，施工性はよいとは言えない。

⑤【×】…ケーソンのえい航直後の据付けが困難な場合に，浮かせて仮置きすると波浪や風などの影響で転倒等の恐れがある。**仮置きマウンド上まで浮函曳航し注水して，沈設仮置**するか，計画係留位置まで浮函曳航し**係留仮置**とする。

⑥【○】…設問の記述の通りである。

⑦【○】…設問の記述の通りである。

第6節 鉄道・地下構造物

鉄道（盛土・路盤工事）　　　　　　　　重要度 B

※第1章第1節「土工」同章第3節「道路・舗装」に関連事項の記載があります。

○ 鉄道盛土

・盛土の締固めの仕上り厚さは，通常の盛土と同様に**30cm 程度を標準**とする。

・**第1種建設発生土，第2種建設発生土は，鉄道盛土にそのままで使用可能**である。第3種以上の建設発生土（粘性土）は安定処理などにより適切な処理を行い利用する。

○ 鉄道路床

・路床は，一般に列車荷重の影響が大きい施工基面から3m までのうち，路盤を除いた範囲をいう。

・路床面の仕上り高さは，設計高さに対して±15mm とし，雨水による水たまりができて表面の排水が阻害されるような有害な不陸がないように，できるだけ平坦に仕上げる。

・地下水及び路盤からの浸透水の排水をはかるためには，路床の表面には排水工設置位置へ向かって**3%程度の排水勾配**を設ける。

○ 鉄道路盤

・路盤は，使用する材料により良質土を用いた土路盤，粒度調整砕石を用いた砕石路盤と，水硬性粒度調整高炉スラグと砕石を単一層とするスラグ路盤がある。

・粒度調整砕石を用いる強化路盤の締固めは，締固め機械を使用して路盤全幅を均等に締め固め，締固め密度は最大乾燥密度の95％以上となるよう行う。

・砕石路盤は，噴泥が生じにくい材料の多層の構造とし，**圧縮性が小さく，塑**

性指数の小さい材料を使用する。また粒径は単一のものではなく，粒度分布の良いものを用いる。

- 盛土材料が良質土で路盤材料として適合した同一材料を路盤上に使用する場合であっても，**路盤の施工は，盛土の施工と分離して施工しなければならない。**
- 敷均しは，モーターグレーダ又は人力により行い，**1層の仕上り厚さが150mm 以下**になるように管理する。

軌道工事　　　　　　　　　　　　　　重要度 **B**

○　鉄道（軌道工事）の用語

①　バラスト

…列車からレール・枕木を介してかかる荷重を広く分散して路盤に伝え，列車の左右動，温度によるレールの伸縮による枕木の移動を防ぎ，列車の走行により発生する振動エネルギーを吸収するために敷き詰められた砕石。

- 道床バラストは，できるだけ**角ばった形状**で，極端にへん平な石片を含まないものを用いる。
- 道床バラストは，吸水率が小さく，強固でじん性に富み，**適当な粒径と粒度を持つ材料を用いる。**
- バラストは，列車通過のたびに繰返しこすれ合うことにより，次第に丸みを帯び，軌道に変位が生じやすくなるため，丸みを帯びたバラストは順次交換する。

②　マクラギ

…鉄道の線路（軌道）において，レールを支える構成部材である。

- 手作業によるマクラギ交換は，よせ落し法及びこう上法の2通りがあり，特に指定がない時には，**こう上法によることを原則**とする。

③　カント

…カーブを走る列車は，遠心力の作用によってカーブの外側に押される。遠心力の影響を少なくするため，**カーブ外側のレールを内側よりもやや高くする。**このように2つのレールの頭部上面に高低差を設けることをカントという。

- カントは円曲線を通過する際に，**乗客が外側に引かれる力を低減し**，乗心地を改善させる。
- 曲線区間走行時は，カントをつけることにより，<u>外側</u>に加わる輪荷重は軽減

され，内側にかかる輪荷重は増加する。

④　**スラック**

…曲線区間において車両の走行を容易にするために軌間を多少拡大して車両を通行しやすくする。この**拡大量**をスラックという。

・スラックとは，曲線区間及び分岐器において車両の走行を容易にするために軌間を**内側**に**拡大**することをいう。

〇　軌道変位

・軌道変位には，軌間，水準，高低，通り，平面性の種類がある。

軌間変位	左右レール間隔長の基本寸法に対する変位
水準変位	左右レールの高さの差
高低変位	レール頭頂面の長さ方向での凹凸
通り変位	レール側面の長さ方向への凹凸
平面性変位	軌道の平面に対するねじれの状態

営業線接近工事の保安対策　　　　重要度 A

・工事現場において**事故発生又は発生のおそれのある場合**は，**直ちに列車防護の手配を行う。**その後，すみやかに関係箇所に連絡し，指示を受ける。

・列車防護の方法としては，支障箇所の外方600m以上隔てた地点まで，信号炎管を現示しながら走行し，その地点に信号炎管を現示する方法がある。信号炎管等のない時には，列車に向かって赤色旗又は緑色旗以外の物を急激に振って，これに代えてもよい。

・工事に支障となる地下埋設物及び架空線の**防護工等を終えたあとでなければ工事を施工してはならない。**（防護方法は，工事管理者の立会いのもとに行う）

・列車見張員及び特殊列車見張員は，工事現場ごとに専任の者を配置しなければならない。

・1名の列車見張員では見通し距離を確保できない場合は，**見通し距離を確保できる位置に中継見張員を増員する。**

・作業員の線路内の移動については，**駅構内の歩行通路が指定されている場合，**

列車見張員を省略できる。

・列車の振動，風圧などによって，**不安定，危険な状態になるおそれのある工事又は乗務員に不安を与えるおそれのある工事**は，列車の接近から通過するまでの間は，作業を中止しなければならない。

・営業線の通路に接近して，**材料や機械等を仮置きをする場合**は，監督員などへ届け出た上で，その指示によらなければならない。

・工事管理者は，工事現場ごとに専任の工事管理者を常時配置し，必要により複数配置しなければならない。

・**工事管理者**は，工事等終了後に作業区間における**建築限界内の支障物の確認**を行う。

・複線以上の路線での積おろしの場合は，列車見張員を配置し（車両限界ではなく）**建築限界をおかさないように材料を置く**。

※建築限界とは，列車が安全に走行するための安全と危険の限界であり，外部構造物などと列車本体との安全を保つ許容範囲である。建築限界内には，建物その他の建造物等を設けてはならない。（車両限界とは，鉄道において，車両断面の大きさの限界範囲）

・線閉責任者などによる跡確認は，直線部と曲線部のそれぞれに決められた建築限界で支障物の確認をする（**直線部と曲線部の建築限界は同一寸法ではない**）。

・**線路閉鎖，保守用車使用の手続き**を行う場合は，その手続きは**線閉責任者**が行う。

・**線閉責任者**は，作業時間帯設定区間内の線路閉鎖工事が作業時間帯に終了できないと判断した場合は**施設指令員にその旨を連絡し，施設指令員の指示を受ける**。

・限界確認者は，列車待避時に指定された範囲の建築限界を確認し，工事管理者（軌道工事においては，軌道作業責任者）に報告する。

・線路閉鎖工事等の手続きにあたって，**き電停止**を行う場合には，その手続きは**停電責任者**が行う。

最重要 営業線接近工事の保案対策 ← 簡単な狙い目 問題が多い!!

- 営業線通路近接の材料の仮置き届け出 ~~不要~~ →もちろん必要

- 重機作業等，乗務員に不安を与える作業は，~~慎重に~~ →列車，近接時（通過
  まで）作業は中止

- 事故発生したら，~~関係箇所への連絡が第一~~ →2次災害防止，列車防護が最
  優先!!

- 材料の仮置きは，~~車両限界~~をおかさない →建築限界をおかさない

- 見通しの確保ができない曲線区間は列車見張員~~1名~~配置 →見通し悪い箇所
  ては2名必要

地下構造物（シールド工事）　　　　　　　重要度 A

○　各種シールド工法

- シールド工法は，開削工法が困難な都市の下水道，地下鉄，道路工事などで多く用いられている。

密閉型 ─┬─ 土圧式 ─┬─ 土圧
　　　　 │　　　　　 └─ 泥水圧
　　　　 └─ 泥水式

開放型 ─┬─ 手掘り式
（圧気シールド）├─ 半機械掘り式
　　　　 └─ 機械掘り式

- **泥土圧シールド工法は**，**掘削土を泥土化**して所定の圧力を与えることにより切羽を安定させる。掘削土を流動化させるための添加剤をチャンバー内に注入し，泥土圧を切羽（きりは）全体に作用させて平衡を保つ工法である。

- **土圧式シールド工法は**，カッターヘッドによって掘削を行い，**掘削した土砂を切羽と隔壁の間に充満させ**，その**土圧**により切羽の安定をはかりながら掘進する工法で，**粘性土地盤に適している**。

- シールド掘進中の蛇行修正は，地山を緩める原因となるので，周辺地山をできる限り乱さないように，**ローリングやピッチングなどを少なくして蛇行を防止する**。

・土圧式シールド工法において切羽の安定をはかるためには，泥土圧の管理及び泥土の塑性流動性管理と排土量管理が中心となる。（いずれかではなく，いずれも重要となる）
・泥水式シールド工法は，周辺地盤への影響が少なく，河川の下などの水圧の係る場所や，**都市部でも多く用いられている**。ただし，**大径の礫の搬出は困難である。**

○　シールド機械の構成

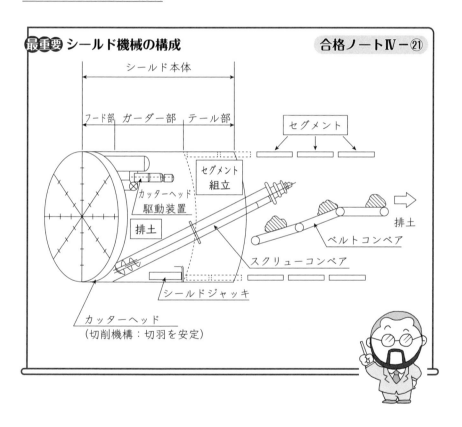

最重要 シールド機械の構成　　　　　　　合格ノートⅣ−㉑

シールド本体

フード部　ガーダー部　テール部　　　　　セグメント

セグメント組立

カッターヘッド駆動装置

排土

排土

ベルトコンベア

スクリューコンベア

シールドジャッキ

カッターヘッド
（切削機構：切羽を安定）

・シールド工法は，シールド機械の搬入や土砂の搬出などのために一般に立坑が必要である。立坑は，一般にシールド機の掘削場所への搬入や土砂の搬出などのために必要となる。

- シールドマシンは，フード部とガーダー部，テール部の三つに区分される。
- **フード部**は，シールド本体の先端部にあって，隔壁とともにカッターチャンバーを形成する部分で，**切削機構で切羽を安定**させて**掘削作業**を行う。
- **ガーダー部(ガーター部)**は，シールド本体の中間部にあって，カッターヘッド駆動装置，**排土装置**やジャッキでの**推進作業**ができ，機械設置を格納する空間として利用する。
- **テール部**はシールド本体の後方に位置し，止水機能を持たせ，コンクリートや鋼材などで作った**セグメントを組み立て**,モルタルなどの裏込め材を注入,トンネル空間を確保する**覆工作業を行う部分**である。
- **セグメント**は，露出した地山が崩壊するのを防ぐための覆工に用いる部材である。
- **鋼製セグメント**は，コンクリート系セグメントと比べると変形しやすく，座屈に対する**配慮が必要**である。
- セグメントの外径は，シールドの掘削外径より小さくなる。
- セグメントの組立は，エレクタとスライドジャッキを使用して左右両側に交互に組み立て，**最後にエレクタとスライドジャッキを使用して，上部に押し込み，組み立てる。**

問題1　□□□

鉄道盛土・路盤の施工に関する記述として，適当なものはどれか。

(1)　締固めの程度を満足するための仕上り厚さは，60cm を標準とする。

(2)　降雨対策のため毎日の作業終了時に表面を水平にならすようにする。

(3)　砕石路盤は，噴泥が生じにくい材料の多層の構造とし，圧縮性が小さい材料を使用する。

(4)　路盤は，使用する材料により良質土を用いた土路盤，粒度調整砕石を用いたスラグ路盤がある。

解説

(1)　盛土の締固めの仕上り厚さは，鉄道の盛土も通常の盛土と同様に**30cm 程度を標準**とする。

(2)　降雨対策のために，盛土作業終了時には盛土表面に**3%程度の勾配**を設ける。

(4)　良質土を用いた土路盤，**粒度調整砕石を用いた砕石路盤**と，水硬性粒度調整高炉スラグと砕石を単一層とするスラグ路盤がある。

解答　(3)

問題2　□□□

鉄道の軌道に関する記述として，適当なものはどれか。

(1)　道床バラストは，列車荷重の衝撃力を分散させるため，単一な粒径の材料を用いる。

(2)　スラックとは，曲線区間及び分岐器において車両の走行を容易にするために軌間を外方に拡大することをいう。

(3)　カントとは，車両が曲線部を通過するときに，車両が外側に転倒するのを防ぎ，乗り心地をよくするために内側よりも外側のレールを高くすることをいう。

(4)　軌間変位は，軌道の平面に対するねじれの状態をいう。

解説

(1)　道床バラストは，**適当な粒径と粒度**の材料を用いる。

(2) 曲線区間において車両の走行を容易にするために**軌間を多少拡大**して車両を通行しやすくする。この**拡大量をスラック**という。

(4) 軌間変位とは，**左右レール間隔長の基本寸法に対する変位**である。

解答　(3)

問題3　☐☐☐

営業線接近工事の保安対策に関する記述として，適当でないものはどれか。

(1) 工事用重機械を使用する作業では，営業線の列車が通過する際は，作業を中止する。

(2) 工事箇所に見通しの確保ができない曲線区間がある場合には，触車事故防止のため列車見張員を増員して配置する。

(3) 複線以上の路線での積おろしの場合は，列車見張員を配置し車両限界をおかさないように材料を置く。

(4) 工事の施工により支障となるおそれのある構造物については，工事管理者の立会を受け，その防護方法を定める。

解説

(3) 車両限界ではなく，**建築限界をおかさない**ように材料を置く。

解答　(3)

問題4　☐☐☐

シールド工法に関する記述として，適当でないものはどれか。

(1) 土圧式シールド工法は，一般に，粘性土地盤に適している。

(2) 土圧式シールド工法と泥水式シールド工法の切羽面の構造は，開放型シールドである。

(3) 覆工に用いるセグメントの種類は，コンクリート製や鋼製のものがある。

(4) セグメントの外径は，シールドの掘削外径より小さくなる。

解説

(2) 土圧式シールド工法と泥水式シールド工法の切羽面の構造は，開放型シールドではなく，**密閉式シールド**である。

解答　(2)

一問一答 ○×問題

鉄道工事・シールド工事に関する記述において，正しいものには○，誤っているものには×をいれよ。

□□□ ①【　】　盛土の施工は，運搬車両などの走行路を固定しないよう運搬車両の通路を適宜変更するのが望ましい。

□□□ ②【　】　砕石路盤の施工において，単一粒径の路盤材料を使用するのが望ましい。

□□□ ③【　】　乗務員に不安を与えるおそれのある工事は，列車の接近時から通過するまでの間，注意して作業を行う。

□□□ ④【　】　工事管理者は，工事現場ごとに専任の工事管理者を常時配置し，必要により複数配置しなければならない。

□□□ ⑤【　】　シールドのガーター部は，セグメントの組立て作業ができる。

□□□ ⑥【　】　シールドのフード部は，切削機構で切羽を安定させて掘削作業ができる。

□□□ ⑦【　】　シールドのテール部は，トンネル掘削する切削機械を備えている。

解答・解説

①【○】…設問の記述の通りである。

②【×】…単一粒径の路盤材料は締め固めにくいため，**粒度分布が良く強度のあるクラッシャーラン等の砕石，良質な自然土等を用いる。**

③【×】…乗務員に不安を与えるおそれのある工事は，**列車の接近時から通過するまでの間，一時施工を中止する。**

④【○】…設問の記述の通りである。

⑤【×】…シールドのガーター部は，**カッターヘッド駆動装置，排土装置やジャッキでの推進作業ができ，機械設置を格納する空間**として利用する。

⑥【○】…設問の記述の通りである。

⑦【×】…シールドのテール部は，**セグメントの組立て作業ができ，主として覆工作業を行う空間**である。

上水道管布設　　　　　　　　　　　　　　　　　重要度 **A**

○　上水道管布設の留意事項

・栓止めした管を掘削する前に，手前の**仕切弁が全閉であること**を確認する。

・ダクタイル鋳鉄管の切断は，**切断機で行うことを標準**とする。

・ダクタイル鋳鉄管を切断する場合は，専用の切断機を使用し，**管軸**に対して**直角**になるように切断し，**異形管は切断してはいけない**。

・管の布設は，原則として**低所から高所**に向けて行う。

・工事の施工に先立ち地下埋設物の位置を確認するため行う試掘は，原則として手掘りによって行う。

・床付け及び接合部の掘削は，**えぐり掘りは行なってはならない**。

・床付面に岩石，コンクリート塊などの支障物が出た場合は，床付面より 10cm以上取り除き，砂などに置き換える。

・鋼管の据付けは，管体保護のため基礎に良質の砂を敷き均す。

・急勾配の道路に沿って管を布設する場合には，**管体のずり下がり防止のための止水壁を設ける**。

・**新設管と既設埋設物との離れ**は，原則として**30cm 以上**とする。

・埋戻しは，片埋めにならないように注意しながら，**厚さ30cm 以下**に敷き均し，入念に締め固める。

・管を掘削溝内につりおろす場合は，**溝内のつり荷の下に作業員を立ち入らせてはならない**。

・管のつりおろし時に土留の切ばりを一時的に取り外す必要がある場合は，必ず適切な補強を施し安全を確認のうえ施工する。

○　配水管の種類と特徴

・**ダクタイル鋳鉄管**は，じん性に富み衝撃に強い。これに用いるメカニカル継手は伸縮性や**可とう性**があり，管が地盤の変動に追従することができる。

・**鋼管**は，管体強度が大きく，じん性に富み，強度はあるが損傷を受けると腐

食しやすい。

・硬質塩化ビニル管は，耐食性に優れ重量が軽く施工性がよい。

・硬質ポリ塩化ビニル管は，内面粗度が変化せず，耐食性に優れ，質量が小さく施工性がよいが，低温時において耐衝撃性が低下する。

・ステンレス鋼管は，管体強度が大きく，耐久性があり，ライニングや塗装を必要としないが，異種金属と接続させる場合には絶縁処理を必要とする。

下水管きょの布設　　　　　　　　　　　　　　　　重要度 A

○　施工上の留意事項

・開削工法による下水道管きょ布設工の一般的な施工は①**掘削**→②**管基礎**→③**管のつりおろし**→④**管布設**→⑤**管接合**→⑥**埋戻し**の順に行う。

○　基礎工の種類

基礎の種類	適応地盤
砕石基礎	比較的地盤のよい場合
砂基礎	礫混じり土及び礫混じり砂の硬質土の地盤
まくら木基礎	ローム及び砂質粘土の普通土の地盤
コンクリート基礎	シルト及び有機質土の軟弱土の地盤 （管きょに働く外圧が大きい場合）
はしご胴木基礎	地盤が軟弱で地質や上載荷重が不均質な場合
鳥居基礎	軟弱地盤等でほとんど地耐力を期待できない場所

○　下水管きょの接合

・管きょの方向，勾配又は管きょ径の変化する箇所及び管きょの合流する箇所には，マンホールを設ける。

・マンホールと管きょとの接続部のように，曲げが生じる部位や，変位する可能性がある箇所は，**屈曲が可能な柔軟な構造を採用する。**

・**管きょ径が変化する場合又は2本の管きょが合流する場合**の接合方法は，原則として**水面接合又は管頂接合**とする。（合流する場合の曲線半径は，**内径の5倍以上**とする）

・水面接合は，概ね計画水位を一致させて接合する。

- 管底接合は，掘削深さが減り建設費が小さくなる。特にポンプ排水の場合は経済的に有利となる。
- 管頂接合は流水が円滑となるが，管きょの埋設深さが増して建設費が大きくなる。また，ポンプ排水の揚程も増加する。
- 階段接合は，地表こう配が急な場合に，管きょ内の流速の調整などのため，管底を階段状にする方式で，通常，大口径管きょまたは現場打ち管きょに設ける。階段の高さは1段当たり **0.3m 以内** とすることが望ましい。
- 段差接合は，地表こう配が急な場合に用いられ適当な間隔にマンホールを設ける。段差の高さは1箇所当たりの **1.5m 以内** とすることが望ましい。

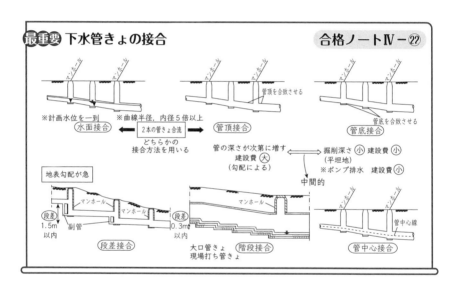

土留め工　　　　　　　　　　　重要度 C

※第1章第3節～土留め支保工～　に関連事項の記載があります。

○　土留め工に用いる鋼矢板の継手

- 継手溶接作業は，矢板の長さを調整するため，原則として，**現場建込み前**に行う。
- 継手工法に現場溶接を用いる場合は，継手部の断面剛性を高めるため，突合せ溶接と添接溶接の併用とするのがよい。

・継手工法としてボルト接合を用いる場合は，応力伝達はボルト接合のみで受け持たせ，ボルト接合と突合せ溶接を併用する場合には，この溶接は止水のみを目的とするのが一般的である。

・継手位置は，できるだけ応力の大きい位置を避け，隣接矢板の継手とは上下方向に少なくとも1m離れた千鳥配置とする。

問題1　□□□

上水道の管布設工に関する記述として，適当でないものはどれか。

(1) 管の切断は，管軸に対して直角に行う。

(2) 鋳鉄管の切断は，直管及び異形管ともに切断機で行うことを標準とする。

(3) 鋼管の据付けは，管体保護のため基礎に良質の砂を敷き均す。

(4) 管のつりおろし時に土留の切ばりを一時的に取り外す必要がある場合は，必ず適切な補強を施し安全を確認のうえ施工する。

解説

(2) ダクタイル鋳鉄管を切断する場合は，専用の切断機を使用し，管軸に対して直角になるように切断し，**異形管部は切断してはいけない。**

解答　(2)

問題2　□□□

下水道管きょの剛性管における基礎工の施工に関する記述として，適当でないものはどれか。

(1) 礫混じり土及び礫混じり砂の硬質土の地盤では，砂基礎が用いられる。

(2) シルト及び有機質土の軟弱土の地盤では，コンクリート基礎が用いられる。

(3) 非常に緩いシルト及び有機質土の極軟弱土の地盤では，砕石基礎が用いられる。

(4) ローム及び砂質粘土の普通土の地盤では，まくら木基礎が用いられる。

解説

(3) **砕石基礎は比較的地盤のよい場所**で用いる。**極軟弱土では鳥居基礎を用いる。**

解答　(3)

問題3 ☐☐☐

下水道管きょの接合方式に関する記述として，適当なものはどれか。

(1) 水面接合は，概ね計画水位を一致させて接合する。

(2) 管底接合は，ポンプ排水の場合は揚程が大きくなり経済的に不利となる。

(3) 階段接合は，一般に小口径管きょ又はプレキャスト製管きょに用いられる。

(4) 管きょ径が変化する場合又は2本の管きょが合流する場合の接合方式は，原則として段差接合とする。

解説

(2) 管底接合は，掘削深さを減じて**工費を軽減**でき，特にポンプ排水の場合は**経済的に有利**となる。

(3) 階段接合は，地表こう配が急な場合に，管きょ内の流速の調整などのため，管底を階段状にする方式で，通常，**大口径管きょまたは現場打ち管きょに設ける。**

(4) 管きょ径が変化する場合又は**2本の管きょが合流する場合の接合方式は，水面接合または管頂接合**とする。

解答 (1)

問題4 ☐☐☐

下水道管の埋設工事に用いる土留め工に関する記述として，適当でないものはどれか。

(1) 地山が比較的良好で小規模工事の場合は，一般に，軽量で取扱いが簡単な軽量鋼矢板を使用する。

(2) 軟弱地盤で地下水位の高い場合は，鋼矢板継手のかみ合わせで湧水などの止水ができる水密性の高い鋼矢板を使用する。

(3) 湧水の浸入がある場合は，親杭横矢板工法を用いる。

(4) 小規模工事で，浅い掘削の土圧の小さい場合は，木矢板工法を用いることができる。

解説

(3) **親杭横矢板工法は止水性がない**ため，湧水の侵入がある場合に適さない。鋼矢板工法などを用いる。

解答 (3)

一問一答 ○×問題

上水道の管布設工に関する記述において，正しいものには○，誤っているものには×をいれよ。

☐☐☐ ①【　】　管の布設は，原則として低所から高所に向けて行う。

☐☐☐ ②【　】　管を掘削溝内につりおろす場合は，溝内のつり荷の下に作業員を配置し，正確な据付けを行う。

☐☐☐ ③【　】　急勾配の道路に沿って管を布設する場合には，管体のずり上がり防止のための止水壁を設ける。

☐☐☐ ④【　】　メカニカル継手は伸縮性や可とう性があり，管が地盤の変動に追従することができる。

☐☐☐ ⑤【　】　鋼管は，管体強度が大きく，じん性に富み，衝撃に強く，外面を損傷しても腐食しにくい。

下水管きょの布設に関する記述において，正しいものには○，誤っているものには×をいれよ。

☐☐☐ ⑥【　】　地盤が強固で地耐力が期待できる場合には，鳥居基礎を用いる。

☐☐☐ ⑦【　】　地盤が軟弱で地質や上載荷重が不均質な場合には，はしご胴木基礎を用いる。

☐☐☐ ⑧【　】　下水道管きょなどの耐震性能を確保するためには，マンホールと管きょとの接続部に剛結合式継手を採用する。

解答・解説

①【○】…設問の記述の通りである。

②【×】…管を掘削溝内につりおろす場合は，**溝内のつり荷の下に作業員を立ち入らせてはならない。**

③【×】…管体の**ずり下がり防止**のために止水壁を設ける。

④【○】…設問の記述の通りである。

⑤【×】…鋼管は，強度はあるが**損傷を受けると腐食しやすい。**

⑥【×】…鳥居基礎は，**軟弱地盤等でほとんど地耐力を期待できない場所に使用**する基礎工法である。

⑦【○】…設問の記述の通りである。

⑧【×】…マンホールと管きょとの接続部のように，曲げが生じる部位や，変位する可能性がある箇所は，**屈曲が可能な柔軟な構造を採用**する。

第3章　　法　　規

[2級] <u>11問</u>出題され，<u>6問</u>を選択し解答します。
　　（選択問題）
　　労働基準法2問・労働安全衛生法1問・建設
　　業法1問・火薬類取締法1問・道路関係法1
　　問・河川関係法1問・建築基準法1問・騒音，
　　振動規制法各1問・港則法1問

勉強のコツ

　法規の問題は，法令文から出題されます。なので，この章に関して
は解説を飛ばして，どんどん問題を解いていき，解答が〇となる問題
文は「そのまま正しい法令として記憶する」，解答が×となる問題文は
「どこが間違っているのかを記憶する」のがオススメです。意味が解ら
ない箇所や，詳しく理解を深めたいポイントを解説や，合格ノートで
勉強することで，理解度を上げていきましょう。
　河川法・火薬取締法・港則法などは，普段現場では用いることは少
ないかもしれませんが，定番の問題が多く，点数が取りやすい問題も
多く出題されます。出題数に対して，選択問題数が少ないので，広く
勉強することで法規も点数を伸ばしやすくなります。

労働基準法

労働基準法で**使用者**とは，事業主又は事業の経営担当者のほか，その事業の労働者に関する事項について，事業主のために行為をする者をいう。

労働条件（契約・賃金・解雇）　　　　重要度 C

○　労働契約

・労働契約は，期間の定めのないものを除き，一定の事業の完了に必要な期間を定めるもののほかは，**3年を超える期間について締結してはならない**（**高度の専門的な知識，技術または経験を有する労働者**等との間に締結される**契約期間は5年**）。

・労働者に対して賃金，労働時間その他の労働条件を明示しなければならない（下表参照）。明示内容と**労働条件が違った場合には労働者は即時に労働契約を解除することができる**。

①から⑤ついては，必ず**書面をつくり，労働者に渡す方法により明示**しなければならない。
①　労働契約の**期間**に関する事項
②　**就業の場所**および従事すべき業務に関する事項
③　**始業および終業の時刻**，所定労働時間を超える労働の有無，**休憩時間，休日**，休暇ならびに労働者を2組以上に分けて就業させる場合における就業時転換に関する事項
④　**賃金**の決定，計算および支払いの方法，賃金の締切りおよび支払いの時期ならびに昇給に関する事項
⑤　**退職**に関する事項（解雇の事由を含む）
⑥から⑬までの事項については，これらに関する定めをした場合に明示すれば足りる。
⑥　退職手当の定めが適用される労働者の範囲，退職手当の決定，計算および支払いの方法ならびに退職手当の支払いの時期に関する事項
⑦　臨時に支払われる賃金（退職手当を除く），賞与および最低賃金額に関する事項

⑧　労働者に負担させるべき食費，作業用品その他に関する事項
⑨　**安全および衛生に関する事項**
⑩　**職業訓練に関する事項**
⑪　**災害補償および業務外の傷病扶助に関する事項**
⑫　表彰および制裁に関する事項
⑬　休職に関する事項

- 親権者又は後見人は，**未成年者に代って労働契約を締結してはならない。**
- 労働契約の不履行について**違約金**を定め，又は**損害賠償額を予定する契約を
  してはならない。**

○　就業規則

- **常時10人以上の労働者を使用する使用者**は，就業規則を作成して行政官庁
  に届け出なければならない。
- 就業規則とは，始業及び終業の時刻，休憩時間，賃金，退職に関する事項な
  どを定めるものである。（記載しなければならない内容については，前項の
  労働契約に準ずる）
- 就業規則において定める**基準に達しない労働条件を定める労働契約**は，その
  部分については無効とする。

労働時間　　　　　　　　　　　　　　　重要度 A

- 労働時間が**6時間を超える場合は45分，8時間を超える場合は1時間の休憩**
  時間を与えなければならない。
- 原則として，休憩時間を除き**1週間について40時間，1日について8時間**を
  超えて労働させてはならない。
- **休憩時間は，一斉に与えなければならない。**ただし，**労働者の過半数を代表**
  する者(もしくは労働組合)と書面による協定があるときは，この限りでない。
- 労働者に対して，**毎週少なくとも1回の休日**を与えるか，又は**4週間を通じ**
  て4日以上の休日を与えなければならない。
- 雇入れの日から起算して**6箇月間継続勤務**し，全労働日の**8割以上出勤した**
  労働者に対して原則として，継続又は分割した**10労働日の有給休暇**を与え
  なければならない。

・労働者の過半数を代表する者（もしくは労働組合）と書面による協定をし，これを行政官庁に届け出た場合においては，その協定の定めによって**労働時間を延長できる。**
・災害その他避けることの出来ない事由によって，臨時の必要がある場合においては，使用者は，行政官庁の許可を受けて，**その必要限度において労働時間を延長し，又は休日に労働させることができる。**（事態急迫のため，行政官庁の許可を受ける暇がない場合においては，**事後に遅延なく届け出なければならない。**）
・使用者は，労働時間数等を記載してある**賃金台帳を3年間保存**しなければならない。

最重要 労働時間・休憩・休日　　　　　　　　合格ノートⅤ－①

労働時間	1日8時間　1週間40時間
	※必要な限り災害時延長㊁［許可は必要］
休憩	6時間　⟶　45分以上
原則：一斉に	8時間　⟶　1時間以上
	※変更する場合は，労働組合（代表）との協定が必要
休日	週1回（もしくは4週間で4日以上）
有給休暇	6ヶ月継続勤務（8割以上出勤）⇒10労働日

○　**賃金**

・賃金とは，賃金・給料・手当・**賞与**，その他**労働の対償**として**使用者が労働者に支払うすべてのもの**をいう。
・賃金は毎月1回以上，一定の期日を定めて支払わなければならない。

　賃金支払いの3原則

1）通貨払いの原則…現金で支払い，手形や小切手で支払ってはならない。
2）直接払いの原則…労働者の**親権者や後見人に支払うことは禁じられている。**
　※労働者の**預金口座へ振り込む場合は，労働者の同意を得る必要がある。**
3）全額払いの原則…賃金の一部を控除することは禁じられている。

※所得税，雇用保険料，健康保険料等法律で定められているもののみ控除することができる。住居費，食費，組合費などは，労使の書面協定によって控除することが就業規則に記載されている場合のみ，賃金から控除して支払うことができる。なお，**労働契約の不履行についての違約金，損害賠償金**，労働することを条件とした<u>前借金</u>等については，この書面協定によっても控除することはできない。

・労働者が出産，疾病，災害などの場合の費用に充てるために請求する場合においては，**支払期日前であっても，既往の労働に対する賃金を支払わなければならない。**

・原則として**午後10時から午前5時までの間において労働させた場合**においては，その時間の労働については，通常の労働時間の賃金の計算額の2割5分以上の率で計算した**割増賃金を支払わなければならない。また，1箇月に100時間以上，労働時間を延長し，又は休日に労働させてはならない。**

※使用者は，労働者を雇用した場合，**労働者の人数に関係なく賃金台帳を作成**しなければならない。

<u>法規</u>

【最重要】賃金　　　　　　　　　　　　　　　　合格ノートⅤ−②

　　賃金　←　　給料・手当・賞与を含む
　　↑　　　（預金口座への振り込みは同意が必要）
　　本人に全額，現金で支払う!!
　　※親権者，世話役等への支払い禁止
　　※違約金，前借金の控除禁止（税金の控除は OK）

休業補償・災害補償　　　　　　　　　　　　　重要度 **B**

○　休業補償（療養補償）

・労働者が**業務上負傷**し，又は**疾病**にかかった場合，使用者は，**必要な療養の費用を負担（療養補償）**するとともに，療養のために**労働者が労働することができない場合**は，労働者の**平均賃金の100分の60の休業補償**を行わなければならない。

- 平均賃金とは，3箇月間にその労働者に対し支払われた賃金の総額を，その期間の**総日数**で除した金額をいう。

$$平均賃金 = \frac{算定すべき日の前3ヶ月の賃金}{総日数}$$

※3箇月間支払われた「賃金」の総額に，**臨時で支払われた賃金は含まれない。**
臨時で支払われた賃金とは…臨時的，突発的事由に基づいて支払われたもの及び結婚手当等支給条件はあらかじめ確定されているが，支給事由の発生が不確定であり，かつ非常に稀に発生するもの。

- 労働者が業務上負傷した場合において，使用者は，**療養補償**及び**休業補償**を**毎月1回以上**行わなければならない。
- **労働者が重大な過失によって業務上負傷し，又は疾病にかかり，且つ使用者**がその過失について**行政官庁の認定を受けた場合**においては，**休業補償又は障害補償を行わなくてもよい。**
- 労働者が業務上負傷し，又は疾病にかかり，治った場合において，その**身体に障害が存**するときは，使用者は，**その障害の程度に応じて，**平均賃金に定められる日数を乗じて得た金額の**障害補償**を行わなければならない。
- 療養補償を受ける労働者が，療養開始後**3年を経過**しても，**負傷または疾病が治らない場合に限り，**使用者が**平均賃金の1200日分の打切補償**を支払い，その後の補償を行わなくてよい。

※これらの補償を受ける権利は，**労働者の退職によって変更されることはなく，**この権利を譲渡し，または差押えすることもできない。

○ 遺族補償

- 業務上負傷し，または疾病により**死亡した場合**は，**平均賃金の1000日分の遺族補償**と**平均賃金の60日分の葬祭料**を支払わなければならない。

解雇・退職　　　　　　　　　　　　　重要度 B

○ 解雇制限

労働者が**業務上負傷または疾病により休業する期間およびその後30日間，**女性の**産前産後の休業期間およびその後30日間**は解雇することはできない。

※負傷，疾病による**休業期間が3年を超えて打切補償（平均賃金の1200日分）**
を支払う場合は**解雇することができる。**

○　予告手当

　労働者を解雇する場合は**30日前に予告**しなければならない。30日前に予告
しない場合は**30日分以上の平均賃金（予告手当）を支払わなければならない。**
※天災及びやむを得ない事由のため，**事業の継続が不可能となった場合，**又は
　労働者の責に帰すべき事由に基づいて解雇する場合においては，解雇制限・
　予告手当共に，**この限りでない。**

```
┌─ 予告手当の支払いが不要となる条件 ──────────┐
│                                                  │
│  ①  日日雇入れられる者（1ケ月を超えない場合）   │
│  ②  2ケ月以内の短期契約の者                     │
│  ③  4ケ月以内の季節的業務に従事する者           │
│  ④  試用期間中の者（14日を超えない場合）        │
│                                                  │
└──────────────────────────────────┘
```

・労働者が退職の場合において，使用期間，業務の種類，賃金などについて**証
　明書を請求した場合**は，**使用者は遅滞なくこれを交付しなければならない。**

年少者・女性の就業制限　　　　　　　　　　重要度 B

○　年少者の就業制限

・年少者（18歳未満）に対して，以下の労働条件における業務に，就かせて
　はならないと定められている。（建設業に関連の深い事項を抜粋）

　①　満15歳に満たない児童の就業禁止
　※児童が**満15歳に達した日以後の最初の3月31日が終了**するまで，これを
　　使用してはならない。（満18歳に満たない者について，その年齢を証明す
　　る**戸籍証明書を事業場に備え付けなければならない。**）

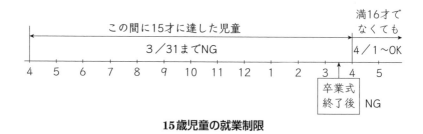

15歳児童の就業制限

② 午後10時から午前5時の深夜業務

※**交代制によって使用する満16歳以上の男性による午後10時から午前5時の深夜業務を除く**

③ 坑内労働，削岩機等の使用によって身体に著しい振動をうける業務

④ 重量物を取り扱う業務

区　分		断続作業の場合の重量	継続作業の場合の重量
満16歳未満	女	12kg	8kg
	男	15kg	10kg
満16歳以上 満18歳未満	女	25kg	15kg
	男	30kg	20kg
満18歳以上		30kg	20kg

⑤ クレーン・デリック，土木建築用機械の運転業務

⑥ 運転中の機械若しくは動力伝導装置の危険な部分の掃除，注油，検査若しくは修繕等の業務

⑦ クレーン・デリックの玉掛け業務

※**2人以上の者によって行う玉掛けの業務における補助作業を除く**

⑧ 足場の組立，解体または変更の業務

※**地上・床上での補助作業を除く**

⑨ 高さ5m以上の箇所で，墜落により労働者が危害を受けるおそれのある業務

⑩ 土砂崩壊のおそれのある箇所，または深さ5m以上の地穴における業務

⑪ 火薬，爆薬または火工品で爆発のおそれのあるものを取り扱う業務

⑫ 最大積載荷重2t以上の人荷共用もしくは荷物用エレベーター，高さ15

m 以上のコンクリート用エレベーターの運転の業務

⑬　異常気圧下における業務

⑭　多量の高熱物体を取扱う業務および著しく暑熱な場所における業務

最重要 年少者の就業制限　　　　　　　　　**合格ノートⅤ−③**

─── 18才未満 NG 作業（抜粋）───
・体に負担㊈（重量物, 坑内, 振動）
・危険（高所, 土砂崩れ, 火薬）
・運転（クレーン, 建設用機械等）
・深夜業務（原則 NG）

─── OK 作業 ───
・地上・床上での足場組立, 解体補助業務
・2人以上の者で行う玉掛け補助業務
・2t 未満のエレベーターの運転
・交代制：満16才以上男性, 深夜業務

○　女性の就業制限

　女性の作業の就業制限は，妊婦・産婦・その他女性の区分で作業毎に「女性を就かせてもさしつかえのない業務」「女性が申し出た場合は就かせてはならない業務」「女性を就かせてはならない業務」の3段階に分類される。（就かせてはならない業務の中から建設業に関連の深い事項を抜粋して記載）

①　女性（妊婦, 産婦, その他女性）に就かせてはならない作業
・坑内労働（坑内で行われる業務のうち人力により行われる掘削の業務その他の女性に有害な業務）
・鉛, 黄りん, 塩素等の有害物, 有害物のガス, 蒸気, または粉じんを発散する場所における業務
・重量物を取り扱う業務（年少者の就業制限④参照）

② **妊婦，産婦に就かせてはならない作業**

・削岩機などの体に著しい振動をうける業務

※時間外労働，休日労働，深夜業の業務は，<u>妊産婦</u>が申し出た場合，就かせてはならない。

③ **妊婦に就かせてはならない業務**

・危険箇所における作業，身体に負担の大きい作業，建設機械を使用する作業等に就かせてはならない。

※身体に負担の大きい作業，建設機械を使用する作業等は，<u>産婦</u>が申し出た場合は就かせてはならない。

・産婦（生後満1年に達しない生児を育てる女性）が請求して取得した育児時間中は，その女性を使用してはならない。

最重要 女性の就業制限　　　　　　　　　　**合格ノートⅤ－④**

<u>すべての女性</u>NG作業（妊婦・産婦・その他女性）

・坑内労働（人力掘削）

・有害物のガス，蒸気，粉じん等を発散する場所における業務

・重量物を取り扱う業務

この3つは
必ず
覚えよう

問題1 □□□

労働基準法で定められている労働時間等に関する記述として，適当なものは
どれか。

- (1) 使用者は，原則として1週間の各日については，労働者に，休憩時間を
  除き1日について8時間を超えて，労働させてはならない。
- (2) 休憩時間は，労働時間の途中であれば，その開始時刻は使用者が労働者
  ごとに決定することができる。
- (3) 使用者は，その雇入れの日から起算して6箇月間継続勤務したすべての
  労働者に対して，有給休暇を与えなければならない。
- (4) 災害その他避けることのできない事由によって臨時の必要がある場合に
  おいては，使用者は，制限なく労働時間を延長することができる。

解説

- (2) **休憩時間は一斉に**与えなければならないと定められている。
- (3) 使用者は雇入れの日から起算して**6箇月間継続勤務し全労働日の8割以上出勤し
  た労働者に対して**，継続し，又は分割した10労働日の有給休暇を与えなければな
  らない。
- (4) 災害その他避けることの出来ない事由によって，臨時の必要がある場合におい
  ては，使用者は，行政官庁の許可を受けて，**その必要限度において**労働時間を延
  長し，又は休日に労働させることができる。

解答　(1)

問題2 □□□

賃金の支払いに関する記述として，適当なものはどれか。

- (1) 使用者は，未成年者の賃金を親権者又は後見人に支払わなければならな
  い。
- (2) 平均賃金とは，これを算定すべき事由の発生した日以前3ヶ月間にその
  労働者に対し支払われた賃金の総額を，その期間の労働日数で除した金額
  をいう。
- (3) 賃金を労働者の預金口座へ振り込む場合は，労働者の同意を得る必要は
  ない。

⑷　使用者は，労働者が出産，疾病，災害などの場合の費用に充てるために
請求する場合においては，支払期日前であっても，既往の労働に対する賃
金を支払わなければならない。

⑴　賃金の支払いは**原則本人に支払う**。未成年者であっても，親権者又は後継人は
賃金を代わって受け取ってはならない。
⑵　平均賃金とは，これを算定すべき事由の発生した日以前3箇月間にその労働者に
対し支払われた賃金の総額を，その期間の**総日数で除した金額**をいう。
⑶　使用者は**労働者の同意を得た場合**には，賃金の支払いについて，労働者の預金
口座へ振り込むことができると定められている。

<u>解答　⑷</u>

問題3　□□□

労働者の解雇の制限に関する記述として，適当なものはどれか。
⑴　やむを得ない事由のために事業の継続が不可能となった場合以外は，業
務上の負傷で3年間休業している労働者を解雇してはならない。
⑵　やむを得ない事由のために事業の継続が不可能となった場合以外は，産
前産後の女性を休業の期間及びその後30日間は解雇してはならない。
⑶　日日雇い入れられる者や期間を定めて使用される者など，雇用契約条件
の違いにかかわりなく，予告をしないで解雇してはならない。
⑷　労働者の責に帰すべき事由に基づいて解雇する場合においては，少なく
とも30日前に予告しなければ解雇してはならない。

⑴　使用者は，平均賃金の**1200日分の打切補償**を行い，その後はこの法律の規定に
よる補償を行わなくてもよく，補償義務がなくなるため，**解雇も可能となる**。
⑶　**日日雇入れられるもの**（1ケ月を超えない場合）は，**解雇予告を行わなくてもよ
い**。
⑷　**労働者の責に帰すべき事由に基づいて解雇する場合は，30日前の解雇予告の除
外規定に該当する**。

<u>解答　⑵</u>

問題4　□□□

災害補償に関する記述として，適当でないものはどれか。

(1)　労働者が業務上負傷し，又は疾病にかかった場合においては，使用者は，療養補償により必要な療養を行い，又は必要な療養の費用を負担しなければならない。

(2)　労働者が業務上負傷した場合における使用者からの補償を受ける権利は，労働者の退職によって変更されることはない。

(3)　労働者が業務上負傷し，治った場合において，その身体に障害が存するときは，使用者は，その障害の程度に応じて，障害補償を行わなければならない。

(4)　労働者が業務上の負傷による療養のために賃金を受けない場合においては，使用者は，労働者の療養中は負傷した時の賃金の全額を休業補償として支払わなければならない。

解説

(4)　使用者は，労働者の療養中**平均賃金の100分の60の休業補償**を行わなければならない。

解答　(4)

問題5　□□□

年少者の就業に関する記述として，適当でないものはどれか。

(1)　使用者は，児童が満16歳に達する日までに，この者を使用してはならない。

(2)　使用者は，満18歳に満たない者を坑内で労働させてはならない。

(3)　使用者は，満18歳に満たない者に，運転中の機械の危険な部分の掃除，注油，検査若しくは修繕をさせてはならない。

(4)　使用者は，交代制によって使用する満16歳以上の男性を除き，満18歳に満たない者を午後10時から午前5時までの間において使用してはならない。

解説

(1)　児童が満15歳に達した日以後の最初の3月31日が終了するまで，これを使用してはならない。※「学校の卒業式が終了すれば使用できる」も誤りである。

解答　(1)

一問一答 ○×問題

労働基準法に関する記述において，正しいものには○，誤っているものには×をいれよ。

□□□ ①【 　】　使用者は，原則として労働時間が6時間を超える場合においては，少なくとも45分間の休憩時間を労働時間の途中に与えなければならない。

□□□ ②【 　】　使用者は，労働者を代表する者等と協定がある場合に限り，休憩時間を一斉に与えなければならない。

□□□ ③【 　】　賃金は，原則として通貨で，直接労働者に，その全額を支払わなければならない。

□□□ ④【 　】　賃金は，賃金，給料，手当など使用者が労働者に支払うものをいい，賞与はこれに含まれない。

□□□ ⑤【 　】　使用者は，労働者が災害を受けた場合に限り，支払期日前であっても労働者が請求した既往の労働に対する賃金を支払わなければならない。

□□□ ⑥【 　】　使用者は，満18歳に満たない者について，その年齢を証明する親権者の証明書を事業場に備え付けなければならない。

□□□ ⑦【 　】　使用者は，満18歳に満たない男性に20kg以上の重量物を継続的に取り扱う業務に就かせてはならない。

□□□ ⑧【 　】　橋梁工事の現場で行う足場の組立及び解体での地上又は床上における補助作業は，満16歳以上満18歳に満たない年少者に就かせてもよい。

□□□ ⑨【 　】　使用者は，本人が了解しない限り，満18歳以上の女性を坑内で行われる人力による掘削の業務に就かせてはならない。

解答・解説

①【○】…設問の記述の通りである。

②【×】…休憩時間は<u>原則として一斉に与えなければならない</u>と定められているが，**労働組合もしくは労働者の過半数以上を代表するものとの書面による協定があるとき**はこの限りではない。

③【○】…設問の記述の通りである。

④【×】…賃金には，賃金・給料・手当・賞与その他名称の如何を問わず，労働の対償として使用者が労働者に支払うすべてのものをいう。

⑤【×】…災害を受けた場合に限らず，出産，疾病，災害その他厚生労働省令で定める非常の場合の費用に充てるために請求する場合においては，支払期日前であっても，既往の労働に対する賃金を支払わなければならない。

⑥【×】…使用者は，満18歳に満たない者について，その**年齢を証明する戸籍証明書**を事業場に備え付けなければならないが，親権者の証明書については義務付けられてはない。

⑦【○】…設問の記述の通りである。

⑧【○】…設問の記述の通りである。

⑨【×】…**坑内で行われる人力により行われる掘削業務**は，年少者・妊産婦の区分に関わらず，**すべての女性に就かせてはならない**と規定されている。

第2節 労働安全衛生法

※本節における内容は，施工管理法「安全管理」で出題される場合もあります。
相互に，関連事項の記載があります。

安全衛生管理体制　　　　　　　　　　　　　　重要度 B

○　事業場における安全管理体制

① 事業者は，**常時100人以上の労働者を使用する事業場**では，安全管理者・衛生管理者・産業医に加えて，**総括安全衛生管理者**を選任しなければならない。

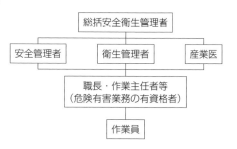

② 事業者は，**常時50人以上の労働者を使用する事業場**では，**安全管理者・衛生管理者・産業医**を選任しなければならない。

※**総括安全衛生管理者・安全管理者・衛生管理者・産業医**を選任すべき事由が発生した日から**14日以内**に選任し，遅延なく**所轄労働基準監督署**に提出しなければならない。

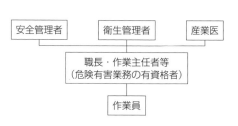

③ 事業者は，**常時10人以上50人未満**の労働者を使用する事業場では，安全衛生に係る業務担当者として，**安全衛生推進者**を選任しなければならない。

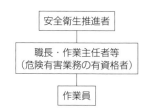

※安全衛生推進者は，選任すべき事由が発生した日から**14日以内**に選任し，その者の氏名を**労働者**に周知させなければならない。

○　下請け混在現場における安全管理体制

・元請，下請混在作業における，**常時50人以上**の労働者が従事する事業場については，特定元方事業者は，**統括安全衛生責任者・元方安全衛生管理者**を選任しなければならない。

※ずい道等の建設の仕事，橋梁の建設の仕事（道路上又は道路に隣接した場所，軌道上又は軌道に隣接した場所であって，**人口が集中している地域内での工事の場合**），圧気工法による作業においては，**常時30人**を超える場合に選任

・統括安全衛生責任者を選任すべき事業者以外の請負人（下請負人）は，**安全衛生責任者**を（下請負業者が）選任しなければならない。

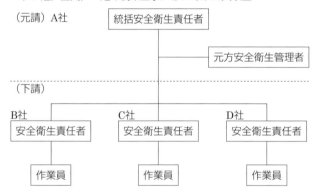

①建設現場全体（混在作業）50人以上
※ずい道，圧気，一定の橋梁工事においては30人以上

・元方統括安全衛生責任者，元方安全衛生管理者，安全衛生責任者の選任が義務付けられていない中小規模の建設現場（20人以上50人未満，もしくは主要構造部が鉄骨，鉄骨鉄筋コンクリート造の場合）においては，元方事業者は，**店社安全衛生管理者**を選任しなければならない。

・特定元方事業者は，**事業の開始後**，遅滞なく，当該場所を管轄する**労働基準監督署長**へ特定元方事業者の事業開始報告を行わなければならない。**統括安全衛生責任者・元方安全衛生管理者・店社安全衛生管理者**を選任しなければならないときは，その旨及び**氏名を併せて報告**する。

特定元方事業者の責務 　　　重要度 **B**

○ 統括安全衛生責任者の職務

・元方安全衛生管理者を指揮するとともに，次の事項を統括管理しなければならない。

① すべての関係請負人が参加する**協議組織を設置**し，会議を定期的に開催する。

② 作業間の連絡および調整を統括管理する。

③ **毎作業日に少なくとも1回**，作業場所の巡視を行う。（作業場所の巡視を自ら行うことなく，下請負人に任せてはならない）

④ 関係請負人が行う**安全衛生教育（新規入場者教育等）**に対する**指導及び援助**について，場所・資料の提供を行う。

⑤ **計画（施工計画・作業計画・足場の組立図・施工図等）を作成**する。

⑥ クレーン等の運転についての**合図を統一**し，関係請負人に周知させる。

⑦ 作業主任者を選任したときは，当該作業主任者の氏名及びその者に行わせる事項を作業場の見やすい箇所に掲示し，関係労働者に周知させる。

⑧ **悪天候時，作業中止の決定**を行う。（作業主任者に作業中止の決定権はない）

⑨ 危険作業箇所における**関係労働者以外の立ち入り禁止措置**を行う。（ただし，すべての措置を元方事業者が行わなければならないわけではなく，当該関係請負人が講ずべき危険防止措置が適切に行われるように，技術上の指導その他必要な措置を講じればよい）

⑩ 関係請負人及びその労働者が当該仕事に関し，法令の規定に違反しないよう必要な指導を行う。

⑪ 爆発性の物，発火性の物，引火性の物等による危険を防止するための必要な措置を行う。

⑫ 病原体等による健康障害を防止するための必要な措置を行う。

※統括安全衛生責任者が旅行，疾病，事故その他やむを得ない事由により職務を行うことができない場合は，代理者を選任しなければならない。

○ 元方安全衛生管理者の職務

・統括安全衛生責任者が行う事項のうち，技術的事項を管理する。

◯ 安全衛生責任者の職務

・安全衛生責任者は，**統括安全衛生責任者との連絡調整，当該請負人が行う作業**（混在作業に起因する**当該請負人以外の者が行う作業を含む**）によって生ずる労働災害に係る**危険の有無の確認**を行う。

・新規入場者への安全衛生教育を実施する。

※新規入場者教育は雇用主である**事業者**が実施するのが**基本**である。労働安全衛生法上，元方事業者は，関係請負人の行う安全衛生教育に対し指導および援助を行えばよいが，現場によっては元方事業者が実施することもある。

◯ 労働者の責務

・労働者は，元方事業者より法令の規定に違反しているとして是正の指示を受けた場合には，その指示に従わなければならない。

・労働者は，事業者が労働者の危険又は健康障害を防止するために講じた必要な措置に応じて，必要な事項を守らなければならない。

作業主任者の選任・職務　　　　　　　重要度 A

・事業者は，労働災害を防止するための管理を必要とする作業については，作業主任者を選任し，その者に当該作業に従事する労働者の指揮等を行わせなければならない。また，事業者は，作業主任者を選任したときは，当該作業主任者の氏名およびその者に行わせる事項を作業場の**見やすい場所に掲示**する等により関係労働者に周知する。

◯ 作業主任者の資格

・**都道府県労働局長**の免許を受けた者か，または同局長の登録を受けた**技能講習**を修了した者とする。作業主任者の選任を必要とする作業は，次表に掲げられているものである（土木工事に関係の深いものを抜粋）。

名　称	作業の内容	資　格
地山の掘削作業主任者	掘削面の高さが2m以上となる地山の掘削の作業	技能講習修了者
土止め支保工作業主任者	土止め支保工の切りばり又は腹起ししの取付け又は取り外しの作業	技能講習修了者
ずい道等の掘削等作業主任者	ずい道等の掘削の作業又はこれに伴うずり積み，ずい道支保工の組立て，ロックボルトの取付け若しくはコンクリート等の吹付けの作業	技能講習修了者
ずい道等の覆工作業主任者	ずい道等の覆工（ずい道型わく支保工の組立て，移動若しくは解体又は当該組立て若しくは移動に伴うコンクリートの打設）の作業	技能講習修了者
型枠支保工の組立て等作業主任者	型枠支保工の組立て又は解体の作業	技能講習修了者
足場の組立て等作業主任者	つり足場，張出し足場又は高さが5m以上の構造の足場の組立て，解体又は変更の作業	技能講習修了者
鋼橋架設等作業主任者	橋梁の上部構造であって，金属製の部材により構成されたもの（その高さが5m以上であるもの又は当該上部構造のうち橋梁の支間が30m以上である部分に限る。）の架設，解体又は変更の作業	技能講習修了者
コンクリート橋架設等作業主任者	橋梁の上部構造であって，コンクリート造のもの（その高さが5m以上であるもの又は当該上部構造のうち橋梁の支間30m以上である部分に限る。）の架設又は変更の作業	技能講習修了者
コンクリート造の工作物の解体等作業主任者	高さが5m以上のコンクリート造の工作物の解体又は破壊の作業	技能講習修了者
酸素欠乏危険作業主任者	酸素欠乏危険場所における作業（ケーブル等，地下に敷設される物を収容するための暗きょ，マンホール又はピットの内部の作業）	技能講習修了者
コンクリート破砕器作業主任者	コンクリート破砕器を用いて行う破砕の作業	技能講習修了者
高圧室内作業主任者	圧気工法で行われる高圧室内作業	免許者
ガス溶接作業主任者	アセチレン溶接装置又はガス集合溶接装置を用いて行う金属の溶接，溶断又は加熱の作業	免許者

最重要 作業主任者　　　　　　　　　　　合格ノートV－⑤

以下の作業は<u>作業主任者不要</u>

- ・高さ2m未満の掘削作業（ブルドーザーの掘削・押土）
- ・アスファルト舗装工事（転圧作業）
- ・杭打ち作業
- ・コンクリート打設，鉄筋・型枠の組立て作業　　　　高さに関係なく
- ・高さ5m未満の足場の組立・解体作業（つり足場，張出し足場は，必要）
- ・高さ5m未満のコンクリート造工作物の解体作業

○　作業主任者の職務

1．作業方法を決め，作業員を**直接指揮**する。

2．**器具・工具，材料を点検**して，不良品は取り除く（交換する）。

3．**墜落制止用器具，保護帽**の使用状況を監視する。

※ここにあげた職務は一般的なもので，各作業主任者の種別によって，多少異なる。

最重要 特定元方事業者(元請)と作業主任者の職務　合格ノートV－⑥

特定元方事業者の職務（抜粋）	作業主任者の（代表的な）職務
①作業場所の巡視（作業日毎） ②作業間の連絡調整 ③協議組織の設置運営 ④計画（施工計画，施工図等）の作成 ⑤安全衛生教育に対する指導・援助 ⑥危険作業箇所の立入禁止措置 ⑦クレーン作業等の合図の統一 ⑧悪天候時，作業中止の決定	①作業の直接指導 ②工具，材料等の点検，不良品を取り除く ③保護具の使用状況を監視 ※各作業主任者によって職務は多少異なる。 特定元方事業者がすべき職務はすべて作業主任者の職務には該当しない。

① 重大な災害が生ずるおそれのある工事で，**30日前**までに**厚生労働大臣**に作業計画の届出が必要な工事

- ・高さが**300m** 以上の塔の建設
- ・堤高**150m** 以上のダムの建設
- ・最大支間長500m 以上の橋脚の建設（つり橋にあっては1000m 以上）
- ・長さが**3,000m** 以上のずい道等の建設
- ・長さ1000m 以上3000m 未満のずい道の建設工事で，深さ50m 以上のたて坑の掘削を伴うもの
- ・ゲージ圧力が**0.3MPa 以上の圧気工法**による作業を行うもの

② **工事開始の14日前**までに**労働基準監督署長**に作業計画の届出が必要な工事

- ・**高さ31m を超える建築物**又は工作物の建設，改造，解体又は破壊の仕事
- ・最大支間50m 以上の橋梁の建設等の仕事
- ・（人口密集域における）**最大支間30m 以上50m 未満の橋梁**の上部構造の建設等の仕事
- ・**ずい道等の建設等の仕事**（ずい道の内部に労働者が立ち入らないものを除く）
- ・掘削の高さ又は**深さが10m 以上となる地山の掘削**の作業を行う仕事
- ・圧気工法による作業を行う仕事
- ・**石綿等の除去**の作業を行う仕事等

③ **工事開始30日前**までに**労働基準監督署長**に設備・機械等の設置届が必要な工事

- ・軌道装置
- ・**型枠支保工**（支柱の高さが**3.5m 以上**のものに限る）
- ・**架設通路**（**高さおよび長さがそれぞれ10m 以上**のものに限る）
- ・**足場**（つり足場，張出し足場以外の足場にあっては，**高さが10m 以上の構造**のものに限る）
- ・ボイラー，**クレーン**等，ゴンドラなど
- ※組立から解体までは**60日未満**の場合は，届け出は**不要**である。

※届出が必要な工事の内，土木・建築工事の主なものを抜粋して記載しております。

・移動式クレーン（つり上げ荷重が0.5t未満のものは除く）に，転倒やジブ折損，ワイヤロープ切断事故が発生した場合，遅滞なく所轄の労働基準監督署長に報告の必要がある。

安全衛生教育・特別教育・資格　　　　　　重要度 B

○　資格等を必要とする業務（抜粋）

・土木工事の実施において，資格等を必要とする業務があり，扱う重量や機体の重量等によって，免許・技能講習・特別教育に区別される。

資格等を必要とする業務内容		資　格		
		免許	技能講習	特別教育
クレーンの運転業務	つり上げ荷重5t以上	○	－	－
	つり上げ荷重が5t以上の運転者が荷の移動とともに移動する方式のクレーン	○	○	－
	つり上げ荷重5t未満	○	○	○
移動式クレーン（道路上の走行を除く）の運転業務	つり上げ荷重5t以上	○	－	－
	つり上げ荷重1t以上5t未満	○	○	－
	つり上げ荷重1t未満	○	○	○
玉掛け業務	つり上げ荷重1t以上	－	○	－
	つり上げ荷重1t未満	－	－	○
車両系建設機械（整地・運搬・積み込み用及び掘削用）の運転（道路上の走行を除く）の業務	機体重量が3t以上	－	○	－
	機体重量が3t未満	－	－	○
高所作業車の運転業務	作業床の高さ10m以上	－	○	－
	作業床の高さ10m未満	－	○	○

法規

可燃性ガス及び酸素を用いて行う金属の溶接，溶断等の業務	○	○	－
アーク溶接機を用いて行う金属の溶接，溶断等の業務	－	－	○
建設用リフトの運転業務	－	－	○
ゴンドラの操作業務	－	－	○
締固め用建設機械で動力を用い，かつ不特定の場所に自走することができるものの運転（道路上の走行を除く）業務	－	－	○
コンクリート打設用機械の作業装置の操作業務	－	－	○
研削といしの取替え等の業務	－	－	○
酸素欠乏危険場所における作業に係る業務	－	－	○
屋内作業場等における有機溶剤を取り扱う業務	－	－	○

※ドラグ・ショベルにクレーン機能を備え付けた機械での吊り上げ作業は，**車両系建設機械の主たる用途以外の用途に該当し**，「作業の性質上やむを得ないとき又は安全な作業の遂行上必要なとき」かつ，「アーム，バケット等の作業装置が所定の強度等を有し，フック，シャックル等の金具その他のつり上げ用の器具を取り付けて使用するとき」に限られる。この場合は，**車体重量に伴う車両系建設機械の運転資格がある者**で，**つり上げ荷重に応じた移動式クレーンの資格者**でなければ行うことはできない。

○ 安全衛生教育

安全衛生教育とは，労働災害を防止するために労働者に行う教育のことである。

※**関係請負人の雇い入れた労働者に対しては，**<u>直接安全又は衛生の教育を行う必要はなく</u>，関係請負人が行う労働者の安全又は衛生のための教育に対する**指導及び援助を行うことが，元方事業者には義務付けられている。**

① 雇入れ時教育（新規入場者教育）…**雇入れ時**，従事する業務に関する安全又は衛生のための教育

※日々雇い入れられるものや，パートタイムの者にも実施しなければならない。

② 作業内容変更時教育…**作業内容を変更した者**に対する教育

③ 危険又は有害作業従事者教育…**危険又は有害業務に現に就いている者**に対する教育

④　特別教育…**法令に定める危険又は有害な業務に従事する者**に対する教育

※特別教育の受講者，科目等の記録を作成して，**3年間保存**しなければならない。

⑤　職長等教育…一定の作業について，**新たな職務に就くことになった職長**等に対する教育

※安全衛生教育は**当該作業に十分な知識及び技能を有していると認められる者（作業主任者等）**については**免除できる。**

実践問題

問題1　□□□

労働安全衛生法上，統括安全衛生責任者との連絡のために，関係請負人が選任しなければならない者はどれか。

(1)　作業主任者

(2)　安全衛生責任者

(3)　安全管理者

(4)　元方安全衛生管理者

解説

(2)　統括安全衛生責任者を選任すべき事業者以外の請負人で，当該仕事を自ら行うもの（下請負業者）は，**安全衛生責任者を選任し**，その者に**統括安全衛生責任者との連絡調整**を行なわせなければならない。

解答　(2)

問題2　□□□

特定元方事業者が，その労働者及び関係請負人の労働者の作業が同一の場所において行われることによって生ずる労働災害を防止するために講ずべき措置に関する次の記述のうち，労働安全衛生法上，適当でないものはどれか。

(1)　特定元方事業者の作業場所の巡視は毎週作業開始日に行う。

(2)　特定元方事業者と関係請負人との間や関係請負人相互間の連絡及び調整を行う。

(3)　特定元方事業者は関係請負人が行う教育の場所や使用する資料を提供する。

(4)　特定元方事業者と関係請負人が参加する協議組織を設置する。

解説

(1)　特定元方事業者の作業場所の巡視は毎作業日に少なくとも1回，実施しなければならない。

解答　(1)

問題3 ☐☐☐

労働安全衛生法上，事業者が労働者に対して行わなければならない安全衛生教育に，該当しないものはどれか。

- (1) 労働者を雇い入れたときの安全衛生教育
- (2) 正月休み明けに作業を再開したときの安全衛生教育
- (3) 危険又は有害な業務で法令に定めるものに労働者をつかせるときの特別の安全衛生教育
- (4) 労働者の作業内容を変更したときの安全衛生教育

解説

(2) **正月休み明けに作業を再開したとき**に，**安全衛生教育を行わなければならない**という規定はない。

解答 (2)

問題4 ☐☐☐

労働安全衛生法に定められている作業主任者を選任すべき作業に該当しないものはどれか。

- (1) 型枠支保工の組立て又は解体の作業
- (2) 土止め支保工の切りばり又は腹起しの取付け又は取りはずしの作業
- (3) 既製コンクリート杭の杭打ち作業
- (4) ずい道等の掘削等の作業

解説

(3) **杭打ち作業**には，作業主任者を選任する**必要はない**。

解答 (3)

問題5 ☐☐☐

労働安全衛生規則上，事業者が足場の組立て等作業主任者に行わせる事項に関する記述として，適当でないものはどれか。

- (1) 足場に係る作業中に，強風や大雨等の悪天候のため，作業の実施について危険が予想されたときは作業を中止する。
- (2) 足場の設置又は解体（補修を含む）時は，足場に関する材料の損傷等欠

点の有無を点検し不良品を取り除く。

(3) 足場に係る作業の方法及び労働者の配置を決定し，作業の進行状況を監視する。

(4) 器具，工具，墜落制止用器具等及び保護帽の機能を点検し，不良品を取り除く。

解説

(1) 作業の実施，中止の決定は作業主任者でなく，**元方事業者が判断する。**

解答　(1)

問題6　□□□

労働基準監督署長に工事開始の**14日前**までに計画の届出が**必要のない**工事は，労働安全衛生法上どれか。

(1) 最大支間50m の橋梁の建設の仕事

(2) ずい道の内部に労働者が立ち入るずい道の建設の仕事

(3) 掘削の深さが5m である地山の掘削の作業を行う仕事

(4) 圧気工法による作業を行う仕事

解説

工事開始の14日前までに労働基準監督署長に作業計画の届出が必要な仕事

◎高さ31m を超える建築物又は工作物の建設，改造，解体又は破壊の仕事

◎**最大支間50m 以上の橋梁の建設等の仕事**　(1)

◎最大支間30m 以上50m 未満の橋梁の上部構造の建設等の仕事

◎**ずい道等の建設**等の仕事　(2)

◎掘削の高さ又は**深さが10m 以上である地山の掘削**の作業を行う仕事　(3)

◎**圧気工法による作業を行う仕事**　(4)

◎石綿等の除去の作業を行う仕事等

解答　(3)

一問一答 ○×問題

労働安全衛生法に関する記述において，正しいものには○，誤っているものには×をいれよ。

- □□□ ①【　】　道路のアスファルト舗装の転圧作業を行う場合には，作業主任者を選任しなければならない。
- □□□ ②【　】　コンクリート造の工作物の解体等作業主任者は，作業の方法及び労働者の配置を決定し，作業を直接指揮すること。
- □□□ ③【　】　吊り上げ能力が1トン以上の移動式クレーンの運転の資格を得た運転手はその資格で一般道の走行が可能である。
- □□□ ④【　】　高さ35mの建築物の建設の仕事を行うには，労働基準監督署長に工事開始の14日前までに計画の届出が必要である。

特定元方事業者が，その労働者及び関係請負人の労働者の作業が同一の場所において行われることによって生ずる労働災害を防止するために講ずべき措置に関する次の記述のうち，「労働安全衛生法」上，正しいものには○，誤っているものには×をいれよ。

- □□□ ⑤【　】　関係請負人が行う労働者の安全又は衛生のための教育に対する指導及び援助を行うこと。
- □□□ ⑥【　】　一次下請け，二次下請けの関係請負人毎に協議組織を設置させること。

解答・解説

- ①【×】…道路のアスファルト舗装の転圧作業には，作業主任者を選任する必要はない。
- ②【○】…設問の記述の通りである。
- ③【×】…吊り上げ能力が1トン以上の移動式クレーンの運転の資格を得た運転手は，吊り上げ能力が1トン以上の移動式クレーンの運転をすることはできるが，**道路交通法に規定する道路上を走行させる運転を除く**と規定されている。
- ④【○】…設問の記述の通りである。
- ⑤【○】…設問の記述の通りである。
- ⑥【×】…協議組織の設置及び運営は**特定元方事業者が自ら講ずべき措置**である。

第3節 建設業法

※令和5年1月1日に施行された「建設業法施行令の一部（特定建設業の許可，監理技術者の配置，専任を要する請負代金額等）を改正する政令」に伴い各金額の上限値・下限値が改正されています。

建設業の許可　　　　　　　　　　　　　　　　　　　重要度 **C**

○　大臣許可と知事許可

建設業を営もうとする者は，「軽微な建設工事」のみを請負う場合を除き，許可を受けなければならない。

大臣許可と知事許可の区分

許可の区分	区分の内容
都道府県知事許可	1の都道府県の区域内に営業所を設ける場合
国土交通大臣許可	2以上の都道府県の区域内に営業所を設ける場合
許可不要	元請・下請けにかかわらず軽微な工事※のみを請負う場合

※軽微な工事…工事1件の請負代金が500万円未満（建築一式工事以外），建築一式工事の場合，工事1件の請負代金が1500万円未満または延べ面積が150m²未満の木造住宅工事

○　一般建設業と特定建設業の許可

建設業の許可は，工事の受注・施工体制の違いにより，**一般建設業**の許可と**特定建設業**の許可に区分されている。（一般もしくは特定建設業の許可を，知事もしくは大臣に申請を行う。）

236

一般建設業と特定建設業の許可の区分

許可の区分	区分の内容
一般建設業の許可	**下請専門**もしくは，発注者から直接工事を請負う場合，**下請負金額の総額が**4,500万円未満（建築一式工事にあっては7,000万円未満）の建設工事しか下請に出さない建設業者が受ける許可
特定建設業の許可	**発注者から直接工事を請負う場合，下請負金額の総額が**4,500万円以上（建築一式工事にあっては7,000万円以上）の工事を下請業者に施工させる業者が受ける許可

○ 業種別許可

　建設業の許可は，一般建設業の許可または特定建設業の許可を問わず，**建設工事の種類ごとに，29業種に分けて与えられ，それぞれ対応する建設業の種類ごとに受けることとされており，許可を受けていない建設業の建設工事は請け負うことができない。**ただし，許可を受けた建設業の建設工事を請け負う場合，**本体工事に附帯する工事については，請け負うことができる。**

○ 許可の有効期限

　建設業の許可は，**5年ごとに更新**を受けなければ，その期間の経過によって，その効力が失われる。

技術者制度　　　　　　　　　　　　　　重要度 A

○ 主任技術者および監理技術者の設置

・建設業者は，その請け負った建設工事を施工するときは，当該工事現場における建設工事の技術上の管理をつかさどる者として，一定の実務の経験を有する**主任技術者**を置かなければならない。

・**発注者から直接建設工事を請け負った特定建設業者**は，当該建設工事に係わる下請契約の請負代金の額の総額が**4,500万円以上**（建築一式工事にあっては7,000万円以上）となる場合においては，これに代えて一定の指導的な実務の経験を有する**監理技術者**を置かなければならない。

	主任技術者	監理技術者
請負方式	**下請**：建設業者は**請負代金の大小にかかわらず必要**　※許可のない業者は不要 **元請**：**下請代金の総額4,500万円未満**（建築一式工事は7,000万円未満）	**元請**：**下請代金の総額4,500万円以上**（建築一式工事は7,000万円以上）
専任の必要条件	工事1件の請負代金の額が，**請負代金が4,000万円以上**（建築一式工事は8,000万円以上）の工事	

○　技術者の専任

・公共性のある施設・工作物または多数の者が利用する施設・工作物に関する重要な建設工事で，政令で定められているもので**工事1件の請負代金の額が，4,000万円以上**（建築一式工事にあっては8,000万円以上）の工事については，工事現場ごとに**専任**の主任技術者または監理技術者を置かなければならない。

・専任とは，常時継続的にその現場に置かれていなければならず，他の現場との兼任を認めない。

・**密接な関連のある2つ以上の工事**を同一業者が同一の場所，近接した場所で施工する場合に限り，**同じ主任技術者が管理**できる。なお，**監理技術者については**大規模な工事の統合的な管理が必要なため，**主任技術者の特例は適用されない**。いかなる場合も監理技術者が他の現場の監理技術者を兼務することは出来ない。

※専任が求められる監理技術者について，職務を補佐する者（1級技士補）を当該工事現場に専任で置くときは，専任でなくともよい。

※特定専門工事※の元請負人及び下請負人（建設業者である下請負人に限る）は，その合意により，その下請負に係る建設工事につき主任技術者を置くことを要しない。

> **用語解説**　特定専門工事…「土木一式工事又は建築一式工事以外の建設工事のうち，その施工技術が画一的であり，かつ，その施工の技術上の管理の効率化を図る必要があるものとして政令で定めるもの」とされており，現時点では，政令で「鉄筋工事及び型枠工事」と定められている。特定専門工事の下請代金額は**4,000万円未満**とする。

○ 主任技術者および監理技術者の資格・職務

・**主任技術者**及び**監理技術者**は，工事現場における建設工事を適正に実施するため，当該建設工事の**施工計画の作成，工程管理，品質管理**その他技術上の管理及び指導監督を行う。

※下請契約の締結等，契約事項に関する業務は含まれない。

技術者の区分	資　格
主任技術者	①　実務経験者 ・高等学校指定学科卒業後5年以上 ・高等専門学校，大学指定学科卒業後3年以上 ・10年以上の実務経験を有する者（その経験のある業種に限る） ②　国土交通大臣が指定する国家資格者（1級・2級施工管理技士等） ③　国土交通大臣が①または②と同等以上と認めた者
指定建設業以外の監理技術者	①　国土交通大臣が指定する国家資格者 ②　主任技術者資格要件を満たす者で，発注者から直接請け負った請負金が4,500万円以上の工事に関し2年以上指導監督的な実務経験を有する者 ③　国土交通大臣が①または②と同等以上と認めた者
指定建設業の監理技術者	①　国土交通大臣が指定する国家資格者（1級施工管理技士等） ②　国土交通大臣が①と同等以上と認めた者

※指定建設業…土木・建築・電気・管・鋼構造物・舗装・造園の7業種

・現場代理人は，主任技術者（監理技術者）及び専門技術者は，これを兼ねることができる。

・**監理技術者**は，発注者から資格者証の提示を求められたときは，監理技術者資格者証を提示しなければならない。

・**監理技術者**は，工事現場における専任の監理技術者として選任されている期間中のいずれの日においても，その日の前**5年以内に行われた監理技術者講習を受講**していなければならない。

元請負人の義務（請負契約・施工体制台帳）　重要度 B

・建設業法は，元請負人に対して一定の義務を課すとともに，下請代金の支払期日，下請負人に対する指導等に関する義務を強化して，下請負人の保護を図っている。

	元請負人の義務（期日等）
下請負人の意見の聴取	元請負人は，その請け負った建設工事を施工するために必要な，工程の細目，作業方法等を定めるときは，あらかじめ，**下請負人の意見を聞かなければならない。**
下請代金の支払い	元請負人は，請負代金の出来形部分に対する支払または工事完成後における支払を注文者から受けたときは，その支払の対象になった建設工事を施工した下請負人に対して，その施工部分に相当する下請代金を，**注文者から支払を受けた日から1ヵ月以内で，**かつ，できる限り短い期間内に**支払わなければならない。**
特定建設業者の下請代金の支払期日	**特定建設業者が注文者**となった下請契約については，完成物件の引渡し申し出があったときは，その日から**50日以内の日を下請代金支払日**とする。
着手費用の支払い	元請負人は，建設工事の施工にあたって注文者から前払を受けたときは，下請負人に対して，資材の購入，労働者の募集，その他建設工事の着手に必要な費用を**前払金**として支払うよう**適切な配慮**をしなければならない。
完成検査	元請負人は，下請負人からその請け負った建設工事が完成した旨の通知を受けたときは，その通知を受けた日から**20日以内で，**かつ，できる限り短い期間内に，その**完成を確認するための検査を行わなければならない。**
引渡し	検査によって建設工事の完成を確認した後，下請負人が申し出たときには，**直ちに，**その建設工事の目的物の**引渡し**を受けなければならない。ただし，下請契約において定められた工事完成の時から20日を経過した日以前の一定の日を引渡し日とする特約をしている場合，その日が引渡しの日となる。
下請負人に対する指導	下請負人が施工に関し，建設業法および関係法令に違反しないよう指導に努める。

○ 請負契約

・建設工事の請負契約の当事者は，契約の締結に際して，工事内容・請負代金の額・工事着手の時期及び工事の完成時期等の事項を書面に記載し，署名又は記名押印をして相互に交付しなければならない。

・請負人が**現場代理人**を工事現場に置く場合，または注文者が**監督員**を工事現場に置く場合には，現場代理人・監督員の権限に関する事項および当該現場代理人・監督員の行為についての申出の方法を，**書面**により互いに**通知しなければならない**。

・**注文者は**，自己の取引上の地位を不当に利用して，その注文した建設工事を施工するために通常必要と認められる原価に満たない金額を請負代金の額とする請負契約を締結してはならない。また，**下請契約の締結後**，注文した建設工事に使用する**資材若しくは機械器具又はこれらの購入先を指定**し，これらを下請負人に購入させることによって，**その利益を害してはならない**。

・注文者は，請負人に対して，建設工事の施工につき**著しく不適当と認められる**下請負人があるときは，その**変更を請求することができる**。ただし，あらかじめ注文者の書面による承諾を得て選定した下請負人については，この限りでない。

・元請，下請に関わらず，**建設業者から当該建設業の請負った建設工事を一括して請け負ってはならない**。ただし，建設工事が多数の者が利用する施設又は工作物に関する重要な建設工事で政令に定めるもの以外の建設工事である場合において，元請負人があらかじめ発注者の書面による承諾を得た場合には，適用しない。

・元請負人が工事の一部を下請けに出す場合には，工事内容に応じ，工事の種別ごとに材料費，労務費その他の経費の内訳を明らかにして，建設工事の見積りを行うよう努めなければならない。また，当該提示から当該契約の締結又は入札までに下請業者がその工事の見積りをするために**必要な一定の期間を設けなければならない**。

予定価格	見積期間
500万円未満	1日以上
500万以上5000万円未満	10日以上※
5000万円以上	15日以上※

※やむを得ない事情があるときは，5日以内に限り短縮することができる。

○　施工体制台帳

・公共工事においては**請負代金の額に関わらず**，民間工事は，特定建設業者は，発注者から直接請け負った建設工事のうち，**下請負契約の総額が4,500万円以上**（建築一式工事にあっては7,000万円以上）のものについては，施工体制台帳および施工体系図の作成等を行わなければならない。

・施工体制台帳は，**2次，3次下請等を含め**，施工に当たる全ての下請負人に関する「**建設業の許可を受けて営む建設業の種類**」「**建設工事の名称**」「**工事内容**」「**工期**」「**技術者名**」「**健康保険等の加入状況**」等を記載したもので，現場ごとに備え置かねばならない。

・記載事項又は添付書類に変更があったときは，遅滞なく施工体制台帳を変更しなければならない。

・施工体制台帳の作成を義務付けられた特定建設業者は，**その写しを発注者に提出**しなければならない。また，施工体制台帳の記載に合致しているかどうかの点検を求められたときは，これを受けることを拒んではならない。

・下請負人は，自らが他の建設業者から請け負った建設工事を別の建設業者に請け負わせたときは，**再下請負通知を元請である特定建設業者**に行わなければならない。

・元請である特定建設業者は，各下請負人の施工分担関係を表示した施工体系図を2枚作成し，**工事関係者の見やすい場所および公衆の見やすい場所に掲示する。**

・施工体制台帳は，工事目的物を引き渡したときから**5年間保存**しなければならない。

※営業に関する図書については**10年間の保存**（完成図，発注者との協議記録及び**施工体系図**）しなければならない。

242

問題1 □□□

建設業法（技術者制度）に関する記述として，適当なものはどれか。

(1) 建設工事を請け負った建設業者は，原則としてその工事を一括して他人に請け負わせてはならない。

(2) 主任技術者又は監理技術者の職務内容としては，工事現場における技術上の管理及び下請負人との契約事務が定められている。

(3) 主任技術者及び監理技術者等は，一般的な公共工事では現場代理人を兼ねることができない。

(4) 多数の者が利用する施設に関する建設工事において，現場に配置する主任技術者は，請負代金の額によらず専任の者でなければならない。

解説

(2) 主任技術者及び監理技術者は，工事の施工計画の作成，工程管理，品質管理その他の技術上の管理であり，**契約事務は職務に含まない。**

(3) **現場代理人**は，主任技術者（監理技術者）及び専門技術者は，これを**兼ねることができる。**

(4) 専任を必要とする工事は，「**工事1件の請負金額が4000万円（建築一式工事で8000万円）以上**」の場合と，定められている。

解答　(1)

問題2 □□□

建設業法（技術者制度）に関する記述として，適当でないものはどれか。

(1) 実務経験が10年以上ある者は，その経験のある業種に限って主任技術者となることができる。

(2) 特定建設業者は，発注者から直接土木一式工事を請け負った場合において，その下請契約の請負代金の総額が4500万円以上になるときは，監理技術者を置かなければならない。

(3) 元請負人が監理技術者を置いた建設工事の下請負人は，原則として主任技術者を置く必要はない。

(4) 公共工事における専任の監理技術者は，発注者から請求があったときは，監理技術者資格者証を提示しなければならない。

(3)　建設業の許可をもつ建設業者が，**建設工事を請負う場合は，請負金額の大小に
かかわらず，主任技術者を置かなければならない。**（元請け業者が，監理技術者及
び主任技術者を配置している場合でも，同様である。）

解答　(3)

問題3　☐☐☐
　元請負人の義務に関する記述として，適当でないものはどれか。
(1)　元請負人は，請け負った建設工事を施工するために必要な工程の細目，
　作業方法を定めようとするときは，あらかじめ下請負人の意見を聞かなく
　てもよい。
(2)　元請負人は，前払金の支払いを受けたときは，下請負人に対して，資材
　の購入など建設工事の着手に必要な費用を前払金として支払うよう適切な
　配慮をしなければならない。
(3)　元請負人が請負代金の出来形部分に対する支払いを受けたときは，下請
　負人に対し，これに相応する下請代金を当該支払いを受けた日から1月以
　内で，かつ，できる限り短い期間内に支払わなければならない。
(4)　元請負人は，下請負人からその請け負った工事の完成通知を受けたとき
　は，その通知を受けた日から20日以内でできる限り短い期間内に完了検
　査を行わなければならない。

(1)　元請負人は，請け負った建設工事を施工するために必要な工程の細目，作業方
　法を定めようとするときは，**あらかじめ下請負人の意見を聞かなくてはならない。**

解答　(1)

一問一答 ○×問題

建設業法に関する記述において，正しいものには○，誤っているものには×をいれよ。

□□□ ①【 】 建設業者は，国又は地方公共団体が発注する建設工事を請け負った場合，必ず監理技術者を置かなければならない。

□□□ ②【 】 主任技術者及び監理技術者は，工事の施工に従事する者の技術上の指導監督を行う。

□□□ ③【 】 土木一式工事を行う建設業者のうち，工事現場ごとに専任の主任技術者，及び監理技術者を置かなければならないのは，工事1件の請負代金の額が4,500万円以上の場合である。

□□□ ④【 】 下請負人となる建設業者は，監理技術者を置く必要はないが主任技術者を置かなければならない。

□□□ ⑤【 】 公共工事は，発注者から直接請け負った公共工事を施工するために下請契約を締結する場合には下請金額にかかわらず施工体制台帳の作成等が義務付けられている。

□□□ ⑥【 】 施工体制台帳には，下請負人に関する事項も含め工事内容，工期及び技術者名などについて記載してはならない。

□□□ ⑦【 】 施工体制台帳の作成を義務付けられた特定建設業者は，その写しを発注者に提出しなければならない。

解答・解説

①【×】…下請契約の総額が**所定の金額未満の場合は主任技術者を配置**すればよい。

②【○】…設問の記述の通りである。

③【×】…専任の主任技術者又は監理技術者を必要とする土木工事の基準は**工事1件の請負金額が4000万円以上**である。

④【○】…設問の記述の通りである。

⑤【○】…設問の記述の通りである。

⑥【×】…施工体制台帳には，下請負人に関する事項も含め工事内容，工期及び技術者名などについて**記載しなければならない**。

⑦【○】…設問の記述の通りである。

第4節 道路関係法

総則，道路の管理　　　　　　　　　　　　重要度 B

○　道路管理者

　規制以上の重量の運搬，道路の工事，道路の占用など実施する場合はあらかじめ道路管理者の許可を必要とし，道路管理者は次のように区分されている。

① 　**指定区間内の国道**については**国土交通大臣**

② 　**指定区間外の国道**については，**都道府県知事**または指定市の市長

③ 　**都道府県道**については，**都道府県知事**または指定市の市長

④ 　**市町村道**については，**市町村長**

○　道路の附属物

　道路の保全，安全かつ円滑な道路の交通の確保その他道路の管理上必要な施設または工作物で，**道路標識，道路情報提供装置**，照明，**道路反射鏡，共同溝**などが該当する。

道路の占用　　　　　　　　　　　　　　　重要度 A

　道路の地上または地下に一定の工作物，物件または施設を設けて継続的に使用することを「道路の占用」とよんでいる。道路を占用するときは，**道路管理者**の許可を受けなければならない。以下の様な物件を道路上に設ける場合は**道路占用許可**が必要となる。

占用が必要な物件（抜粋）

① 　電柱，電線，変圧塔，郵便差出箱，公衆電話所，広告塔

② 　**水管，下水道管，ガス管**その他これらに類する物件

③ 　鉄道，軌道その他これらに類する施設

④ 　地下街，地下室，通路，浄化槽その他これらに類する施設

⑤ 　露店，商品置場その他これらに類する施設

⑥　工事用板囲，足場，詰所（工事用の現場事務所）その他の工事用施設
⑦　土石，竹木，瓦その他の**工事用材料**
※いずれも，道路上に設置，置かれる場合で，敷地内のものは除く

・**道路の附属物**（道路標識，道路情報提供装置等）の設置は，**道路占用には当たらない。**
・道路占用者が，**重量の増加を伴わない占用物件の構造の変更**を行う場合は，道路の構造及び交通に支障を及ぼすおそれがないと認められる時，道路管理者から**改めて許可を必要としない。**

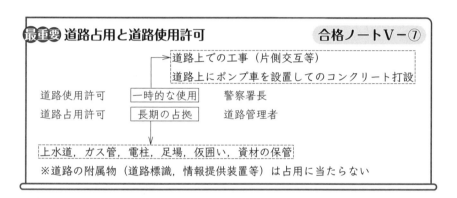

最重要 道路占用と道路使用許可　　　　　　　　合格ノートⅤ−⑦

　　　　　　　　┌──→ 道路上での工事（片側交互等）
　　　　　　　　│　　　道路上にポンプ車を設置してのコンクリート打設
道路使用許可　　一時的な使用　　警察署長
道路占用許可　　長期の占拠　　　道路管理者

　　　　　　↓
上水道，ガス管，電柱，足場，仮囲い，資材の保管
※道路の附属物（道路標識，情報提供装置等）は占用に当たらない

法
規

○　届出・許可

・道路の占用許可を受けようとする者は，占用の目的，**占用の期間，占用の場所**，工作物，物件または施設の構造，**工事実施の方法，工事の時期，道路の復旧方法**を記載した申請書をあらかじめ**道路管理者に提出しなければならない。**
・道路を占用する際，道路管理者による道路占用許可の他，道路交通法第77条（道路の**使用許可に関する規定**）の規定に基づき**警察署長の許可を受けな**ければならない。警察署長の許可を必要とする場合は，**警察署長から道路管理者に当該許可申請書を送付してもらうことができるし**，道路管理者に許可申請書を提出し，**道路管理者から警察署長に当該許可申請書を送付してもら**うこともできる。
・道路管理者以外の行政機関あるいは個人（一般住民，個人企業等）が直接道路への取付け・交差・地下道・上空横断施設・あるいは道路隣接地の埋め立

て（宅造）・**道路からの進入，乗り入れ口の設置**など自らの必要に基づき道路に関する工事・維持等を行う場合は，**道路管理者の承認を受けなければならない。**

※工事用車両の出入り口付近の**道路を清掃**する行為は，**許可は不要**である。

○ 道路標識の設置

	種　類	用　途	管理者	例
1	案内標識	地名や方面の案内	道路管理者	
2	警戒標識	危険箇所の警告や注意（カーブや踏切）		
3	規制標識	禁止事項（駐車禁止や一時停止など）	道路管理者及び公安委員会	
4	指示標識	特定の交通方法（道路交通上決められた場所など）		

○ 通行の禁止または制限・許可

・道路管理者は，道路の構造を保全し，または交通の危険を防止するため，道路との関係において必要とされる**車両の幅，重量，高さ，長さおよび最小回転半径の最高限度（車両制限令による）**を超えるものは道路を通行させてはならない。

・**車両の大きさや重量が最高限度以下であっても，**橋やトンネルなどを保全するため，必要に応じて車両の高さや幅，重量等について**通行制限を行うことができる。**

・貨物を分割できずに**総重量等が最高限度を超えてしまう特殊な貨物**の場合で

あっても，道路管理者から特殊車両通行許可を得て通行することができる。

※許可なく又は通行許可条件に違反して特殊な車両を通行させた場合，運転手は罰則規定を適用される。また，**事業主体である法人または事業者も同じように科される**。

○ 道路管理者を異にする2つ以上の道路の通行許可

・道路との関係において必要とされる<u>重量</u>，<u>幅</u>，<u>長さ</u>等の最高限度を超える車両を通行させようとする者は，道路管理者の許可を得なければならないが，遠距離にわたって貨物等を運搬するときは，道路管理者が異なり，その許可手続きだけでも大変になる。そのため，道路管理者を異にする2以上の道路を通行する場合は，次の区分により許可を受けることになっている。

① **2以上の道路がすべて市町村道の場合**は，**それぞれの市町村道管理者の許可を受ける**。

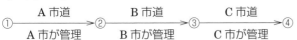

※この場合はすべてが市町村道のため，A市・B市・C市に申請をし，許可を受ける必要がある。

② **2以上の道路のうち一部が市町村道の場合**は，**当該市町村道以外の道路管理者のいずれかから許可を受ける**こと（市町村道以外の道路管理者が2以上であるときは，**最初に申請を受けた道路管理者がすべての道路の通行の許可**をする。この場合，最初に申請を受けた道路管理者がすべての道路管理者と協議し同意を得なければならない）。

※この場合は市町村道以外の道路管理者に申請するため，B県に申請を行い，通行の許可を受ける。

　車両制限令で定める車両とは，自動車，原動機付自転車，軽車両，トロリーバスをいい，他の車両をけん引している場合はそのけん引されている車両も含まれる。

○ 車両の重量，幅，高さ，長さ，最小回転半径の最高限度

① 重量

　㋑ 総重量

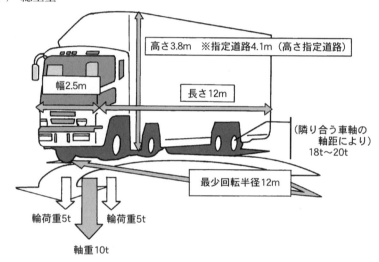

高さ3.8m　※指定道路4.1m（高さ指定道路）

幅2.5m

長さ12m

（隣り合う車軸の
軸距により）
18t〜20t

最少回転半径12m

輪荷重5t　輪荷重5t

軸重10t

　　ａ．高速自動車国道または道路管理者が道路の構造の保全および交通の危
　　　　険の防止上支障がないと認めて指定した道路を通行する車両 ……25t
　　ｂ．その他の道路を通行する車両 ………………………………………20t
　㋺　軸重 …………………………………………………………………………10t
　㋩　輪荷重…………………………………………………………………………5t
② 幅 ………………………………………………………………………………2.5m
③ 高さ ……………………………………………………………………………3.8m
　　道路管理者が道路の構造の保全および交通の危険の防止上支障がないと認
　　めて指定した道路を通行する車両にあっては …………………………4.1m
④ 長さ……………………………………………………………………………12m

⑤　最小回転半径車両の最外側のわだちについて……………………………12m

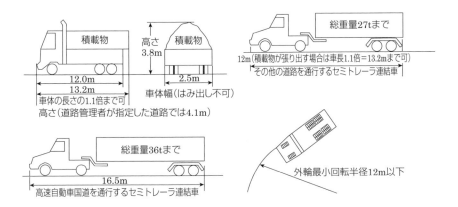

高さ3.8m　積載物
車体幅（はみ出し不可）　2.5m
12.0m
13.2m
車体の長さの1.1倍まで可
高さ（道路管理者が指定した道路では4.1m）

総重量27tまで
12m（積載物が張り出す場合は車長1.1倍＝13.2mまで可）
その他の道路を通行するセミトレーラ連結車

総重量36tまで
16.5m
高速自動車国道を通行するセミトレーラ連結車

外輪最小回転半径12m以下

○　セミトレーラ連結車，フルトレーラ連結車

・車両の長さの最高限度は，12m と定められているが，**セミトレーラ連結車が高速自動車国道を通行する場合は16.5m** である。

・フルトレーラ連結車であろうが，高速自動車国道を通行する場合であっても **幅の制限は変わらず2.5m** である。

法
規

問題1 ☐☐☐

道路法に関する記述として，適当でないものはどれか。

(1) 一般国道には，国が管理する区間と，都道府県又は指定市が管理する区間がある。

(2) 道路上の規制標識は，規制の内容に応じて道路管理者又は都道府県公安委員会が設置する。

(3) 道路案内標識などの道路情報管理施設は，道路附属物に該当しない。

(4) 道路の構造に関する技術的基準は，道路構造令で定められている。

解説

(3) 道路情報管理施設も道路附属物に該当する。

解答　(3)

問題2 ☐☐☐

道路法上，道路に工作物又は施設を設け，継続して道路を使用する行為に関する記述として，占用の許可を必要としないものはどれか。

(1) 当該道路の道路情報提供装置を設置する場合

(2) 電柱，電線，郵便差出箱，広告塔を設置する場合

(3) 水管，下水道管，ガス管を埋設する場合

(4) 高架の道路の路面下に事務所，店舗を設置する

解説

(1) 道路の附属物の設置は占用には当たらない。道路情報提供装置，車両監視装置，気象観測装置などが道路の附属物に該当する。

解答　(1)

問題3 ☐☐☐

道路の占用許可に関し，道路法上，道路管理者に提出すべき申請書に記載する事項に，該当しないものはどれか。

(1) 道路の占用期間，場所

(2) 工事実施の方法，時期

(3) 工事に要する費用

(4) 工作物，物件又は施設の構造

解説

(3) 工事に要する費用は，記載事項に該当しない。

解答　(3)

問題4 □□□

車両制限令に定められている車両の幅等に関する記述として，適当でないものはどれか。

(1) 車両の総重量は20t

(2) 車両の高さは4.5m

(3) 車両の長さの最高限度は，原則12mである。

(4) 車両の最小回転半径の最高限度は，車両の最外側のわだちについて12mである。

解説

(2) 車両制限令に定められている**車両の高さは3.8m**である。

解答　(2)

一問一答 ○×問題

道路関係法（道路法及び車両制限令）に関する記述において，正しいものには○，誤っているものには×をいれよ。

□□□ ①【 】 道路に埋設された上下水道，ガス等の施設は，公共施設であるため，道路の占用の許可が免除されている。

□□□ ②【 】 沿道で行う工事において，工事現場の敷地に余裕がなく，やむを得ず道路上に資材を置く場合は，道路管理者の許可等を受ける必要がない。

□□□ ③【 】 沿道で行う工事において，工事用搬入路として，道路の歩道を切り下げる場合は道路管理者の許可等を受ける必要がある。

□□□ ④【 】 沿道で行う工事において，工事用車両の出入り口付近の道路を清掃する場合，道路管理者の許可等を受ける必要がない。

□□□ ⑤【 】 車両制限令に定められている制限値をこえる車両の走行は，労働基準監督署長の許可が必要である。

□□□ ⑥【 】 車両制限令に定められている車両の輪荷重の最高限度は，10t である。

□□□ ⑦【 】 車両制限令に定められている車両の幅は3.5m である。

解答・解説

①【×】…水道管・ガス管・下水管等の**公共施設であっても，道路の占用許可が免除されることはない。**

②【×】…**工事用材料の仮置きは占用物件に該当するため**，道路管理者の許可が必要である。

③【○】…設問の記述の通りである。

④【○】…設問の記述の通りである。

⑤【×】…車両制限令許可は**道路管理者の許可が必要**となる。

⑥【×】…車両制限令に定められている車両の輪荷重の**最高限度は5t** である。

⑦【×】…車両制限令に定められている車両の**幅は2.5m** である。

河川関係法

河川法は，**洪水，高潮等による災害の防止**，河川の適正な利用，流水の正常な機能の維持および**河川環境の整備と保全**がされるように河川を総合的に管理することにより，国土の保全と開発に寄与し，もって公共の安全を保持し，公共の福祉を増進することを目的とした法律である。

河川法の概要　　　　　　　　　　　重要度 C

○ 河川区分と管理者

	河川の区分および区間	河川管理者
一級河川	一級水系のうち国土交通大臣が指定した区間	国土交通大臣[※1]
二級河川	一級水系以外の水系の河川のうち都道府県知事が指定した区間	都道府県知事[※2]
準用河川	一級河川および二級河川以外の河川で市町村長が指定した区間	市町村長

※1　大臣が指定した区間については，都道府県知事または政令指定都市の長が管理の一部を行うことができる。
※2　知事が指定した区間については，政令指定都市の長が河川管理者となる。

・河川は，一級河川及び二級河川に区分され，**河川管理施設を含む。**
・一級河川及び二級河川の指定は河川の重要度に基づいて行われるものであり，**同一の水系内に一級河川と二級河川が併存することはない。**

○ 河川工事

・河川工事とは，河川の流水によって生ずる公利を増進し，または公害を除去・軽減するために河川について行う工事をいう。
※発電や水道のための**ダム建設，土地改良区が施工する**堰堤**工事**等，**河川管理者以外が行う工事**は，それが河川敷地で施工されても**河川工事に入らない。**
・**河川管理施設**とは，河川工事により設置された施設で，堤防，護岸，**ダム，**

堰，水門，床止め，樹林帯などの施設をいう。

○　河川の構造

河川の構造（上流から下流を見た断面）

1）河状を呈している土地の区域（一号地）

2）河川管理施設の敷地である土地の区域（二号地）…堤防敷の区域をいう。

※スーパー堤防も2号地に該当する。堤防の流水のある側ののり面を**表のり**（川表），流水から保護されている住居のある側ののり面を**裏のり**（川裏）という。

3）堤外の土地（三号地）…**堤外地**とは，**堤防から見て流水のある側**をいう。

4）堤防の住居側である土地の区域

　　堤内地とは，堤防によって流水から保護されている住居のある側をいう。

　　河川保全区域…堤防の**のり尻から50m以内**の範囲で，河川管理施設を保全するために河川管理者が指定した区域をいう。

河川区域（河川保全区域）における行為の許可　重要度 A

○　土地の占用の許可

・河川管理者以外の者が権原に基づいて管理する土地（民有地）を除き，河川区域内の**土地を占用**しようとする者は，河川管理者の**許可を受けなければならない**。

※民有地の占用は許可を必要としないが，**工作物の設置**や**土地の形状の変更**が伴う場合は，**それぞれの規定による許可が必要**となる。

・占用の範囲は，地表面だけでなく，**上空や地下にも及ぶ**。上空に電線やつり橋を設ける場合，地下にサイホンを埋設する場合も，土地の占用の許可が必要となる。

○　土石等の採取の許可

・河川管理者以外の者が管理する土地（民有地）を除き，河川区域内の土地において土石や砂，河川の産出物（竹木，あし，かや等）を採取しようとする者は，河川管理者の許可を受けなければならない。

※土石等の採取の許可は，**官有地が対象**となっている。民有地における土石等の採取は許可の対象外であるが，**掘削を伴う行為は掘削の許可が必要**となる。また，河川工事以外の工事で発生した土砂等を他の工事に使用したり，**他に搬出する場合は，この規定による許可が必要**となる。

・特例として，河川工事または**河川維持のため現場付近で行う土石等の採取は，**河川の管理行為そのものとみなされるので，**許可を必要としない。**

○　工作物の新築等の許可

・河川区域内の土地において**工作物を新築，改築または除却**しようとする者は，河川管理者の許可を受けなければならない。

・**官有地，民有地を問わず**，河川区域内の一切の土地が対象となる。

・地表面だけではなく，**上空や地下に設ける工作物も対象**となる。

・新築だけでなく，改築や除却にも，また**一時的な仮設工作物にも適用**される。

・特例として，河川工事をするための**資機材運搬施設**，河川区域内に設けざるを得ない足場，板がこい，標識等の工作物は，河川工事と一体となすものとして，**許可を必要としない。**

○　土地の掘削等の許可

・河川区域内の土地において**土地の掘削，盛土，切土，その他の土地の形状を変更する行為**，または**竹木の栽植もしくは伐採**をしようとする者は，河川管理者の許可を受けなければならない。

※河床上に流動可能な状態で存在する転石，浮石を採取する行為は，**形状が変更しているため，河川管理者の許可を受ける必要がある。**

・取水，排水施設の機能を維持するための土砂の排除をするときは，許可を受ける必要はない。

・**官有地，民有地を問わず**，河川区域内の一切の土地が**対象となる。**

・**工作物の新築等の許可を受けたもの**で，土地の掘削等を行う場合には，あらためて本条の許可を取る必要はない。

河川法上の許可まとめ

		許可が必要	許可が不要
河川区域内の土地における行為	①土地の占用	・官有地（河川管理者が所有する土地）を河川管理者以外が占用する場合 ※**上空・地下（電線・吊り橋・地下サイホン）の利用も対象**	・民有地の占用 ※民有地であっても工作物の設置や，土地の形状が変更する場合は新築および堀削の許可が必要
	②土砂等の採取	・官有地における土砂・竹木・あし・かや等，河川管理者が指定するものの採取	・民有地における採取 ※掘削を伴う場合は，掘削の許可が必要 ・河川の**維持・工事のため現場付近で行う土石等の採取**は許可不要 ※遠方への搬出，他の河川工事に使用する場合は許可が必要
	③工作物の新築等	**（官有地，民有地を問わず）** ・工作物の新築・改築・除却する場合※上空・地下（電線・吊り橋・地下サイホン）の利用も対象 ※**仮設工作物，資材置場，現場事務所も対象**	・河川工事のための**資機材運搬施設**，河川区域内に設けざる得ない**足場，板がこい，標識**等の設置
	④土地の掘削等	・土地の掘削，盛土，切土など土地の形状を変更する行為 ・竹木の植栽	・**新築等の許可を得ている場合**は，新築等に伴う**掘削は許可が不要** ・**取水，排水施設の機能を維持する土砂の排除**
		・竹木の伐採（指定区域）	・竹木の伐採（指定区域外）
流水の占用		・継続的な流水の使用	・一時的な流水の使用（**現場練りモルタルに使う少量の水をバケツなどで一時的に河川から取水する場合**等）

実践問題

問題1　☐☐☐

河川法に関する記述として，適当でないものはどれか。

(1) 河川法の目的は，洪水防御と水利用のだけでなく，河川環境の整備と保全も目的に含まれる。

(2) 管理は，1級河川は都道府県知事が行い，2級河川は市町村長が行う。

(3) 河川区域は，堤防に挟まれた区域であり，河川保全区域は含まない。

(4) 堤外地とは，堤防から見て流水のある側の土地であり，その反対側を堤内地という。

解説

(2) **1級河川は国土交通大臣，2級河川は都道府県知事**が行う。

解答　(2)

問題2　☐☐☐

河川管理者以外の者が河川区域内（高規格堤防特別区域を除く）で工事を行う場合の手続きに関する記述として，適当でないものはどれか。

(1) 工作物を新築しようとする者は河川管理者の許可を必要とする。

(2) 工事用材料置場を設置するときは，許可を必要とする。

(3) 河川管理者が管理する土地において土石などを採取するときは，許可は必要ない。

(4) 下水処理場の排水口の付近に積もった土砂を排除するときは，許可は必要ない。

解説

(3) **河川管理者が管理する土地**において，**土石の採取**及び土石以外の竹木，あし，かやを採取するときは，土石等の採取の**許可を受ける必要がある**。

解答　(3)

一問一答○×問題

河川法に関する記述において，正しいものには○，誤っているものには×をいれよ。

- □□□ ①【 　】　河川法上の河川としては，1級河川，2級河川，準用河川があり準用河川は市町村長が管理する。
- □□□ ②【 　】　洪水防御を目的とするダムは河川管理施設に該当しない。
- □□□ ③【 　】　河川法上の河川には，ダム，堰，水門，床止め，堤防，護岸などの河川管理施設も含まれる。
- □□□ ④【 　】　道路橋の橋脚工事を行うための工事用仮設現場事務所を河川区域内に新たに設置する場合は，河川管理者の許可が必要である。
- □□□ ⑤【 　】　河川の上空に送電線を架設する場合は，河川管理者の許可は必要ない。
- □□□ ⑥【 　】　河川管理者が管理する河川区域内の土地においての竹林の植栽・伐採は，許可が必要でない。
- □□□ ⑦【 　】　河川の地下を横断して下水道のトンネルを設置する場合は，河川管理者の許可を必要とする。
- □□□ ⑧【 　】　現場練りコンクリートに用いる水をバケツで汲み上げる少量の河川水の使用するときは，河川管理者の許可を受ける必要がある。

解答・解説

- ①【○】…設問の記述の通りである。
- ②【×】…河川管理施設とは，ダム，堰，水門，床止め，堤防，護岸などを指す。（発電や水道のためで，河川管理者以外の工事で築造されたダムは除く）
- ③【○】…設問の記述の通りである。
- ④【○】…設問の記述の通りである。
- ⑤【×】…**河川上空の工作物の設置**も，河川管理者の**許可が必要**である。
- ⑥【×】…**河川区域内の土地（官有地）**において，**竹木の植栽・伐採**などをしようとする場合は，**許可を受けなければならない**。
- ⑦【○】…設問の記述の通りである。
- ⑧【×】…流水の占用とは，河川の水を排他的独占的に継続して使用することであり，設問のように**一時的に少量の水を使用する場合は該当しない**。

用語の定義　　　　　　　　　　重要度 **C**

○ 建築物

・土地に定着する工作物のうち，**屋根及び柱若しくは壁を有するもの**，これに附属する門若しくは塀，観覧のための工作物又は地下若しくは**高架の工作物内に設ける事務所**，店舗，倉庫その他これらに類する施設（**鉄道及び軌道の線路敷地内の運転保安に関する施設，プラットホームの上家等，その他これらに類する施設を除く。**）を建築物といい，建築設備を含む。

○ 特殊建築物

・**学校**（専修学校及び各種学校を含む。），**体育館**，病院，劇場，観覧場，集会場，展示場，百貨店，**共同住宅**，**工場**，**倉庫**，自動車車庫等，その他これらに類する用途に供する建築物を特殊建築物という。

○ 建築設備

・建築物に設ける電気，ガス，給水，排水，換気，消火の設備等を建築設備という。又，**煙突，昇降機（エレベータ），避雷針**も建築設備に含まれる。

○ 居室

・**居住，執務**，作業，集会，娯楽その他これらに類する目的のために**継続的に使用する室**を居室という。

居室……………居間，寝室，台所，職員室，事務室，百貨店の売店等
居室<u>でない室</u>…トイレ，浴室，洗面室，玄関，廊下，更衣室等

○ 主要構造部

・壁，柱，床，はり，屋根又は階段をいい，建築物の構造上重要でない**間仕切壁，間柱**，附け柱，揚げ床，**最下階の床**，廻り舞台の床，小ばり，**ひさし**，局部的な小階段，**屋外階段**その他これらに類する建築物の部分を除く。

◯　単体規定

① 敷地の衛生および安全（法第19条）

(1) 建築物の敷地は，**当該敷地に接する道路の境より高くなければならない。**また，建築物の地盤面は，これに接する周囲の土地より高くなければならない。

(2) **湿潤な土地**，出水のおそれの多い土地，ごみ等により埋め立てられた土地に建築物を建築する場合は，**盛土，地盤の改良**，その他衛生上または安全上必要な措置を講じなければならない。

(3) 建築物の敷地には，**雨水および汚水を排水・処理するための下水管(溝)またはためます等**を設置しなければならない。

※床の高さは，直下の地面からその**床の上面まで45cm以上**としなければならない（法施行令　第22条）。

② 構造耐力（法第20条）

建築物は，**自重，積載荷重，積雪荷重，風圧，土圧，水圧，地震その他の震動および衝撃に対して安全な構造**でなければならない。

③ 居室の採光および換気（法第28条）

住宅，学校，病院，寄宿舎等の居室には，**採光および換気のための一定面積（床面積に対し）の窓を設けなければならない。**

◯　集団規定

① 道路の定義（法第42条）

「道路」とは，道路法，都市計画法などによる道路で**幅員4m以上**のものをいう。

② 接道義務（法第43条）

建築物の敷地と道路との関係は，防災上重要な事項となっており，建築基準法では，**当該建物の敷地は道路に2m以上接する**ことを義務づけている。

③ 道路内の建築制限（法第44条）

建築物（敷地を造成するための擁壁を含む）は，**道路内に建築し，または道路に突き出して造成してはならない。**

④ 用途地域（法第48条）

都市内にあっては，住宅地は静かな環境を確保することが必要であるし，こ

れとは反対に工業地域では，生産活動が効率的にできる環境でなければならない。**それぞれの用途地域内に建築物の用途を定めており，これを用途規制と呼んでいる。**

⑤　容積率（法第52条）

　容積率とは，**建築物の延べ面積の敷地面積に対する割合**をいう。容積率は，用途地域ごとに定められる。

⑥　建ぺい率（法第53条）

　建ぺい率というのは，**建築面積（建物の水平投影面積）の敷地面積に対する割合**をいう。建ぺい率は，用途地域ごとに定められる。

⑦　建築物の敷地が区域，地域又は地区の内外にわたる場合の措置

　建築物の敷地が区域，地域または地区の内外にわたる場合には，その建築物またはその敷地の全部について，**敷地の過半の属する区域，地域，地区内の建築物に関するこの法律の規定を適用する**と規定されている。

仮設建築物　　　　　　　重要度 A

○　現場事務所等の仮設建築物に対する制限の緩和

・非常災害が発生した際緊急に設置する仮設建築物，または建設工事現場に設ける現場事務所・下小屋・材料置場等については，建築基準法の適用除外または適用の緩和措置が講じられている。

適用されない主な規定	適用される主な規定
建築確認申請・完了検査（第6・7条） **新築・除却**する場合の**届出**（第15条） 敷地の衛生・安全に関する規定（第19条） **接道義務**；2m以上（第43条） 用途地域の制限（第48条） 建築物の**容積率・建ぺい率・高さ**（第52・53・55条） **延べ面積50m²以内**における，防火地域・準防火地域内の**屋根の構造；防火規定**（第62条） 居室の床の高さ及び防湿方法（令第22条）	**自重，積載荷重，積雪，風圧，地震等**に対する**安全な構造とする**（第20条） **採光および換気のための規定**（第28条） **電気設備の安全および防火**（第32条） **延べ面積50m²を超える場合**における，防火地域・準防火地域内の**屋根の構造；防火規定**（第62条） ※不燃材料で造るかまたはふく，準耐火構造の屋根，耐火構造の屋根の屋外面に断熱材および防水材を張ったもののいずれかとする。

問題1 □□□

建築基準法に関する記述として，適当でないものはどれか。

(1) 建築物とは，土地に定着する工作物のうち屋根及び柱若しくは壁を有するもので，これに付属する塀，門も含まれる。

(2) 建ぺい率は，建築物の建築面積の敷地面積に対する割合をいう。

(3) 敷地面積の算定は，敷地の水平投影面積による。

(4) 建築物の敷地は，原則として幅員4メートル以上の道路に4メートル以上接しなければならない。

解説

(4) 建築物の敷地は，原則として区画街路等の**道路に2m以上接**していなければならない。

解答　(4)

問題2 □□□

現場に設ける延べ面積が50m²を超える仮設建築物に関する次の記述のうち，建築基準法上，適当でないものはどれか。

(1) 自重，積載荷重，風圧及び地震等に対して安全な構造とする。

(2) 建築主は，建築主事への完了検査の申請は必要としない。

(3) 建築物の建築面積の敷地面積に対する割合の規定が適用されない。

(4) 防火地域又は準防火地域内に設ける屋根の構造は，防火規定が適用されない。

解説

(4) 延べ面積が**50m²を超える仮設建築物の屋根**の防火規定は適用される。

解答　(4)

264

一問一答 ○×問題

建築基準法に関する記述において，正しいものには○，誤っているものには×をいれよ。

- □□□ ①【　】建築物に設ける電気，消火若しくは排煙の設備は，建築設備である。
- □□□ ②【　】建築物の主要構造部は，壁，柱，床，はり，屋根又は階段をいう。
- □□□ ③【　】建ぺい率は，建築物の延べ面積の敷地面積に対する割合をいう。
- □□□ ④【　】容積率は，敷地面積の建築物の延べ面積に対する割合をいう。
- □□□ ⑤【　】現場に設ける延べ面積が50m²の仮設建築物においては，工事着手前に，建築主事へ確認の申請書を提出しなければならない。
- □□□ ⑥【　】現場に設ける延べ面積が40m²の仮設建築物においては，防火地域に設ける建築物の屋根の構造については，政令で定める基準が適用されない。
- □□□ ⑦【　】敷地を造成するための擁壁は，道路の構造に影響を与えなければ，道路内又は道路に突き出して築造できる。
- □□□ ⑧【　】仮設建築物の延べ面積の敷地面積に対する割合（容積率）の規定が適用されない。

解答・解説

- ①【○】…設問の記述の通りである。
- ②【○】…設問の記述の通りである。
- ③【×】…建ぺい率は，**建築面積の敷地面積に対する割合**をいう。
- ④【×】…容積率とは，**建築物の延べ面積の敷地面積に対する割合**をいう。
- ⑤【×】…**建築確認申請手続きについて，仮設建築物は適用除外**と定められている。
- ⑥【○】…設問の記述の通りである。
- ⑦【×】…道路内に，または**道路に突き出して建築し，又は改築してはならない**と規定されている。
- ⑧【○】…設問の記述の通りである。

第7節　騒音・振動規制法

　騒音規制法および振動規制法は，**生活環境を保全し，国民の健康を保護する**ことを目的に制定されている。

概要・届出　　　　　　　　　　　　　　　　　　　　重要度 B

○　地域の指定

・**都道府県知事（政令で定める市長を含む）**は，住民の生活環境を保全するため，住居が集合している地域，病院・学校の周辺の地域等において発生する騒音・振動，または特定建設作業に伴って発生する**騒音・振動について規制する地域として指定**しなければならない。

指定の区分

第1号区域

① 良好な住居の環境を保全するため，特に静穏の保持を必要とする区域

② 住居の用に供されているため，静穏の保持を必要とする区域

③ 住居の用にあわせて商業，工業等のように供されている区域であって，相当数の住居が集合しているため，騒音・振動の発生を防止する必要がある区域

④ 学校，保育所，病院および診療所（ただし，患者の収容設備を有するもの），図書館ならびに特別養護老人ホームの敷地の周囲おおむね80m の区域

第2号区域

　指定区域のうちで上記以外の区域

○　規制基準

	騒音規制	振動規制
① 特定建設作業の種類	8種類	4種類
② 騒音・振動の大きさの制限	85dB を超えないこと	75dB を超えないこと
③ 騒音・振動の測定場所	敷地の境界線において	

④ 夜間・深夜作業の禁止時間	1号区域：午後7時から翌日の午前7時まで 2号区域：午後10時から翌日の午前6時まで
⑤ 1日の作業時間の制限	1号区域：1日10時間を超えないこと 2号区域：1日14時間を超えないこと
⑥ 作業期間の制限	同一場所において連続6日間を超えて発生せないこと
⑦ 作業の禁止日	日曜日その他の休日は作業禁止

※災害その他非常事態の発生により、特定建設作業を緊急に行う必要がある場合はこの限りではない。

○ 届出

・指定地域内で特定建設作業を伴う**建設工事を施工しようとする者は，特定建設作業の開始日の7日前**までに，次の事項を**市町村長**に届け出なければならない。

※**災害その他非常事態の発生**により，特定建設作業を**緊急に行う必要がある場合は，施工者は，届出ができる状況になった時点でできるだけ速やかに**市町村長に届け出る。

・指定地域内において特定建設作業を伴う建設工事を施工しようとする者は，次の事項を届け出なければならない。

> ① 発注者および施工者の氏名又は名称及び住所，現場責任者の氏名・連絡場所
> （下請負業者が特定建設作業を行う場合は下請負業者も記載）
> ② 建設工事の目的に係る施設又は工作物の種類
> ③ 特定建設作業の種類，使用される建設機械の名称および形式
> ④ 特定建設作業の場所，実施期間及び作業時間
> ⑤ 特定建設作業の場所の付近の見取図・工事工程表
> ⑥ 騒音または振動の防止の方法

○ 勧告・命令

① 改善勧告

　市町村長は，指定地域内で行われる特定建設作業に伴って発生する騒音・振動が法の規制基準をオーバーし，周辺住民の生活環境を著しく損ねていると認められるときは，その事態を除去するために必要な限度において，**騒音・振動の防止方法を改善し，**または**特定建設作業の作業時間を変更するよう勧告**する

ことができる。

② 改善命令

　市町村長は，勧告を受けた者がその勧告に従わず特定建設作業を継続している場合には，期限を定めて，騒音・振動の防止の改善，または**作業時間の変更を命じる**ことができる。

※騒音・振動防止とは，消音装置の取付けなどの具体的対策のことで，**工事の中止までは含まれていない。**

特定建設作業　　　　　　　　　重要度 **B**

・建設工事として行われる作業のうち，著しい騒音・振動を発生する作業として政令で定めるもので，かつ，**2日以上にわたって実施される作業**を**特定建設作業**という。

・騒音規制法と振動規制法で規定されている特定建設作業の種類は，指定地域内で行われるもので，次表のとおりとなっている。

特定建設作業の種類

騒音の規制対象	振動の規制の対象
①　くい打ち機，くい抜き機，くい打ちくい抜き機を使用する作業 　イ．もんけんを除く。 　ロ．**圧入式くい打ちくい抜き機を除く。** 　ハ．**くい打ち機をアースオーガーと併用する作業を除く。**	①　くい打ち機，くい抜き機，くい打ちくい抜き機を使用する作業 　イ．もんけん，**圧入式くい打ち機を除く。** 　ロ．**油圧式くい抜き機を除く。** 　ハ．**圧入式くい打ちくい抜き機を除く。**
②　びょう打ち機を使用する作業	②　鋼球を使用して工作物を破壊する作業
③　さく岩機を使用する作業	③　舗装版破砕機を使用する作業
④　空気圧縮機を使用する作業 　イ．**電動機以外の原動機**で定格出力が**15kW 以上**のものを用いる場合に限る。 　ロ．さく岩の動力としての作業を除く。	④　ブレーカーを使用する作業 　（手持式のものを除く。）

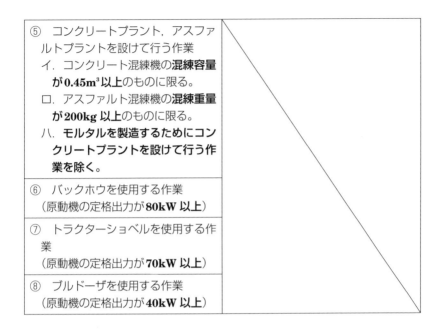

⑤ コンクリートプラント，アスファルトプラントを設けて行う作業 イ．コンクリート混練機の混練容量が**0.45m³以上**のものに限る。 ロ．アスファルト混練機の混練重量が**200kg以上**のものに限る。 ハ．モルタルを製造するためにコンクリートプラントを設けて行う作業を除く。	
⑥ バックホウを使用する作業 （原動機の定格出力が**80kW以上**）	
⑦ トラクターショベルを使用する作業 （原動機の定格出力が**70kW以上**）	
⑧ ブルドーザを使用する作業 （原動機の定格出力が**40kW以上**）	

※**作業を開始した日に終わる作業**，及び，作業地点が連続的に移動する場合は1日の作業の**2地点間の最大距離が50m**を超える作業を除く。また，使用する機械は一定の限度を超える大きさの振動を発生しないものとして環境大臣が指定するものを除く。

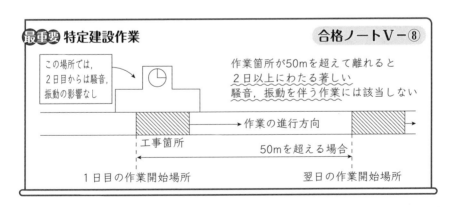

最重要 特定建設作業　　　　　　　　　　　　合格ノートⅤ－⑧

この場所では，2日目からは騒音，振動の影響なし

作業箇所が50mを超えて離れると
2日以上にわたる著しい
騒音，振動を伴う作業には該当しない

→ 作業の進行方向

工事箇所　　　　　　50mを超える場合

1日目の作業開始場所　　　　　翌日の作業開始場所

問題1 □□□

騒音規制法に関する記述として，適当でないものはどれか。

(1) 指定地域内において特定建設作業を伴う建設工事が災害その他非常の事態の発生により緊急に行う必要がある場合は，環境省令で定めるところの必要事項の届け出は必要としない。

(2) 特定建設作業とは，建設工事として行われる作業のうち，著しい騒音を発生する作業であって政令で定めるものをいう。

(3) 都道府県知事は，住居が集合している地域，病院又は学校の周辺の地域その他の地域で振動を防止することにより住民の生活環境を保全する必要があると認めるものを指定しなければならない。

(4) 特定建設作業を伴う建設工事を施工する者に対し，特定建設作業の状況その他必要事項の報告を求めることができるのは，市町村長である。

解説

(1) 通常，届出は作業開始の7日前までに提出しなければならないが，緊急時は届け出が**出来るようになった時点でできるだけ速やかに提出**することと定められている。

解答 (1)

問題2 □□□

騒音規制法上，指定地域内において特定建設作業を伴う建設工事を施工しようとする者が，市町村長に届け出なければならない事項に該当しないものはどれか。

(1) 氏名又は名称及び住所

(2) 建設工事の概算工事費

(3) 建設工事の目的に係る施設又は工作物の種類

(4) 工事工程表

解説

(2) 建設工事の概算工事費は，届出書類に該当しない。

解答 (2)

問題3　□□□

騒音規制法上，特定建設作業の対象とならない作業は次のうちどれか。ただし，当該作業がその作業を開始した日に終わるものを除く。

(1) ディーゼルハンマを使用するくい打作業
(2) 油圧ブレーカーによるさく岩機を使用する作業（1日における当該作業に係る2地点間の最大距離は50mを超えない）
(3) 定格出力20kWのエンジンを原動力とする空気圧縮機を使用するモルタル吹付け作業
(4) 舗装版破砕機を使用して行う舗装打ち換え作業

解説

(4) 舗装版破砕機は振動規制法では特定建設機械に定められているが，**騒音規制法では対象外である。**

解答　(4)

法規

問題4　□□□

振動を防止することにより住民の生活環境を保全する必要があると認める地域の指定を行う者と，指定地域内の振動の大きさを測定する者との次の組合せのうち，振動規制法上，適当なものはどれか。

　　　　　　［指定を行う者］　　　　　［測定する者］
(1) 環境大臣………………………都道府県知事
(2) 環境大臣………………………市町村長
(3) 都道府県知事…………………都道府県知事
(4) 都道府県知事又は市長………市町村長

解説

(4) **地域の指定を行う者は都道府県知事（政令で定める市長を含む）**，指定地域内の**振動の大きさを測定する者は市町村長**である。

解答　(4)

問題5 □□□

振動規制法に定められている特定建設作業の規制基準に関する測定位置と振動の大きさとの組合せとして，適当なものはどれか。

[測定位置]　　　　　　　　　　[振動の大きさ]
- (1) 特定建設作業の場所の敷地の境界線…………75dB を超えないこと。
- (2) 特定建設作業の場所の中心部………………75dB を超えないこと。
- (3) 特定建設作業の場所の敷地の境界線…………85dB を超えないこと。
- (4) 特定建設作業の場所の中心部………………85dB を超えないこと。

解説

(1) 振動規制法においては，特定建設作業の場所の**敷地の境界線**について，**75dB** を超える大きさでないことと定められている。

解答　(1)

問題6 □□□

振動規制法上，特定建設作業の対象とならない作業は次のうちどれか。ただし，当該作業がその作業を開始した日に終わるものを除く。

- (1) 1日の移動距離が50m を超えない振動ローラによる路床と路盤の締固め作業
- (2) 鋼球を使用して工作物を破壊する作業
- (3) 1日の移動距離が50m を超えないジャイアントブレーカーによる構造物の取り壊し作業
- (4) ディーゼルハンマによる杭打ち作業

解説

(1) 振動ローラによる締固め作業は，特定建設作業に該当しない。

解答　(1)

一問一答 ○×問題

騒音規制法に関する記述において，正しいものには○，誤っているものには×をいれよ。

□□□ ①【　】　特定建設作業とは，建設工事として行われる作業のうち，著しい騒音を発生する作業であって政令で定めるものをいう。

□□□ ②【　】　指定地域内での特定建設作業の実施の届出は，緊急の場合には発注者が行う。

□□□ ③【　】　「建設工事の目的に係る施設又は工作物の種類」は，特定建設作業の実施の届出事項には該当しない。

□□□ ④【　】　「作業場所の見取り図」は，指定地域内において特定建設作業を伴う建設工事を施工しようとする者が，市町村長に届け出なければならない事項に該当する。

□□□ ⑤【　】　「特定建設作業を行う者の特定建設作業の施工実績」は，指定地域内において特定建設作業を伴う建設工事を施工しようとする者が，市町村長に届け出なければならない事項に該当する。

□□□ ⑥【　】　混練容量2.0m³の仮設コンクリートプラントを設けて行うコンクリート舗装作業は，特定建設作業に該当する。

□□□ ⑦【　】　吹付け用モルタルを製造するためにコンクリートプラントを設けて行う作業は，特定建設作業に該当する。

□□□ ⑧【　】　定格出力が80キロワットのバックホウを使用した掘削作業は，特定建設作業に該当する。

振動規制法に関する記述において，正しいものには○，誤っているものには×をいれよ。

□□□ ⑨【　】　指定地域内において特定建設作業を施工しようとする者が行う，特定建設作業の実施に関する届出先は環境大臣である。

□□□ ⑩【　】　指定地域内において行われる特定建設作業の施工者に対し，振動防止の方法の改善勧告又は命令を出すことのできる者は，都道府県知事である。

□□□ ⑪【　】　くい抜機（油圧式くい抜機を除く）を使用する作業は，特定建設作業に該当する。

□□□ ⑫【　】　1日の移動距離が50mを超えない舗装版破砕機を使用する作業は，特定建設作業に該当する。

□□□ ⑬【 】　びょう打機を使用する作業は，振動規制法上，特定建設作業に
　　　　　　　　該当する。

※特定建設作業に関する設問における作業は，当該作業がその作業を開始した日に
　終わるもの，及び使用する機械は一定の限度を超える大きさの振動を発生しない
　ものとして環境大臣が指定するものを除く。

解答・解説

①【○】…設問の記述の通りである。

②【×】…緊急な場合であっても**届出は施工者**が行う。

③【×】…建設工事の**目的に係る施設又は工作物の種類**は，特定建設作業
　　　　　の実施の**届出事項に定められている**。

④【○】…設問の記述の通りである。

⑤【×】…「特定建設作業を行う者の特定建設作業の**施工実績**」は，届出
　　　　　事項に**該当しない**。

⑥【○】…設問の記述の通りである。

⑦【×】…**モルタル製造のためのコンクリートプラントは除外すると定め
　　　　　られている。**

⑧【○】…設問の記述の通りである。

⑨【×】…特定建設作業実施の**届出先は市町村長**である。

⑩【×】…**改善勧告又は命令**を出すことのできる者は**市町村長**である。

⑪【○】…設問の記述の通りである。

⑫【○】…設問の記述の通りである。

⑬【×】…**びょう打機を使用する作業**は騒音規制法では対象作業となるが，
　　　　　振動規制法の規制対象作業ではない。

火薬類取締法

届出・許可・責任者等　　　　　　　　重要度 **C**

- 火薬類を爆発させ，または燃焼させようとするものは，**都道府県知事の許可**を受けなければならない。（労働基準監督署長の許可は不要）
- 火薬類を廃棄しようとする者は，原則として都道府県知事の許可を受けなければならない。
- 火薬類を取り扱う者は，占有する火薬類，譲渡許可証，譲受許可証又は運搬証明書を喪失し，又は盗取されたときは，**警察官又は海上保安官**に届け出なければならない。
- **18歳未満の者**は，工事現場において**火薬類の取扱いをしてはならない。**
- 政令で定められた量の**火薬類を陸上輸送する場合**は，発送地を管轄する**都道府県公安委員会**に届け出て運搬証明書の交付を受けなければならない。

法
規

最重要 火薬類取締法（届出）　　　　　　合格ノートⅤ－⑨

- 消費（爆発・燃焼）┐
- 廃棄　　　　　　　├─→　都道府県知事
- 火薬庫の設置　　　┘
- 火薬庫の完成検査　─→　都道府県知事または，経済産業大臣
- 陸上輸送　　　　　─→　公安委員会（発送地）
- 火薬類の盗取　　　─→　警察官または海上保安官

火薬庫・火工所の設置（留意事項）　　　重要度 **A**

- **火薬庫を設置し**，移転し又はその構造若しくは設備を変更しようとする方は，**都道府県知事の許可**を受けなければならない。
- **火薬庫を設置**した場合は，**都道府県知事又は経済産業大臣が指定する者**（指定完成検査機関）等の**完成検査**を受け，技術上の基準に適合していると認め

られた後でなければ火薬庫を使用してはならない。

・火薬庫内に入る場合には，原則として**鉄類若しくはそれらを使用した器具及び携帯電灯以外の灯火は持ち込んではならない。**

・火薬庫内に入る場合には，**あらかじめ定めた安全な履物を使用し，土足で出入りしない。**

・**火薬と導火管付き雷管は区分が異なるため同一火薬庫で貯蔵してはならない。**

○ 火薬類取扱所

火薬庫と消費場所の間で**火薬類の集中管理**をする施設であり，火薬類の管理および発破の準備を行う。

・火薬類取扱所に存置することのできる火薬類の数量は，1日の消費見込量以下とする。

○ 火工所

火薬類の管理及び親ダイの作成を行う。また，薬包に工業雷管，電気雷管を取り付ける等の作業を行う施設である。

・火工所に**火薬類を存置する場合**は，**常時見張人を配置**しなければならない。

・**火薬類は，他の物と混包し，運搬してはならない。**

・電気雷管を運搬する場合には，脚線が裸出しないような容器に収納し，乾電池その他電路の裸出している電気器具を携行しない。

・ダイナマイトを収納する容器は，木のような電気不良導体で作られた丈夫な構造のものとする。

・**凍結したダイナマイト**は，摂氏50度以下の温湯を外槽に使用した融解器，ストーブ等により，又は**摂氏30度以下に保った室内に置くことにより融解**する。ただし，裸火，ストーブ等，その他高熱源からは十分な距離をとる。

消費場所における留意事項　　　　　　重要度 B

・発破作業にあたっては，必ず発破技士免許等を取得した者に作業を行わせなければならない。

・発破場所においては，**責任者を定め**，火薬類の受け渡し数量，消費残数量及び発破孔又は薬室に対する装てん方法を**そのつど記録**しなければならない。

- 消費場所において，火薬類を取り扱う場合には，**腕章を付ける**等他の者と容易に識別できる措置を講ずる。
- 発破母線を敷設する場合には，**既設電線路**その他の充電部又は帯電する恐れが多いものから**隔離する。**
- 装てんが終了し，火薬類が残った場合には直ちに始めの火薬類取扱所又は火工所に返送しなければならない。
- 発破に際しては，見張人を配置し，その内部に関係人のほかは立ち入らないような措置を講じ，附近の者に発破する旨を警告し，危険がないことを確認した後でなければ点火してはならない。
- 発破を終了したときは，発破による有害ガスの危険が除去された後，発破場所の危険の有無を検査し，安全と認められた後でなければ，何人も発破場所及びその付近に立入らせてはならない。
- 消費場所において使用に適さないと判断された火薬類は，その旨を明記し火薬類取扱所若しくは火工所に返送する。
- ダイナマイトを用いた発破作業において，前回の発破孔は，不発火薬類の残留の可能性があるため，**前回の発破孔にさく岩し，装てんは危険であるため行ってはならない。**

最重要 禁止事項　　　　　　　　　　　　**合格ノートⅤ−⑩**

火薬庫では，火薬と導火管付き雷管を同一に保管してはならない。

火気厳禁（鉄類，土足 NG）

運搬時，火事類と他の物と混包しない

電気雷管は，脚線を裸出させない。（乾電池等と一緒にしない）

火工所で火薬類を存置する場合は見張り人を常時配置
┗━ 薬包に雷管を取りつける場所　　　　（必要に応じて）

火薬類，発破用コードと火工品は異った容器に保存

消費場所：装てん終了→残った火薬類は，火工所等に返送

発破母線は，既設電線路からは隔離する

これは OK!! 凍結したダイナマイトを，ストーブから十分離れた場所で融解
　　　　　　　　　　　　　　　　　　　　（摂氏30℃以下）

問題1 □□□

火薬類の取り扱いに関する記述として，適当でないものはどれか。

(1) 火薬類を運搬しようとする者は，原則として出発地を管轄する都道府県知事の許可を受けなければならない。

(2) 火薬庫を設置した場合は，都道府県知事又は経済産業大臣が指定する者（指定完成検査機関）等の完成検査を受け，技術上の基準に適合していると認められた後でなければ火薬庫を使用してはならない。

(3) 火薬庫を設置し，移転し又はその構造若しくは設備を変更しようとする者は，原則として都道府県知事の許可を受けなければならない。

(4) 火薬類を爆発させ，又は燃焼させようとする者は，原則として都道府県知事の許可を受けなければならない。

解説

(1) **火薬類を運搬しようとする**場合は，出発地を管轄する**都道府県公安委員会に届け出る。**

解答 (1)

問題2 □□□

火薬類の取り扱いに関する記述として，適当なものはどれか。

(1) 工事現場に設置した2級火薬庫に火薬と導火管付き雷管を貯蔵する場合は，管理を一元化するために同一火薬庫に貯蔵しなければならない。

(2) 火工所は，火薬類取扱所から消費場所に運搬してきた火薬類を貯蔵するための施設である。

(3) 火工所に火薬類を存置する場合には，必要に応じて見張人を配置する。

(4) 火薬類取扱所に存置する火薬類の数量は，1日の消費見込量以下とする。

解説

(1) **火薬と導火管付き雷管は同一火薬庫で貯蔵してはならない。**

(2) **火工所は薬包に雷管を取り付ける**等の作業を行う場所である。

(3) 火工所に火薬類を存置する場合には，**常時見張人を配置する。**

解答 (4)

問題3 □□□

火薬類の取り扱いに関する記述として，適当でないものはどれか。

(1) 消費場所で火薬類を取り扱う者は，腕章を付ける等他の者と容易に識別できる措置を講じなければならない。

(2) 火薬類を装てんする場合の込物は，砂その他の発火性又は引火性のないものを使用し，かつ，摩擦，衝撃，静電気等に対して安全な装てん機，又は装てん具を使用する。

(3) 凍結したダイナマイトをストーブから十分離れた位置で摂氏28度に保った部屋で融解させた。

(4) 19歳の未成年者に火薬類の取扱いをさせることは，法律違反となるので作業に就かせなかった。

解説

(4) 火薬類の取り扱いの制限のある年齢は19歳未満ではなく**18歳未満**である。

解答 (4)

問題4 □□□

火薬類の取り扱いに関する記述として，適当でないものはどれか。

(1) 火薬庫内に入る場合には，原則として鉄類若しくはそれらを使用した器具及び携帯電灯以外の灯火は持ち込んではならない。

(2) 発破を終了したときは，有害ガスの危険が除去された後，天盤，側壁その他岩盤などを検査し，安全と認めた後でなければ，何人も発破場所に立入らせてはならない。

(3) 電気発破において発破母線を敷設する場合は，既設電線路を利用して敷設するものとする。

(4) 消費場所において使用に適さないと判断された火薬類は，その旨を明記し火薬類取扱所若しくは火工所に返送する。

解説

(3) 発破母線を敷設する場合には，既設電線路その他の充電部又は帯電する恐れが多いものから**隔離しなければならない**。

解答 (3)

一問一答 ○×問題

火薬類の取り扱いに関する記述において，正しいものには○，誤っているものには×をいれよ。

□□□ ①【 　】　火薬類を陸上輸送する場合は，発送地を管轄する都道府県公安委員会に届け出て運搬証明書の交付を受けなければならない。

□□□ ②【 　】　労働基準監督署長から火薬の消費許可を受けなければならない。

□□□ ③【 　】　火薬類を廃棄しようとする者は，原則として都道府県知事の許可を受けなければならない。

□□□ ④【 　】　電気雷管を運搬する場合には，脚線が裸出しないよう背負袋に収納すれば，乾電池や動力線と一緒に携行することができる。

□□□ ⑤【 　】　火薬庫内に入る場合には，搬出入装置を有する火薬庫を除いて土足で入ることは禁止されている。

□□□ ⑥【 　】　火薬類取扱所及び火工所の責任者は，火薬類の受払い及び消費残数量をそのつど明確に帳簿に記録する。

□□□ ⑦【 　】　発破場所において装てんが終了し，火薬類が残ったので，木箱に収納し発破現地に存置して翌日の発破作業の時間短縮に備えた。

解答・解説

①【○】…設問の記述の通りである。

②【×】…**火薬類を爆発させ，または燃焼させようとするものは，都道府県知事の許可を受けなければならない。**

③【○】…設問の記述の通りである。

④【×】…**電気雷管を運搬する場合には，脚線が裸出しないような容器に収納し，乾電池その他電路の裸出している電気器具を携行しないこと。**

⑤【○】…設問の記述の通りである。

⑥【○】…設問の記述の通りである。

⑦【×】…**装てんが終了し，火薬類が残った場合には直ちに始めの火薬類取扱所又は火工所に返送する**ことと規定されている。

第9節 港則法

目的・用語の定義　　　　　　　　　　　重要度 C

○　目的

　港内における船舶交通の**安全および港内の整とんを図る**ことを目的とし，港内の秩序維持，保安措置等に必要な事項を規定している。

○　用語の定義

- **汽艇等（雑種船）**…汽艇（総トン数20t 未満の汽船），はしけ，端舟その他のもので，ろ（櫓）・かい（櫂）のみ，または主として，ろ・かいで運転する**小型の船舶**のこと。
- **特定港**…きっ水（船が水に浮かんでいる時の最下面から水面までの距離）の深い船舶が出入できる港，または外国船舶が常時出入する港。

港長の許可又は届け出　　　　　　　　　重要度 A

○　入出港および停泊

- 船舶は，**特定港に入出港**しようとするとき，**港長に届け出**なければならない。
- ※あらかじめ港長の許可を受けた船舶，および，汽艇（小型船舶）等は届出の必要がない。
- 船舶は，**港長の許可**を受けなければ，**停泊した一定の区域外に移動し，又は港長から指定されたびょう地から移動してはならない。**（特定港を入出港しようとするときの移動を除く）
- 工事の施工に着手する際，工事施工法等ともに**事前に船舶の入出港の許可**を併せて受けておけば，そのつど届け出る必要はない。
- **特定港内に停泊**する船舶は，**トン数または積荷の種類**によって**定められている区域内に停泊**しなければならない。

○ 各種制限

- 特定港内又は特定港の境界附近で工事又は作業をしようとする者は、港長の許可を受けなければならない。
- 船舶は、特定港において危険物の積込、積替又は荷卸をするには、港長の許可を受けなければならない。
- 特定港内において竹木材を船舶から水上に卸そうとする者は、港長の許可を受けなければならない。
- 船舶は、港内において、みだりに汽笛またはサイレンを吹き鳴らしてはならない。港内または港の境界付近において、船舶交通の妨げとなるおそれのある強力な燈火を、みだりに使用してはならない。
- 港内においては、相当の注意をしないで、油送船の付近で喫煙、または火気を取り扱ってはならない。

許可等の区分	場所および対象となる行為等
許可を受ける	特定港内において、危険物の積込、積替または荷卸するとき
	特定港内・特定港の境界付近において、危険物を運搬しようとするとき
	特定港内において、使用する私設信号を定めようとする者
	特定港内・特定港の境界付近において、工事または作業をしようとする者
	特定港内において、竹木材を船舶から水上に卸そうとする者
	特定港内において、いかだをけい留、または運航しようとする者
届け出る	特定港に入港または出港しようとするとき
	特定港内において、船舶（汽艇等以外）を修繕またはけい船しようとする者
指定を受ける	特定港内において、けい留施設以外にけい留して停泊するときのびょう泊すべき場所
	特定港内において、修繕中またはけい船中の船舶の、停泊すべき場所
	特定港において、危険物を積載した船舶は、停泊または停留すべき場所
指揮を受ける	爆発物その他の危険物を積載した船舶が入港しようとするとき（特定港の境界外で指揮を受ける）

- 船舶（汽艇等を除く）は，**特定港に出入，または通過するときは，航路によ**

らなければならない。ただし，海難を避けようとする場合その他やむを得な
い事情がある場合を除く。

- 船舶は，航路内においては，下記の場合を除いては，投びょうし，又はえい
航している船舶を放してはならない。

> ① 海難をさけようとするとき
> ② 運転の自由を失ったとき。
> ③ 人命又は急迫した危険のある船舶の救助に従事するとき。
> ④ 港長の許可を受けて工事又は作業に従事するとき。

- 船舶が**航路外から航路に入ろうとする場合**，または**航路から航路外に出よう
とする場合**は，航路内を航行している船舶の進路を避けなければならない。
- 船舶は，航路内において他の船舶と行き会うときは，**右側を航行**しなければ
ならない。
- 船舶は，航路内において他の船舶を**追い越し，または並列して航行してはな
らない。**（この規定は，港内のすべての水域ではなく，航路内においての規
定である。）
- 汽船が港の防波堤の入口または入口付近で他の汽船と出会うおそれがある場
合は，**入港する汽船は，防波堤の外で出港する汽船の進路を避けなければな
らない。**
- 船舶は，**防波堤，埠頭その他の工作物の突端**，または停泊船舶の付近等，**前
方の見通しが悪い場所**では，これらのものを**右げんに見て航行するときは，**
できるだけこれらに**近寄り**，また，左げんに見て航行するときは，できるだ
けこれらから**遠ざかって航行**しなければならない。
- 船舶は，港内および港の境界付近においては，他の船舶に危険を及ぼさない
ような速力で航行しなければならない。
- 小型船及び汽艇等は，船舶交通が著しく混雑する特定港内においては，小型
船及び汽艇等以外の船舶の進路を避けなければならない。
- 小型船及び汽艇等以外の船舶は，船舶交通が著しく混雑する特定港内を航行

するときは，定められた様式の標識をマストに掲げなければならない。

※**最も見えやすい場所に白色の全周灯1個を掲げ，かつ，その垂直線上の上方及び下方にそれぞれ紅色の全周灯1個を掲げることと規定されている。**（海上衝突予防法）

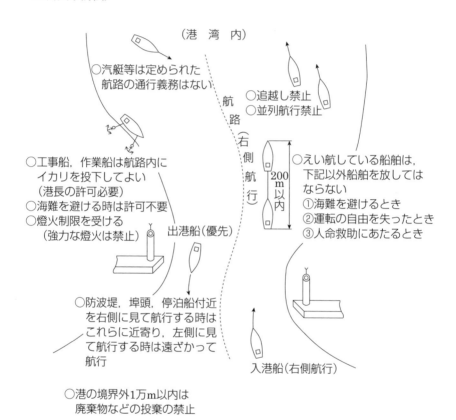

（港湾内）

○汽艇等は定められた
　航路の通行義務はない

航路（右側航行）

○追越し禁止
○並列航行禁止

○工事船，作業船は航路内に
　イカリを投下してよい
　（港長の許可必要）
○海難を避ける時は許可不要
○燈火制限を受ける
　（強力な燈火は禁止）

200m以内

○えい航している船舶は，
　下記以外船舶を放しては
　ならない
　①海難を避けるとき
　②運転の自由を失ったとき
　③人命救助にあたるとき

出港船（優先）

○防波堤，埠頭，停泊船付近
　を右側に見て航行する時は
　これらに近寄り，左側に見
　て航行する時は遠ざかって
　航行

入港船（右側航行）

○港の境界外1万m以内は
　廃棄物などの投棄の禁止

問題1 □□□

港則法に関する記述として，適当でないものはどれか。

(1) 港則法の目的は，港内における船舶交通の安全及び港内の整とんを図ることである。

(2) 特定港内又は特定港の境界付近で工事又は作業をしようとする者は，港湾管理者の許可を受けなければならない。

(3) 汽艇等以外は，特定港に出入り，又は特定港を通過するときは，規則で定める航路を通らなければならない。

(4) 船舶は，航路内において，工事又は作業で投びょうするときは，港長の許可を受けなければならない。

解説

(2) 特定港内又は特定港の境界付近で工事又は作業をしようとする者は，港湾管理者ではなく，**港長の許可**を受けなければならない。

解答 (2)

問題2 □□□

港則法に関する記述として，適当でないものはどれか。

(1) 航路から航路外へ出ようとする船舶は，航路に入る船舶より優先する。

(2) 船舶は，航路内において，他の船舶と行き会うときは，右側を航行しなければならない。

(3) 航路内において他の船舶を追い越すときは，汽笛を鳴らしながら右側を追い越さなければならない。

(4) 船舶は，防波堤，埠頭又は停泊船などを右げんに見て航行するときは，できるだけこれに近寄り航行しなければならない。

解説

(3) 船舶は，航路内においては，**他の船舶を追い越してはならない**と規定されている。また，**みだりに汽笛を鳴らしてはならない**。

解答 (3)

法
規

一問一答 ○×問題

港則法に関する記述において，正しいものには○，誤っているものには×をいれよ。

☐☐☐ ①【 】 小型船は，船舶交通が著しく混雑する特定港内においては，小型船及び汽艇等以外の船舶の進路を避けなければならない。

☐☐☐ ②【 】 汽艇等以外の船舶は，港内のすべての水域において他の船舶を追い越してはならない。

☐☐☐ ③【 】 港内又は港の境界付近では，船舶交通の妨となるおそれのある強力な灯火を，みだりに使用してはならない。

☐☐☐ ④【 】 特定港内に停泊する船舶は，そのトン数又は積載物の種類に従い，当該特定港内の一定の区域内に停泊しなければならない。

☐☐☐ ⑤【 】 港の防波堤の入口で他の汽船と出会うおそれのあるときは，出航する汽船は防波堤の内で入航する汽船の進路を避けなければならない。

☐☐☐ ⑥【 】 船舶は，航路内においては，並列して航行してはならない。

☐☐☐ ⑦【 】 船舶が航路内において人命救助のために投びょうすることは禁止されている。

解答・解説

①【○】…設問の記述の通りである。

②【×】…船舶は，航路内においては，他の船舶を追い越してはならないと規定されているが，**港内のすべての水域ではなく，航路内においての規定である。**

③【○】…設問の記述の通りである。

④【○】…設問の記述の通りである。

⑤【×】…入航する汽船は，防波堤の外で**出航する汽船の進路を避けなければならない。**

⑥【○】…設問の記述の通りである。

⑦【×】…船舶は，航路内においては，人命又は急迫した危険のある船舶の救助に従事するときは，投びょうし，又はえい航している船舶を放してもよい。

第4章 共 通

[2級] 4問出題され，全問解答します。（必須問題）
測量1問，契約1問，設計1問，機械1問

勉強のコツ

・測量は，水準測量の留意事項・計算問題，トラバースに関する問題
　が出題されます。
・契約は法規と同様，法令文から多く出題されます。太文字（特に下
　線を引いている箇所）が重要ポイントとなります。
・設計は，過去出題された類似問題は落とさないよう，実践問題で練
　習をしておきましょう。
・機械は本章のみではなく，第1章の土工・第5章の施工計画にも関
　連問題が出題される場合があります。相互に補完しながら勉強しま
　しょう。

水準測量 重要度 **A**

　主にレベルと標尺（スタッフ）を用いて２点間の高低差を求め，これらを連続的に行って，各地点の標高を測定する方法である。レベルを使用した水準測量は，**標高を正確に求めることができる。**

○　レベルの種類

・**自動レベル（オートレベル）**…望遠鏡内部の**自動補正装置**により，**自動的に視準線を水平**にすることのできる器械である。**観測者が標尺目盛を読み取る**必要がある。

・**電子レベル**…標尺の目盛の**読み取りを自動**にしたもので，電子レベル専用標尺に刻まれたパターン（バーコード）を観測者の目の代わりとなる検出器で認識し，電子画像処理をして高さ及び距離を自動的に読み取るものである。**自動レベルよりも高い精度での測量が可能。**

○　水準測量を行うときの留意事項（誤差の低減・除去方法）

（公共測量において，レベルと２本の標尺を用いて行う場合）

・標尺やレベルは地盤のしっかりしたところを選び，レベルは直射日光を日傘などで遮蔽し，かげろうの激しいときは測定距離を通常より短くする。

・レベルを設置した後，**既知点に立てた標尺を読むことで器械の高さが求まる。**未知点に標尺を立て読みとり，前視との差によって高低差が求められる。このように既知点を計測することを**後視**，未知点を計測することを**前視**という。

・往復観測とし（簡易水準測量を除く），標尺は２本１組とし，**往路と復路**との観測において**標尺を交換**する。

・**球差**（地球が湾曲しているために生ずる誤差），**気差**（空気中の光の屈折により生じる誤差）を**低減**させるために，レベルと**後視**または**前視**標尺との**距離は等しく**する。

・標尺の零目盛誤差（標尺の底面と零目盛とが一致していない誤差）を消去す

るためには，**測量回数**を**遇数回**にして，最初のスタートに立てた標尺を最終
点で使うことによって消すことができる。
・鉛直軸が特定方向に傾くことによる誤差は，レベルを設置するとき，2本の
標尺を結ぶ線上にレベルを置き進行方向に対し**三脚の向き**を，常に特定の標
尺に対向させる。（1回ごとに脚の向きを逆に置く。）

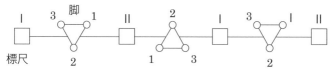

○ 水準測量の方法

右図において，AおよびBに標
尺Ⅰ，Ⅱを立て，ABの中央点Cに
整置したレベルによって視準して得
た標尺面の読みを，それぞれa，b
とすれば，A，B2点間の高低差⊿h
は，次式で求められる。

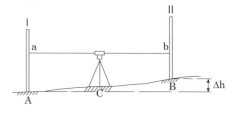

$$⊿h＝a（後視）－b（前視）$$

点Aの地盤高に⊿hを加えると点Bの地盤高が求められる。（点Bの地盤
高が，低い場合は⊿hはマイナスとなる）

最重要 水準測量　　　　　　　　　　　　　　　　**合格ノートⅥ－①**

器高式　　　　　　　　※FSとBSの距離は等しく
　　　　　（後視）
既知点 に　BS（バックサイト）をプラス　⇒器械高
　　　　　（前視）
器械高から FS（フォアサイト）をマイナス⇒未知点

昇降式
既知点－{（BSの総合計）－（FSの総合計）}　もしくは，
各BS，FSから高低差を求め，高低差の総合計からでも求められる

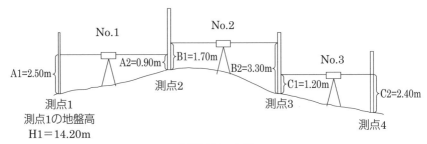

水準測量の実例

［器高式］

既知点の高さ＋後視＝器械高
器械高－後視＝未知点の高さとなる。
測点2は14.20＋2.50－0.90＝15.80m
測点3は15.80＋1.70－3.30＝14.20m
測点4は14.20＋1.20－2.40＝13.00m

測点	後視 (B.S)	前視 (F.S)	器械高 (I.H)	地盤高さ (G.H)
測点1	2.50		16.70	14.20
測点2	1.70	0.90	17.50	15.80
測点3	1.20	3.30	15.40	14.20
測点4		2.40		13.00

［昇降式］

中間点のない場合に使用される方法である。高低差を総計し，既知点の地盤高
に加えて未知点の高さを求める。

測点 (No.)	後視 (B.S)	前視 (F.S)	高　低　差		備　考
			昇（＋）	降（－）	
No.1	2.50	0.90	1.60		測点1の地盤高
No.2	1.70	3.30		1.60	＝14.20m
No.3	1.20	2.40		1.20	
計	5.40	6.60	1.60	2.80	測点4の地盤高
点検	5.40－6.60＝－1.20		1.60－2.80＝－1.20		14.20－1.20＝13.00m

※後視の計から前視の計を引いたものと，高低差の昇（＋）と降（－）の合計
　が同じになることを確認する。

TS（トータルステーション） 重要度 **B**

　トータルステーションは，セオドライト（トランシット）と光波測距儀の機能を併せ持ち，座標計算（測角と測距）出力までを自動的に行うものである。水平角，鉛直角（高度角），斜距離を電子的に観測する自動システムで器械である。観測した斜距離と鉛直角により，**換算で水平距離や観測点と視準点の高低差**も求められ，**座標計算**（既知点から，座標値を持つ点を設置・座標値を持つ標杭を基準として，未知点の座標値を求める）など種々の測量計算ができる。ただし，トータルステーションで水準測量は，**レベルに比べ正確さは劣る**。また，**器械高**（地面から光波のレンズまでの高さ），**スケールを用いて計測**する。（器械高を自動的に読み取ることは出来ない）

○　トータルステーションの特徴および留意事項

・水平角観測が1対回（望遠鏡正位と望遠鏡反位の1組の観測）の場合，望遠鏡**正位**と望遠鏡**反位**の観測結果の較差（同一目標の正位，反位の秒位の差）により観測値の良否を判定する。

・直線 AB の延長線上に点 C を設置する場合の手順は以下の通りである。

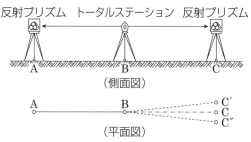

（側面図）

（平面図）

トータルステーションを使用した測量の実例

1)　図のようにトータルステーションを測点 B に据付け，望遠鏡【**正位**】で点 A を視準して望遠鏡を【**反転**】し，点 C′ をしるす。
2)　望遠鏡【**反位**】で点 A を視準して望遠鏡を【**反転**】し，点 C″ をしるす。
3)　C′ － C″ の中点に測点 C を設置する。

※反転…望遠鏡を回転させて反対側を視準
　反位…水平角固定ねじをゆるめ，器械を180度回転させ視準

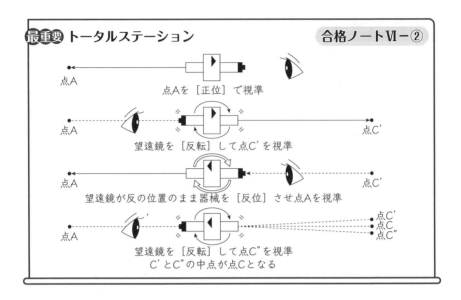

最重要 トータルステーション　　　　　　　　　合格ノートⅥ－②

点A　　　　　点Aを［正位］で視準

点A　　　　　望遠鏡を［反転］して点C'を視準　　　　　点C'

望遠鏡が反の位置のまま器械を［反位］させ点Aを視準
点A　　　　　　　　　　　　　　　　　　　　　　　　　点C'

望遠鏡を［反転］して点C"を視準
C'とC"の中点が点Cとなる
点C'
点C
点C"
点A

トラバース測量　　　　　　　　　　　重要度 B

・トータルステーションを用いて行う測量で，地点を線状に結び，その間の**角
度と距離を連続して測定することで，地点の位置を定めていく測量**である。
一般の多角測量は出発点に戻って環をつくる閉（閉合）トラバースと，戻ら
ない開トラバース，および両端点が既知点で固定されている結合トラバース
とに分類される。

① 　方位角…真北を**0°**として，測線が時計回りに何度になるか計算したもの
を方位角という。

［例］　測線 AB の方位角は183°5′40″である。測線 BC の方位角を求めよ。

測点	観測角		
A	116°	55′	40″
B	100°	5′	32″
C	112°	34′	39″
D	108°	44′	23″
E	101°	39′	46″

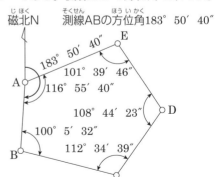

磁北N　　測線ABの方位角183°50′40″

183°50′40″
101°39′46″　E
A
116°55′40″
108°44′23″　D
100°5′32″
112°34′39″
B

［解答］　点 A・点 B に補助線として垂線を記入する。
測線 AB と補助線（右側）となす角は測線 AB の方位角
から 180° を引いた 3° 5′ 40″ となる。平行線の錯覚に
より補助線（左側）とのなす角も同様に 3° 5′ 40″ と
なる。これに点 B の観測角 100° 5′ 32″ を加えた，
103° 11′ 12″ が点 B の方位角となる。

② **閉合誤差（閉合比）**…閉トラバース測量においては，既知点に機械を据付
け，順次測点の観測を行い，最終的にスタート地点を観測する。どれだけ正
確な測量を行っていても観測誤差（距離と角度の誤差）は生じることが一般
的である。その時の誤差の長さを閉合誤差（緯距と経距の誤差から求まる）
という。**観測距離の総計に対する閉合誤差を閉合比という。**

その他の測量　　　　　　　　　　　　　　重要度 Ⓒ

○　GNSS 測量

　GNSS（全世界的衛星測位システム）は，GPS，GLONASS 等の測位衛星
からの信号を用いて位置を決定する衛星測位システムの総称である。『GNSS
衛星の位置を基準として，2点間の相対的な位置関係を求める。（高低差の精
度は，レベルと比較すると劣る）』

・近年，TS 又は GNSS を用いて，作業中の締固め機械の位置座標を施工と同
　時に計測し，盛土全面の品質を**締固め回数で面的管理**する手法（**工法規定方
　式**）が導入されている。**品質の均一化や過転圧の防止**等の他，締固め状況の
　早期把握による工程短縮が図れるなどのメリットが期待される。

○　スタジア測量

　トランシット（セオドライト）と標尺を用いて行う測量で，標尺を視準し，
十字線の上下に等間隔に張った2本のスタジア線ではさんだ標尺の長さと，鉛
直角をはかり，一定の定数（スタジア定数）を乗じて，距離や高低差を間接に
測定する。作業が簡便で迅速であるが，精度は高くない。

　※本章は，各節ごとの本試験での出題数が少ないため，「実践問
　　題」・「一問一答 〇×問題」は章末にまとめて出題しています。

共
通

契約；公共工事標準請負契約約款

発注者と受注者は，**各々の対等な立場における合意**に基づいて公正な請負契約を締結し，誠実に履行しなければならない。公共工事における**契約関係の明確化，適正化**のため，当事者間の権利義務の内容を定めたものが**公共工事標準請負契約約款**である。

※本節の内容は，法規「建設業法」にて出題される場合もあります。

公共工事標準請負契約約款　　　　　　　　　　重要度 **A**

○　総則等

・発注者及び受注者は，約款に基づき，**設計図書**に従い，契約を履行しなければならない。

設計図書に該当するもの	該当しないもの
・図面（設計図）・仕様書（共通仕様書，特記仕様書） ・現場説明書　・現場説明に対する質問回答書	・施工計画書 ・施工体制台帳 　　　　　　等

・仮設，施工方法その他工事目的物を完成するために必要な一切の手段については，この約款および**設計図書に特別な定めがある場合を除き**，受注者は自らにとって最も経済的，効率的な施工方法等を**自己責任において選択**することができ，発注者が注文をつけることはできない。（任意仮設）

・受注者が，工事の全部もしくは主たる部分の**工事を一括して第三者に委任また請け負わせる行為は，原則として禁止**されている。

・**発注者**は，工事用地その他設計図書において定められた**工事の施工上必要な用地を受注者が工事の施工上必要とする日までに確保**しなければならない。

○　監督員・現場代理人・条件変更等

・**現場代理人**は，**工事現場に常駐**し，現場の運営，取締りを行う。

・発注者は，現場代理人の**現場運営，取締り及び権限の行使に支障がなく，かつ，発注者との連絡体制が確保されると認めた場合**には，現場代理人につい

て工事現場における**常駐を要しない**こととすることができる。

・**現場代理人**は、現場代理人の変更請求の受理、変更の決定および通知、契約の解除に関する権限を除き、**請負代金額の変更、請求および受領等の契約に基づく受注者の一切の権限（契約の履行等）を行使できる。**

・現場代理人と主任技術者（監理技術者等）及び専門技術者は、兼任することができる。

・受注者は、工事の施工に当たり、次に該当する事実を発見したときは、その旨を直ちに**監督員に通知**し、その確認を請求しなければならない。

> ① 図面、仕様書、現場説明書及び**現場説明に対する質問回答書が一致しない場合**
> ② 設計図書に誤謬（ごびゅう）又は脱漏（だつろう）がある場合
> ③ 設計図書の表示が明確でない場合
> ④ 工事現場の形状、地質、湧水等の状態、施工上の制約等設計図書に示された自然的又は人為的な施工条件と実際の**工事現場が一致しない場合**
> ⑤ 設計図書で明示されていない施工条件について予期することのできない特別な状態（地質の変化・埋蔵文化財の発見等）が生じた場合

・受注者は、工事の施工部分が設計図書に適合しない場合において、監督員がその改造を請求したときは、当該請求に従わなければならない。

○ 材料と検査

・工事材料の品質については、設計図書に定めるところによるが、設計図書にその品質が明示されていない場合にあっては、**中等の品質**を有するものとする。（施工材料の**入手方法**は約款に該当しないため、**受注者がその責任において定める。**）

・受注者は、設計図書において監督員の検査を受けて使用すべきものと**指定された工事材料**については、**受注者が検査費用を負担**したうえで、その検査に合格したものを使用しなければならない。

・受注者は、原則として発注者の検査に合格した工事材料を第三者に譲渡、貸与してはならない。

・受注者は、工事現場内に搬入し、検査を受けて合格となった工事材料を**監督員の承諾を受けないで工事現場外に搬出してはならない。**

・検査の結果不合格と決定された工事材料については、当該決定を受けた日か

ら契約書で定められた日以内に工事現場外に搬出しなければならない。
・監督員は，支給材料または貸与品の引渡しに当たっては，受注者の立会いの
　うえ，発注者の負担において，当該支給材料または貸与品を検査しなければ
　ならない。
・受注者は，工事の完成，設計図書の変更等によって不用となった支給材料は
　発注者に返還しなければならない。
・監督員は，受注者が監督員の検査および立会いの手続きを経ずに，工事を施
　工した場合には，必要があると認められるときは，工事の施工部分を破壊し
　て検査することができる。（※検査・復旧に要する費用は受注者の負担）

○　工事の中止と延期

・自然的又は人為的な事象により請負者の責任によらず工事の施工ができない
　場合以外でも，発注者が必要があると認めるときは，工事を一時中止させる
　ことができる。
・請負者は，天候の不良により工期内に工事を完成することができないときは，
　発注者に工期の延長変更を請求することができる。
・発注者は，特別の理由により工期を短縮する必要があるときは，工期の短縮
　変更を受注者に請求することができる。（著しく短い工期は禁止）
・工期の変更については，発注者と受注者とが協議して定める。ただし，所定
　の期日までに協議が整わない場合には，発注者が定め，受注者に通知する。

第3節 設計・機械

鉄筋組立図　　　　　　　　　　　　　　　重要度 **B**

○　鉄筋の名称

・主鉄筋（主筋）；一般的に応力が大
　きい箇所（方向）に配置される鉄筋
　で，配筋される鉄筋の中で**最も太い**
　鉄筋を用いる。

・配力鉄筋（配力筋）；一般的に応力
　が小さい箇所（方向）に配置される
　鉄筋で，主筋と比べると細い鉄筋を
　用いる。

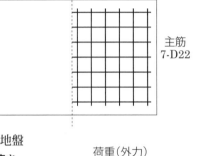

　主筋と配力筋の位置関係は，基礎の場合地盤
からの反力を主に受ける**長辺方向に主筋**を，
短辺方向に配力筋を配筋します。

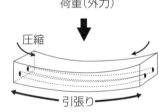

・引張鉄筋…引っ張られる方向の力が加わる位
　置に配置する鉄筋で，床スラブ・梁では下端
　筋，擁壁のように土圧がかかる構造では盛土
　側が引張鉄筋となる。

・圧縮鉄筋…圧縮される方向の力が加わる位置に配置する鉄筋で，床スラブ・
　梁では上端筋，擁壁のように土圧がかかる構造では盛土の反対側が圧縮鉄筋
　となる。

※配筋図を読み解くには，主筋と配力筋の違い（配筋位置と太さ）・鉄筋の本
　数とピッチ（間隔）がポイントとなる。

共通

設計　　　　　　　　　　　　　　　　　重要度 **A**

○　設計寸法（道路の横断面図）

- ・STA.（Station）‥‥‥‥‥‥測点
- ・G.H.（Ground Height）‥‥‥地盤高
- ・F.H.（Formation　Height）‥‥計画高
- ・D.L.（Datum Line）‥‥‥基準線
- ・C.A.（Cut Area）‥‥‥‥切土面積
- ・B.A.（Bank Area）‥‥‥盛土面積

最重要 道路の横断面図　　　　　　　　　合格ノートⅥ－③

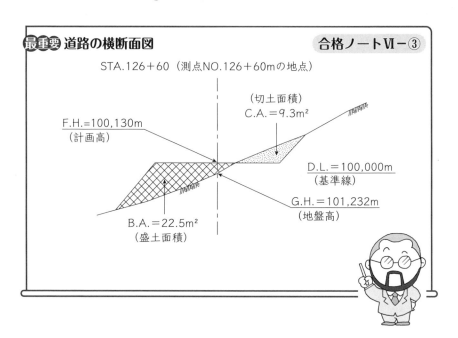

STA.126＋60（測点NO.126＋60mの地点）

（切土面積）
C.A.＝9.3m²

F.H.＝100,130m
（計画高）

D.L.＝100,000m
（基準線）

G.H.＝101,232m
（地盤高）

B.A.＝22.5m²
（盛土面積）

○　道路の橋台構造一般図

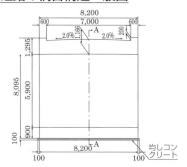

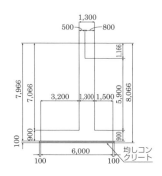

298

- パラペットの道路中心での高さ；1,166mm
- パラペットの道路端部での高さ；1,295mm
- 車道幅員；7,000mm
- 地覆（縁石等）幅；600mm
- 横断勾配；2.0%
- フーチングの厚さ；900mm
- フーチングの幅
  道路の進行方向；6,000mm
  道路の直交方向；8,200mm

○ 設計寸法（道路の横断面図）

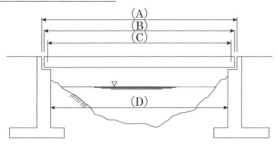

(A) 「橋長」…橋梁の両端の橋台上にあるパラペット前面間の距離で与えられ，橋梁の全長を意味する。

(B) 「桁長」…橋げたの全長を表す。

(C) 「支間」…支承中心間距離を表す。

(D) 「径間」…橋台あるいは脚長の前面間の水平距離を表す。

○ コンクリート擁壁の種類

- 控え壁式擁壁
- 重力式擁壁
- もたれ式擁壁
- 片持ちばり式擁壁（逆 T 型）

○ 河川堤防

- 河川を上流から下流に向かって，**右側を右岸**，**左側を左岸**と呼ぶ。
- 堤防によって洪水から守られている**住居のある側**を**堤内地**，堤防に挟まれて**水が流れている側**を**堤外地**と呼ぶ。
- **小段**とは，のり面とのり面の**間にある平場**を指す。そして，堤防では**流水の**

ある面を表，反対側を裏という。流水のある側ののり面は表のり，小段は表小段という。

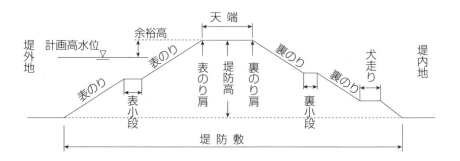

※機械に関する問題は一般土木「土工」でも出題される場合があり，相互に関連事項の記載があります。

建設機械の規格および性能表示　　　重要度 C

機械名称	性能表示	機械名称	性能表示
パワーショベル	バケット容量　[m³]	ブルドーザ	質量 [t]
バックホウ		ロードローラ	
クラムシェル		タイヤローラ	
ドラグライン		振動ローラ	
トラクタショベル		タンピングローラ	
モーターグレーダ	ブレード長 [m]	ダンプトラック	車両総質量 [t]
クローラクレーン	つり上げ荷重 [t]	発電機	定格出力 [kVA]

問題1　☐☐☐

測点 **No.2** の地盤高を求めるため，測点 **No.1** を出発点として水準測量を行い下表の結果を得た，**No.2** の地盤高は次のうちどれか。

(1)　4.100m
(2)　4.400m
(3)　5.100m
(4)　5.600m

番号	距離 (m)	後視 (m)	前視 (m)	高低差（m） +	高低差（m） −	備　考
						測点 No.1
1	40	1.230	2.300			…地盤高；5.000m
2	40	1.500	1.600			
3	40	2.010	1.320			
4	20	1.510	1.630			
						測点 No.2

解説

番号	距離 (m)	後視 (m)	前視 (m)	高低差（m） +	高低差（m） −	地盤高	備　考
No.1						5.000	測点 No.1（既知点）
1	40	1.230	2.300		1.070	3.930	5.000−1.070＝3.930
2	40	1.500	1.600		0.100	3.830	3.930−0.100＝3.830
3	40	2.010	1.320	0.690		4.520	3.830＋0.690＝4.520
4	20	1.510	1.630		0.120	4.400	4.520−0.120＝4.400
No.2				0.690	1.290	4.400	測点 No.2（未知点）

(2)　後視（既知点の高さ）から前視（次測定点の高さ）を引くことで，既知点と次測点の高低差がわかる。各測点ごとに，高低差より次測点の高さを計算することで最終の測点の地盤高を計測することができる。

解答　(2)

下図のように測点Bにトータルステーションを据付け，直線ABの延長線上に点Cを設置する場合，その方法に関する次の文章の（イ）〜（ハ）に当てはまる語句の組合せで，適当なものはどれか。

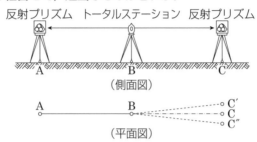

反射プリズム　トータルステーション　反射プリズム

（側面図）

（平面図）

1) 図のようにトータルステーションを測点Bに据付け，望遠鏡（イ）で点Aを視準して望遠鏡を（ロ）し，点C′をしるす。
2) 望遠鏡（ハ）で点Aを視準して望遠鏡を（ロ）し，点C″をしるす。
3) C′C″の中点に測点Cを設置する。

　　　（イ）　　　　（ロ）　　　　（ハ）
(1) 正位…………反転…………反位
(2) 反位…………反転…………正位
(3) 正位…………回転…………反位
(4) 反位…………回転…………正位

解説

1) 図のようにトータルステーションを測点Bに据付け，望遠鏡【正位】で点Aを視準して望遠鏡を【反転】し，点C′をしるす。
2) 望遠鏡【反位】で点Aを視準して望遠鏡を【反転】し，点C″をしるす。
3) C′−C″の中点に測点Cを設置する。

解答　(1)

問題3　□□□

公共工事標準請負契約約款に関する記述として，適当でないものはどれか。

(1) 受注者は，工事の施工に当たり，設計図書の表示が明確でないことを発見したときは，その旨を直ちに監督員に通知し，その確認を請求しなけれ

ばならない。

⑵　発注者は，工事の完成検査において，工事目的物を最小限度破壊して検査することができ，その検査又は復旧に直接要する費用は発注者の負担とする。

⑶　発注者は，特別な理由により工期の短縮変更を受注者に請求することができる。

⑷　受注者は，工事の完成，設計図書の変更等によって不用となった支給材料は発注者に返還しなければならない。

解説

⑵　発注者は必要があると認められるときは，工事の目的物を最小限度破壊して検査することができ，検査又は復旧に直接要する費用は，**受注者の負担**と定められている。

解答　⑵

問題4　☐☐☐

公共工事の一般的な契約に関し，設計図書に該当しないものはどれか。

⑴　現場説明書

⑵　施工計画書

⑶　特記仕様書

⑷　設計図面

解説

⑵　設計図書とは，図面・仕様書・現場説明書・現場説明に対する質問回答書をさし，**施工計画書は該当しない。**

解答　⑵

問題5　☐☐☐

右図は逆 T 型擁壁の断面配筋図を示したものである。たて壁の引張側の主鉄筋の呼び名は次のうちどれか。

⑴　D19

⑵　D22

(3)　D25

(4)　D29

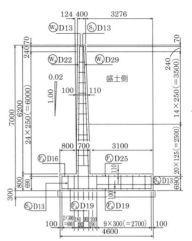

逆 T 型擁壁の断面配筋図（単位：mm）

⑷　盛土の土圧がかかる擁壁では，Ｗの D29 とＦの D25 が主鉄筋で引張鉄筋となる。よって，「たて壁の引張側」はＷの **D29** となる。

解答　(4)

問題6　□□□

　右図は，道路工事における断面図を示したものである。図の㋑～㊁で，現地盤高を示しているものはどれか。

(1)　㋑

(2)　㋺

(3)　㋩

(4)　㊁

㋑　STA.　126+60

㋺　G.H. =57.87

㋩　F.H. =48.10

㊁　D.L. =60

(2) ⓓ. **G.H.(Ground Height)：現地盤高**

解答 (2)

問題7 □□□

建設機械（掘削機械）に関する記述として，適当でないものはどれか。

(1) バックホウは，硬い土質の掘削にも適し，機械の地盤より低い所の垂直掘りなどに使用される。

(2) トラクターショベル(ローダ)は，土砂の積込み及び集積などに適する。

(3) ドラグラインは，河川や軟弱地の改修工事に適しており，バックホウに比べ掘削力に優れている。

(4) クラムシェルは，シールド工事の立坑掘削・オープンケーソンの掘削など，狭い場所での深い掘削に適する。

解説

(3) ドラグラインは，**掘削力は大きくなく，硬い地盤の掘削には適さない。**

解答 (3)

問題8 □□□

建設機械に関する記述として，適当でないものはどれか。

(1) ブルドーザは，土砂の掘削や押土及び短距離の運搬作業のほか，整地作業などに使用される。

(2) モータースクレーパは，土砂の掘削，積込み，運搬，まき出し作業に使用される。

(3) モーターグレーダは，不陸整正及び締固めに適する。

(4) 振動ローラは，ローラを振動させながら回転して締め固める機械で，砂や砂利などの締固めの施工に使用される。

解説

(3) モーターグレーダは**地表面の不陸整正**に使用される建設機械であり，**締固め作業を行うことはできない。**

解答 (3)

共通

一問一答 〇×問題

測量に関する記述において，正しいものには〇，誤っているものには×をいれよ。

□□□ ① 【　】　公共測量における水準測量において，固定点間の測点数は奇数とする。

□□□ ② 【　】　公共測量における水準測量において，標尺は，2本1組とし，往路と復路との観測において標尺を交換する。

□□□ ③ 【　】　公共測量における水準測量において，レベルを設置した後，地面からレベルまでの高さを読み取る。

□□□ ④ 【　】　トータルステーションは，精密な高低差の測定が可能である。

公共工事標準請負契約約款上に関する記述において，正しいものには〇，誤っているものには×をいれよ。

□□□ ⑤ 【　】　監督員の契約の履行の指示は，主任技術者に対して行わなければならない。

□□□ ⑥ 【　】　設計図書において監督員の検査を受けて使用すべきものと指定された工事材料の検査に直接要する費用は，すべて発注者の負担とする。

□□□ ⑦ 【　】　発注者は，特別な理由により工期の短縮変更を受注者に請求することができると定められている。

□□□ ⑧ 【　】　受注者は，天候の不良など受注者の責めに帰すことができない事由により工期内に工事を完成することができないときは，発注者に工期の延長変更を請求することができる。

□□□ ⑨ 【　】　工事の施工に当たり，設計図書に示された施工材料の入手方法を決めるときは，受注者が監督員に通知し，その確認を請求しなければならない。

建設機械に関する記述において，正しいものには〇，誤っているものには×をいれよ。

□□□ ⑩ 【　】　ローディングショベルは，機械の位置よりも低い場所の掘削に適する。

□□□ ⑪ 【　】　スクレーパは，土砂の掘削，積込み，運搬，敷均し及び締固めまでを一連作として行うことができる。

□□□ ⑫ 【　】　ブルドーザは，掘削及び60m以下の押土に適する。

□□□ ⑬【　】　振動ローラの性能表示は「ローラ幅（m）」で表される。

解答・解説

①【×】…標尺底面の摩耗や変形により生じる誤差を消すためには，レベルの据付回数を**偶数回**とし，出発点に立てた標尺を到着点に立てることが必要である。

②【○】…設問の記述の通りである。

③【×】…器械高は，既知点に立てた標尺を読むことで求める。

④【×】…トータルステーションで高さを測定することはできるが，**レベルに比べ正確さは劣る**。

⑤【×】…契約の履行の指示は，主任技術者にではなく**現場代理人**に対して行わなければならない。

⑥【×】…検査に要する費用の負担は**受注者の負担**と定められている。

⑦【○】…設問の記述の通りである。

⑧【○】…設問の記述の通りである。

⑨【×】…**施工材料の入手方法は約款に該当しない**。**受注者がその責任において定める**。

⑩【×】…ローディングショベルはバケットを上向きに取付たもので**機械地表面より高い部分の掘削に適している**。

⑪【×】…スクレーパは，土砂の掘削，積み込み，長距離運搬，敷き均しを一貫して行うことのできる建設機械だが，**締固め作業を行うことはできない**。

⑫【○】…設問の記述の通りである。

⑬【×】…振動ローラの性能は運転質量「○○t級」で表す。

第5章　施工管理法

[2級] 15問出題され，15問を解答します。

　　（必須問題）；施工計画1問，安全管理2問，品
　　質管理2問，環境保全1問，建設副産物対策
　　1問，基礎的な能力8問（施工計画2問，工
　　程管理2問，安全管理2問，品質管理2問）

勉強のコツ

　施工管理法はすべてが必須問題，かつ問題数が15問と必要回答数の
38％を占めます。ここまで勉強してきた他の項目に比べると，現場で
経験したことがあることや，問題文を読めば「あきらかにこれはおか
しい」というように勉強していなくても解けるような問題もあり，難
易度は若干下がります。ここでしっかり点数を稼ぐのが合格へのポイ
ントとなりますので，過去に出題されている問題や，本テキストの重
要箇所をくりかえし勉強し，確実に点数を伸ばしましょう‼

　問題改正で新たに出題されることとなった応用能力が求められる穴
埋め問題に関しては，すべてわからなくても解答できるため，分かる
ワードから埋めて選択肢を絞りながら解いていきましょう。

施工計画

施工計画の作成　　　　　　　　　　　　　　　　重要度 **A**

・施工計画の目的は，設計図書に基づき構造物の適切な**品質を確保**し，**環境保全**を図りつつ，**最小の価格と最短の工期**で**安全**に完成させることにある。

※工期・工費に影響の**大きい工種**を優先して検討する。

施工計画作成時の留意事項

・**現場技術者に限定せず**，できるだけ**会社内の他組織**も**活用する**。

・**発注者から指示された工期が最適な工期とは限らない**。

・過去の技術にとらわれず，新工法・新技術を取り入れ，創意工夫を心がける。

・計画は1つのみでなく，代替案を考え最良の計画を採用することに努める。

・**安全を最優先**にした施工を基本とした計画とし，工程・品質・経済性の**バランスのよい計画とする。（作業の過度な凹凸を避ける。）**

・施工に関する事項は**仕様書（特記仕様書・共通仕様書）を基に作成**する。

○　調達計画

・調達計画は，労務計画・資材計画・機材計画が主な内容である。**（安全衛生計画は調達計画には含まれない）**

・調達計画は，施工方法を決定して工種別の実施工程表をもとに機械予定表，資材予定表，労務予定表などを作成する。

・手待ち時間や無駄な保管費用などの発生を**最小限にする**必要がある。そのためには，**機械台数を平準化（バランスよく）**することが大切である。

○　事前調査

・現場により条件は大きく影響するのでその状況を確認することが重要である。

・施工計画を作成するための事前調査事項には，**契約条件**と**現場条件**がある。

契約条件	現場条件
① **契約内容の確認** ・事業損失，**不可抗力による損害**に対する取扱い方法 ・工事中止に基づく損害に対する取扱い方法 ・資材，労務費の変動に基づく変更の取扱い方法 ・契約不適合責任の範囲等 ・工事代金の支払条件 ・数量の増減による変更の取扱い方法 ② **設計図書の確認** ・図面と現場との相違点および数量の違算の有無 ・図面，仕様書，施工管理基準などによる規格値や基準値 ・現場説明事項の内容 ③ **その他の確認** ・監督職員の指示，承諾，協議事項の範囲 ・当該工事に影響する附帯工事，関連工事 ・工事が施工される都道府県，市町村の各種条例とその内容	・地形，地質，土質，地下水 ・施工に関係のある水文気象 ・施工法，仮設規模，施工機械の選択方法 ・動力源，工事用水の入手方法 ・**材料の供給源と価格および運搬路** ・**労務の供給**，労務環境，賃金 ・工事によって支障を生ずる問題点 ・用地買収の進行状況 ・隣接工事の状況 ・騒音，振動などに関する環境保全基準，各種指導要綱の内容 ・文化財および**地下埋設物・地上障害物などの有無** ・建設副産物の処理方法・処理条件など

・事前調査は，**既往資料（文献図書）**の確認だけでなく，**現地調査**による近隣地域の情報は，重要な調査項目である。また，過去の災害の状況とかその土地のかくれた面は現地踏査のみではわからないので，地元の古老などの意見を聞くことも必要である。

・現場条件の事前調査は，施工計画を立てる上で重要となってくるため，**契約後も個々の現場に応じた適切な事前調査をする必要がある。**

施工管理法

3大管理の相互関係　　　　　　　　　重要度 C

・施工計画における3大管理とは工程管理，品質管理，原価管理である。安全管理を加えた4大管理で現場は行われるが，**安全は最優先**されるため，相互関係からは省略されている。

・品質，工程，原価の関係は**相反する性質**があるため，単独で計画するのではなく，これらの**調整を図りながら管理**をしていく必要がある。

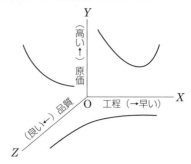

工程・原価・品質の関係

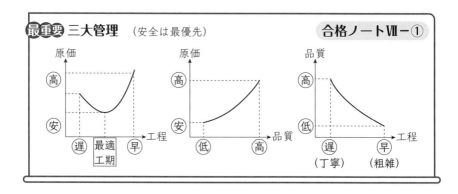

最重要 三大管理　（安全は最優先）　　　合格ノートⅦ－①

① 原価－工期の関係

・一般に工程の**施工速度を遅らせて施工量を少なくする**と，単位施工量当たりの原価は高くなる。

・**工程（施工速度）を速める**と，単位時間当たりの施工量が増え**原価は下がる**が，極端に速める（突貫工事になる）と，**人員を増やし，機械を大型にする**などが必要となり，**原価は上昇する**。施工速度には**最適な速度（最適工期）**がある。

② 原価－品質の関係

・悪い品質のものは安くできるが，良い品質のものは逆に**原価が高くなる**。

③ 品質－工期の関係

・品質と工程の関係は，**品質の良いものは時間がかかり，工程速度を上げると**

品質はやや悪くなる。さらに工程を早め**突貫作業となると急激に品質は低下**する。

許可／届出　　　　　　　　　　　　　重要度 **C**

※第3章各節［法規−道路関係法，騒音・振動規制法，安全衛生法，火薬法，建設リサイクル法等］に関連事項を記載しています。

各種申請書類と届出先

申請・届出書類	届出先
道路使用許可申請書	警察署長
道路占用許可申請書	道路管理者
特殊車両通行許可申請書	道路管理者
騒音・振動規制法（特定建設作業実施届出書）	市町村長
建設工事計画届 （重大な労働災害が生じる恐れのある大規模な工事）	労働基準監督署長 （厚生労働大臣）
機械等設置届 （足場・型枠支保工・リフト・クレーン等）	労働基準監督署長
建設リサイクル法における対象建設工事届	都道府県知事
現場代理人及び主任（監理）技術者届	工事発注者
火薬類の爆発，燃焼，廃棄の許可 火薬庫の設置の許可	都道府県知事
消防法に基づく電気設備設置届	消防署長

仮設工事　　　　　　　　　　　　　　重要度 **B**

- 仮設は，**発注者が指定する指定仮設**と，**施工者の判断に任せる任意仮設**がある。
- **指定仮設**…**発注者が設計図書でその構造や仕様を指定**する。重要な仮設物について構造，形状寸法，品質及び価格の指定を受けて施工するもので，仮設備の変更が必要となった場合には，**設計変更（契約変更）の対象**となる。
- **任意仮設**…**請負者が任意にその計画立案を行い実施される**もので，そのすべ

ての責任は請負者が有するものである。契約上一式計上され，特にその構造について条件は明示されず，**施工方法は施工業者の自主性と企業努力にゆだねられている**ものであり，**設計変更の対象とならない事が多い。**特殊な場合を除いては任意仮設が一般的に用いられることが多い。

○　仮設設備計画の留意点

・仮設工事計画は，本工事の工法・仕様などの変更にできるだけ**追随可能な柔軟性のある計画**とする。

・仮設工事の材料は一般の市販品を使用し，可能な限り規格を統一し，**他工事にも転用できるような計画**とする。

・仮設構造物は，使用期間が短いなどの要因から一般に**安全率は多少割引いて設計**することがあるが，使用期間が長期にわたるものや**重要度の大きいもの**は，**相応の安全率**をとる。（工事規模に対して過大あるいは過小とならないようにする。）

※繰返し荷重や一時的に大きな荷重がかかる場合は，安全率に余裕を持たせた検討が必要であり，補強などの対応を考慮する。

最重要 仮設工事　　　　　　　　　　　　　　**合格ノートⅦ－②**

（本体構造物と比較して）

※安全率は多少割引いて OK（重要度の高い場合や，設置期間が長い場合は，相応とする。）

（過大・過少とならない）

・使用材料は，中等品質とし，市販品を用いて転用できるものとする。

・任意仮設…契約 一式計上 ──────→　設計変更の対象とならない
　　　　　　　材料・施工方法 ──→ 請負者に一任

・指定仮設…設計 発注者が指定 ──────→　設計変更の対象となる
　　　　　　　材料・施工方法 ┘

○　土止め工

※第1章第3節［基礎工－土止め支保工］に記載しております。

※第1章第1節［建設機械の性能等］，第3節［既成杭の施工］に関連事項を記載しています。

○　建設機械の施工計画

- ・組合せ機械の検討においては，**主作業の機械能力を最大限に発揮**させるために，**従作業の機械能力を主作業の機械能力より高め**とする。
- ・建設機械の組合せ作業能力は，組み合わせた各建設機械の中で**最小の能力の機械によって決定**する。
- ・建設機械の使用計画を立てる場合は，**作業量をできるだけ平滑化**し，施工期間中の使用機械の必要量が大きく変動しないように計画する。
- ・土工作業の施工可能日数を把握するには，**工事着手前**に，現地の気象・土質などの調査を行う。
- ・施工機械の選定にあたっては工事現場への騒音，振動の影響など**作業環境の保全・近隣環境の保全**を考慮する。

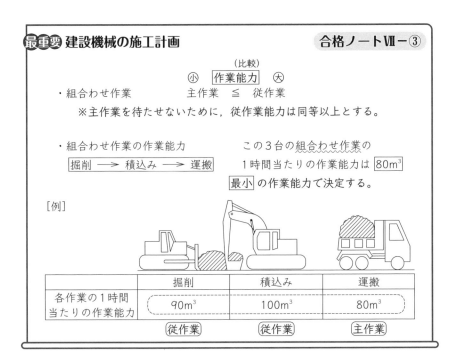

最重要 建設機械の施工計画　　　　　　　　　　合格ノートⅦ－③

（比較）

　　　　　　　　　　　小　[作業能力]　大

- ・組合わせ作業　　　　主作業　≦　従作業

　　※主作業を待たせないために，従作業能力は同等以上とする。

- ・組合わせ作業の作業能力　　　この3台の組合わせ作業の

　[掘削 ➡ 積込み ➡ 運搬]　　1時間当たりの作業能力は[80m³]

　[最小] の作業能力で決定する。

［例］

	掘削	積込み	運搬
各作業の1時間当たりの作業能力	90m³	100m³	80m³
	従作業	従作業	主作業

施工管理法

○ 建設機械の組合せ施工

- ブルドーザ＋バックホウ（トラクターショベル）＋ダンプトラックの建設機械の組合せで**伐開除根（掘削）, 積込み, 運搬**の施工を行うことができる。
- モーターグレーダ＋タイヤローラ＋マカダムローラの建設機械の組合せで**敷均し, 締固め**の施工を行うことができる。
- 自走式スクレーパ＋プッシャ（後押し用トラクター）の組合せで**掘削, 積込み, 運搬, まき出し**の施工を行うことができる。

○ 建設機械の施工計画（計算問題）

- 作業能力の算定…建設機械の作業能力は, 一般に運転**時間当たり**の作業量で表示される。
- 運転時間当たり作業量の一般式は下記のように表される。

$$Q = q \times n \times f \times E \quad または \quad Q = (q \times f \times E \times 60)/C_m$$

ここで,

Q ：時間当たり作業量

q ：1作業サイクル当たりの標準作業量

n ：時間当たりの作業サイクル数（$60/C_m$）

C_m：サイクルタイム（min）

f ：土量換算係数

E ：作業効率

とする。

① 時間当たり作業量：**Q**

機械の時間当たり作業量は, m^3/h で表わすことが多い。

※土量の状態には地山の土量, ほぐした土量, 締固め土量の3種類があるため, どの状態での作業量であるかを明確にしておく必要がある。

② 1作業サイクル当たりの標準作業量：**q**

機械作業は, 一般に一連の繰返し作業であり, この動作の1回を1サイクルという。

1サイクルでなされる標準的な作業量qを実績などを考慮して機種ごとに定数化したものである。土量の場合, ほぐした土量で表わすことが多い。

③ サイクルタイム（**min**）：**C_m**

サイクルタイムC_mは, 機械が1回の繰返し作業を行うのに必要な時間である。

min（分）もしくは sec（秒）で表わされることが多い。

④ **時間当りの作業サイクル数：n**

サイクルタイムから1時間で何サイクル作業を行えるかを算出する。

min（分）の場合→60/C_m

sec（秒）の場合→3600/C_m

⑤ **土量換算係数：f**

土には，地山の状態，ほぐした状態，締固めた状態の3つの状態があるため，基準作業量 q と，求める作業量の土の状態を合わせて計算する必要がある。これを土量換算係数といい，土の3つの状態の関係から得られる下表の土量換算係数を用いる。

土量換算係数 f の値

求める作業量（Q） 基準作業量	地山の土量	ほぐした土量	締固めた土量
地山の土量	1	L	C
ほぐした土量	1/L	1	C/L
締固めた土量	1/C	L/C	1

※L および C は土量の変化率を表す。土量の変化率については，第1章第1節［土量の変化率］に詳しい記載があります。

⑥ **作業効率：E**

時間当たり作業量 Q は，気象条件・地形・機械の管理状態・運転員の技量等の現場条件によって変化する。機械の標準的な作業能力にそれぞれの現場の状況に応じた作業効率 E を乗じて算定する。

[例題] トラクターショベルの1時間当たり積込み作業量（地山土量）は何 m^3 となるか。ただし，次に示す条件により計算するものとする。

バケットの山積み容量（q$_o$）；1.4m^3
バケット係数（K）；0.50　　サイクルタイム（C$_m$）；60秒
土量変化率 L；1.20（＝ほぐした土量／地山土量）
作業効率（E）；0.8

[解答]

地山土量 V を求めるために，まずは，トラクターショベルのほぐした土量 V$_L$ を求める。

$$V_L = q_o \times K \times (3600/C_m) \times T \times E$$
$$= 1.4 \times 0.50 \times (3600/60) \times 0.8$$
$$= 33.6m^3 \cdots ほぐした土量$$

土量変化率 L；1.20＝ほぐした土量 V$_L$／地山土量 V

1.20＝33.6/V

よって，V＝33.6/1.2＝28m^3 となる。

※バケット係数とは，バケット1回の堀削できるバケットのサイズに対する係数である。（土質・機種等によって異なる。）

実践問題

問題1 □□□

施工計画の事前調査に関する記述として，適当でないものはどれか。

(1) 工事内容の把握のため，契約書，設計図面及び仕様書の内容を検討し，工事数量の確認を行う。

(2) 近隣環境の把握のため，現場用地の状況，近接構造物，地下埋設物などの調査を行う。

(3) 工事に伴う公害の把握のため，土地の価格の確認を行う。

(4) 事前調査は，契約条件・設計図書を検討し，現地調査が主な内容である。

解説

(3) 工事に伴う**公害の把握**と，**土地の価格の確認は関連性が薄い**。

解答 (3)

問題2 □□□

工程管理を行う上で品質・工程・原価に関する次の記述のうち，適当でないものはどれか。

(1) 一般に工程の施工速度を極端に速めると，単位施工量当たりの原価は安くなる。

(2) 一般に工程の施工速度を遅らせて施工量を少なくすると，単位施工量当たりの原価は高くなる。

(3) 一般に品質をよくすれば，原価は高くなる。

(4) 一般に品質のよいものを得ようとすると，工程は遅くなる。

解説

(1) 工程の施工速度を早めると適正工期に近づくにつれて原価は安くなるが，**極端に速めると，原価は高くなる（突貫工事）**。

解答 (1)

問題3 　□□□

施工者が関係法令などに基づき提出する届，申請書とその提出先との次の組合せのうち，適当でないものはどれか。

［届，申請書］	［提出先］
(1) 特殊車両通行許可申請書	道路管理者
(2) 機械等設置届	労働基準監督署長
(3) 現場代理人及び主任（監理）技術者届	工事発注者
(4) 道路占用許可申請書	警察署長

解説

(4) **道路占用許可**は**道路管理者**に，**道路使用許可**は**警察署長**に届け出る。

解答　(4)

問題4 　□□□

工事の仮設に関する記述として，適当でないものはどれか。

(1) 仮設に使用する材料は，一般の市販品を使用し，可能な限り規格を統一する。

(2) 任意仮設は，規模や構造などを請負者に任せられた仮設である。

(3) 指定仮設は，構造の変更が必要な場合は発注者の承諾を得る。

(4) 指定仮設及び任意仮設は，どちらの仮設も契約変更の対象にならない。

解説

(4) **指定仮設**は，構造や仕様が変更になった場合，**契約変更の対象となる**。

解答　(4)

問題5 　□□□

建設機械の選定に関する記述として，適当なものはどれか。

(1) 組み合せた一連の作業の作業能力は，組み合せた建設機械の中で最小の作業能力の建設機械によって決定される。

(2) ローディングショベルは，機械の位置より低い場所の掘削に適し，かたい地盤の土砂の掘削に用いられる。

(3) ブルドーザの作業効率は，砂の方が岩塊・玉石より小さい。

⑷ ドラグラインは，機械が設置された地盤より高い場所の掘削に適し，掘削力が強く，かたい地盤の土砂の掘起こしに用いられる。

解説

⑵ ローディングショベルは，**機械の位置より高い場所**の掘削に適している。

⑶ ブルドーザの作業効率は，**砂質土は大きく，岩塊・玉石は小さい**。

⑷ ドラグラインは，クローラクレーンのブームからワイヤロープにつり下げたバケットで掘削するもので，**軟らかい地盤**の掘削に用いられる。**機械が設置された地盤より低い場所の掘削に適している。**

解答 ⑴

問題6 □□□

ダンプトラックを用いて土砂を運搬する場合に，時間当たり作業量（地山土量）として，次のうち，適当なものはどれか。

ただし，土質は粘性土（土量変化率：L＝1.20，C＝0.90）

$$Q＝(q×f×E×60)/Cm [m^3/h]$$

q：1回の積載量5.0m³ 　　　　E：作業効率0.9

Cm：サイクルタイム（25.0）min　　f：土量換算係数　とする。

⑴ 9m³ 　　　　　　　　　　⑵ 10m³
⑶ 12m³ 　　　　　　　　　　⑷ 13m³

解説

⑴ 土量変化率 $f＝1/L＝1/1.2≒0.83$

　$Q＝(q×f×E×60)/C_m$ に条件値を代入

　$Q＝(5.0×0.83×0.9×60)/25≒9 [m^3/h]$

解答 ⑴

一問一答 ○×問題

施工計画に関する記述において，正しいものには○，誤っているものには×をいれよ。

☐☐☐ ① 【　】　計画は1つのみでなく，代替案を考えて比較検討し最良の計画を採用することに努める。

☐☐☐ ② 【　】　全体工期，全体工費に及ぼす影響の小さい工種を優先して施工手順の検討事項として取り上げる。

☐☐☐ ③ 【　】　施工計画書の作成は，現場条件が大きく影響するのでその状況を確認することが重要である。

☐☐☐ ④ 【　】　全体工程のバランスを考えて作業の過度な凹凸を避ける。

☐☐☐ ⑤ 【　】　事前調査における調達計画は，労務計画，資材計画，安全衛生計画が主な内容である。

☐☐☐ ⑥ 【　】　事前調査では，輸送，用地の把握のため，道路状況，工事用地，労働賃金の支払い条件などの調査を行う。

☐☐☐ ⑦ 【　】　施工計画の作成において，「不可抗力による損害」は契約条件の事前調査事項のうちの一つである。

☐☐☐ ⑧ 【　】　施工管理における工程・原価・品質の関係において，工程の施工速度を極端に速めると，単位施工量当たりの原価は高くなる。

☐☐☐ ⑨ 【　】　工程管理では，実施工程が計画工程よりもやや下回るように管理する。

工事の仮設に関する記述において，正しいものには○，誤っているものには×をいれよ。

☐☐☐ ⑩ 【　】　仮設構造物は，使用期間が短い場合は安全率を多少割引くことが多い。

☐☐☐ ⑪ 【　】　地山が比較的良好で湧水の浸入のある場合は，親杭横矢板工法を用いる。

工事の仮設に関する記述において，正しいものには○，誤っているものには×をいれよ。

☐☐☐ ⑫ 【　】　湿地ブルドーザは，建設機械の走行に必要なコーン指数が小さく，軟弱な地盤での施工に適している。

☐☐☐ ⑬ 【　】　掘削・積込み・運搬を行う場合は，ブルドーザ＋ダンプトラッ

クの組合せで施工ができる。

解答・解説

① 【○】…設問の記述の通りである。

② 【×】…工期，工費に及ぼす**影響の大きい工種を優先**して検討を行う。

③ 【○】…設問の記述の通りである。

④ 【○】…設問の記述の通りである。

⑤ 【×】…**安全衛生計画は調達計画には含まれない。**

⑥ 【×】…**労働賃金の支払い条件**は，現場条件の把握する**項目には含まれ**
　　　　ていない。

⑦ 【○】…設問の記述の通りである。

⑧ 【○】…設問の記述の通りである。

⑨ 【×】…工程管理において，**実施工程の進捗が計画工程よりやや上回る**
　　　　ように管理することが望ましい。

⑩ 【○】…設問の記述の通りである。

⑪ 【×】…親杭横矢板工法は，施工方法が簡易だが，**止水性はなく，湧水**
　　　　の多い箇所では使用できない。

⑫ 【○】…設問の記述の通りである。

⑬ 【×】…**ブルドーザ単体では積み込み作業を行うことはできない。**積込
　　　　み作業が必要な場合はバックホウなどの機械が必要となる。

施工管理法

第2節 工程管理

工程計画 重要度 C

- 工程管理は，施工計画において品質，原価，安全など工事管理の目的とする要件を総合的に調整し，策定された基本の工程計画を基にして実施される。
- 工程管理の内容は，施工計画の**立案・計画**を施工面で実施する**統制機能**と，施工途中で**評価などの処置**を行う**改善機能**に大別できる。
- 工程管理では，**実施工程**の進捗が計画工程より**やや上回るように管理**する。

工程管理における PDCA サイクル 重要度 C

- 工程管理は，**PDCA サイクル**の手順で実施される。
- **PDCA サイクル**とは，**Plan**（計画），**Do**（実行），**Check**（評価），**Action**（**改善**）を繰り返すことによって，管理業務を継続的に改善していく手法のことである。PDCA サイクルは，**工程管理だけではなく，品質管理，施工管理全般**として広く用いられる手法である。

① **Plan**（計画）

工事全体がむだなく順序どおり円滑に進むように**工程表を作成**する。工程表は，工事の施工順序と所要の日数をわかりやすく図表化したもので，一般的に，全体工程計画をもとに月間工程が最初に計画され，週間工程が順次計画される。

② **Do**（実行）

工程表を基に，工事の**施工を行う**。工程の進行状況を全作業員に周知徹底させ，作業能率を高めるように努力させることが重要である。

③ **Check**（評価）

作業終了時，日毎，週毎，月毎等チェックポイントを設けて，工程表に対して，**実施工程と計画工程の比較検討を行う**。工程計画と実施工程の間に生じた

差は，労務・機械・資材・作業日数など，あらゆる方面から検討する必要がある。

④　**Action（改善）**

　実際に進行している工事が工程計画のとおりに進行するように**是正（調整）を行う**。そして，また再計画を行い，よりよい工程管理とする。これを PDCA サイクルという。

各種工程表の特徴　　　　　　　　重要度 **A**

○　バーチャート工程表（横線式工程表）

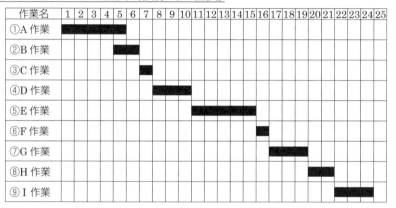

作業名	1	2	3	4	5	6	7	8	9	10	11	12	13	14	15	16	17	18	19	20	21	22	23	24	25
①A 作業	█	█	█	█	█																				
②B 作業					█	█																			
③C 作業							█																		
④D 作業								█	█	█															
⑤E 作業											█	█	█	█	█										
⑥F 作業																█									
⑦G 作業																	█	█	█						
⑧H 作業																				█	█				
⑨I 作業																						█	█	█	

・横軸に日数（全体工期，月毎，週毎など），縦軸に作業名を記入する。

・簡単な工事で作業数の少ない場合に適している。

・**作成が容易**で，**各作業の開始日・終了日・所要日数が分かりやすく**，ある程度作業間の関連が把握できる。

・作業間の関連は明確につかめず，**工期に影響する作業がどれであるかはつかみにくい**。

・バーチャート工程表は，各作業の所要日数がタイムスケールで描かれて見やすく，実施工程を書き入れることにより，作業の進行度合いもある程度把握できる。

施工管理法

〇 ガントチャート（横線式工程表）

・縦軸に作業名，横軸に進捗率（出来高；何パーセント作業が終了しているか）を記入する。

・作成が容易で，**各作業のある時点の進捗度合いはよくわかる**が，その他作業間の関連は把握できない。

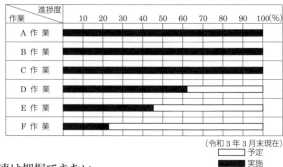

〇 斜線式工程表（座標式工程表）

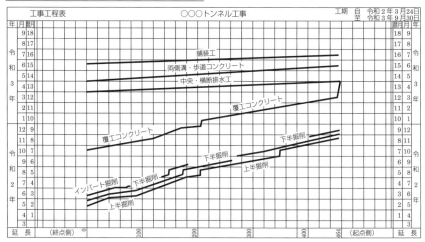

・横軸に区間，縦軸に日数（工期）をとり，各工種の作業を1本の斜線で示す。

・**トンネル工事のように工事区間が線上に長く，しかも工事の進行方向が一定の方向に進捗するような工事によく用いられる。**（平面的で広がりのある工事の場合は各工種の相互関係を明確に示しにくい。）

・作業期間，着手地点，進行方向，作業速度を示すことができるので，工事の進捗状況がわかるが，**工期に影響する作業は分かりにくい。**

〇 グラフ式工程表（曲線式工程表）

・横軸に日数（工期）をとり，
　縦軸に各作業の出来高比率を
　表示した工程表である。

・作成が容易で，**各作業の開始
　日・終了日・所要日数が分か
　りやすく，ある程度，作業間
　の関連が把握できる。**

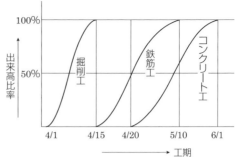

・作業間の関連は明確につかめ
　ず，工期に影響する作業がどれであるかはつかみにくい。

・どの作業が未着手か，施工中か，完了したのか一目瞭然であり，予定と実績
　との差を直視的に比較でき，**施工中の作業の進捗状況もよくわかる。**

〇 出来高累計曲線（曲線式工程表）

・縦軸に出来高比率（％），横軸に工
　期（時間経過比率）をとり，予定工
　程と比較し，実施工程がその上方限
　界及び下方限界の許容範囲内に収ま
　るように管理するための工程表であ
　る。

・出来高累計曲線は，**初期→中期→終
　期で緩→急→緩**となるのが一般的で
　S字型の曲線となる。

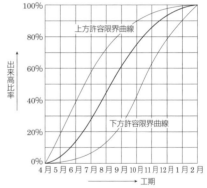

・**全体作業の進捗率（出来高）が明確**
　に分かる。工事の遅れ，無駄を視覚的に把握しやすい。

・出来高累計曲線において，上方・下方の許容限界曲線を加えたものを**バナナ
　曲線**という。

・実施工程曲線が許容限界曲線の**上方限界を超えたときは，工程が進みすぎて
　いる**ので，必要以上に大型機械を入れるなど，不経済となっていないかを検
　討する。

・実施工程曲線が許容限界曲線の**下方限界を下回るときは，**どうしても**工程が
　遅れることになり突貫工事が不可避**となるので施工計画を再度検討する。

・予定工程曲線が許容限界内に入っている場合は，**工期の中期をできるだけ緩やかな勾配になるように調整**する。

○　ネットワーク工程表

・丸印（○）と矢線（→）で表された工程表で，矢印の上に作業名，下に作業日数を記入する。

・ネットワーク工程表は，**作業の手順，各作業の開始日・終了日(所要日数)，作業進行の度合いが把握でき，明確に作業間の関連・工期に影響する作業が把握できるため，工種が多く複雑な場合に用いられる。**

・1つの作業の遅れや変化が工事全体の工期にどのように影響してくるかを早く正確に理解でき，数多い作業の中でどの作業が全体の工程を最も強く支配し，時間的に余裕のない経路であるかをあらかじめ確認することができる。

・作成が複雑で専門的な知識が必要となる。

各種工程表の比較

	横線式工程表		斜線式工程表	曲線式工程表		ネットワーク
	バーチャート	ガントチャート		グラフ式工程表	出来高累計曲線	
作業の手順 （各作業の関連性）	漠然 △	不明 ×	漠然 △	漠然 △	不明 ×	判明 ○
作業に必要な日数 （作業開始日・終了日）	判明 ○	不明 ×	判明 ○	判明 ○	不明 ×	判明 ○
作業の進行度合い （進捗状況・出来高）	漠然 △	判明 ○	判明 ○	判明 ○	判明 ○	判明 ○※
工期に影響する作業 （クリティカルパス）	不明 ×	不明 ×	不明 ×	不明 ×	不明 ×	判明 ○

※ネットワーク工程表の作業の進行度合いは「判明する」と記載しており，土木施工管理技術検定試験では「判明する」が正解として過去出題されています。しかし，建築施工管理技術検定試験では「判明しない」という記載が，正解として出題されたことがあります。ネットワーク工程表の進行度合いが出題された場合は，他の工程表の特徴に**明らかな誤り**が無いかを先に判断をするようにしてください。

ネットワーク工程表の特徴・計算方法　　重要度 A

　ネットワーク工程表は各作業の順序・関係性を示している。工程表中のA・B・C…は作業名を，矢線の下の数字は各作業に必要な作業日数を表している。このネットワーク工程表から，総所要日数，最早開始時刻，最遅終了時刻，クリティカルパス，フロート等を求めることが出来る。

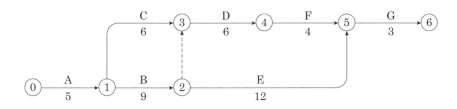

用　語	説　明
イベント（結合点）	作業と作業を結合する点であり，作業の開始点又は終了点。○の中に先行結合点より後続結合点が大きくなるように，正整数を記入する。（同じ番号が2つあってはならない）
アクティビティ	結合点と結合点をつなぐ矢線。（アロー）
パス（経路）	ネットワーク中の2つ以上の作業の連なり。
所要時間	作業をするのに必要な時間。（開始すべき時刻と完了すべき時刻の差）
総所要日数（工期）	最初の結合点から，最後の結合点までの作業を終了するために必要な日数。（最長経路に要する日数であり，各作業における最遅の経路）
ダミー	作業の順序を規制するために使われる点線の矢線。（所要時間はゼロ）

最早開始時刻 （最早結合点時刻）	最も早い作業開始時刻。 （結合点における，最も早い作業開始時刻）
最早終了(完了)時刻	最も早い作業完了時刻。
最遅開始時刻	工期に影響を与えない範囲で最も遅い作業開始時刻。
最遅終了(完了)時刻 （最遅結合点時刻）	工期に影響を与えない範囲で最も遅い作業完了時刻。 （結合点における，工期に影響を与えない最も遅い作業完了時刻）
クリティカルパス	遅れることのできない作業経路（最初の作業から最後の作業に至る最長経路）で最重点管理経路となる。クリティカルパスは，1本だけとは限らず複数本となる場合もある。
トータルフロート （スラック）	その作業内で使っても，工期には影響を及ぼさないフロート（余裕日数）。トータルフロートでは最遅結合点時刻と最早結合点時刻の差が0となる。 ※トータルフロートの非常に小さい経路はクリティカルパスと同様に重点管理の対象とする必要がある。
フリーフロート	その作業内で自由に使っても，後続作業に影響を及ぼさないフロート（余裕日数）。

○ 最早開始時刻・総所要日数の求め方

計算のルール

1．最初の結合点⓪の時刻を0として**左から足し算**を行う。
　（各矢線の末に記入した数字が**「最早終了時刻」**となる。）
2．先行作業完了後しか，後続作業を開始することはできない。
3．ダミーは作業の関連性のみを表す。（作業日数0日）
4．結合点に矢線が1本のみ入っている場合は，その矢線の最後の数字を選択し〇で囲む。この数字が次の作業の**「最早開始時刻」**となる。
5．結合点に矢線が2本以上入っている場合は大きい数字を選択し〇で囲む。この数字が次の作業の**「最早開始時刻」**である。

ルールに従い計算した数値を記入すると次図のようになる。

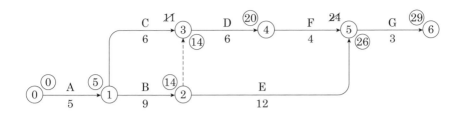

　○で囲った数字が，その結合点における最早開始時刻であり，⑥の結合点で丸印のついた数字がこの工程表の**総所要日数**となる。

○　クリティカルパスの求め方

　パス（経路）とは，矢線のつながりの事をいい，このネットワーク工程表では

⓪→①→②→⑤→⑥

⓪→①→②⋯③→④→⑤→⑥

⓪→①→③→④→⑤→⑥

の3本のパスがある。この3本のパスの中で最も所要日数の大きなものが，クリティカルパス（最も重要な経路で，遅れることのできない作業経路）になる。

⓪→①→②→⑤→⑥………………**[5＋9＋12＋3＝29日]**

⓪→①→②⋯③→④→⑤→⑥……[5＋9＋6＋4＋3＝27日]

⓪→①→③→④→⑤→⑥…………[5＋6＋6＋4＋3＝24日]

　よって，クリティカルパスはイベント名で表示すると⓪→①→②→⑤→⑥（作業名で表示するとA－B－E－G）となる。

○　最遅終了時刻の求め方

計算のルール

※すべての矢線逆向きとして工期から遡って計算を行う。（ダミーを含む）

1．最後の結合点⑥を起点とし，**右（総所要日数）から引き算する。**
　（矢線の末に記入した数字が各作業の「**最遅開始時刻**」となる。）

2．ダミーは作業の関連性のみを表す。（作業日数0日）

3．結合点に矢線が1本のみ入っている場合は，入ってきた矢線の末の数字を□で囲む。この数字が先行作業の「**最遅終了時刻**」となる。

4．結合点に矢線が2本以上入っている場合は小さい数字を選択し□で囲む。この数字が先行作業の「**最遅終了時刻**」となる。

ルールに従い計算した数値を記入すると下図のようになる。

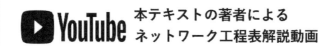

□で囲まれた数字が，その結合点における最遅終了時刻である。

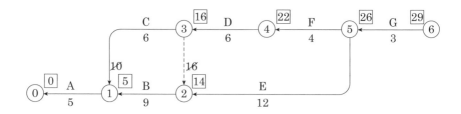

YouTubeにて『ネットワーク工程表』で検索

・足し算と引き算ができれば、だれでも解けるネットワーク工程表　前編
・足し算と引き算ができれば、だれでも解けるネットワーク工程表　後編

問題1 □□□

工程管理の説明文に該当する工程図表の名称で次のうち，適当なものはどれか。

「縦軸に各作業を並べ，横軸に工期をとり，その工事に必要な日数（各作業の開始時点から終了時点までの日数）を棒線で表した工程表であり，各作業の開始日，終了日，所要日数が明らかになり，簡潔で見やすく，使いやすい。」

 (1) グラフ式工程表

 (2) ネットワーク式工程表

 (3) 横線式工程表（バーチャート）

 (4) ガントチャート式工程表

解説

(3) 記述は横線式工程表（バーチャート）の説明文である。

解答 (3)

問題2 □□□

工程管理の説明文に該当する工程図表の名称で次のうち，適当なものはどれか。

「縦軸に出来高比率（％）を取り，横軸に時間経過比率（％）を取り，あらかじめ，予定工程を計画し，実施工程がその上方限界及び下方限界の許容範囲内に収まるように管理する工程表である。」

 (1) 横線式工程表（ガントチャート）

 (2) 曲線式工程表（出来高累計曲線）

 (3) ネットワーク式工程表

 (4) 斜線式工程表

解説

(2) 記述は曲線式工程表（出来高累計曲線）の説明文である。

解答 (2)

施工管理法

問題3 □□□
　工程表の種類と特徴に関する記述として，適当でないものはどれか。
　(1)　バーチャートは，各作業の所要日数及び作業間の関連がわかるので，各作業による全体工程への影響がよくわかる。
　(2)　ガントチャートは，縦軸に作業名，横軸に進捗率を記入した工程表で，作成が容易な図表である。
　(3)　斜線式工程表は，トンネルのように工事区間が線状に長く，工事の進行方向が一定の方向にしか進捗できない工事によく用いられる。
　(4)　出来高累計曲線は，工事全体の出来高比率の累計を曲線で表すもので，一般にバナナ曲線によって管理することが望ましい。

解説

(1)　バーチャートは，**作業間の関連はある程度しかわからない。**作業間の関連性等が明確にわかる工程表はネットワーク工程表のみである。

解答　(1)

問題4 □□□
　工程管理曲線(バナナ曲線)に関する記述として，適当でないものはどれか。
　(1)　縦軸に出来高比率をとり，横軸に時間経過比率をとる。
　(2)　上方許容限界と下方許容限界を設け工程管理する。
　(3)　出来高累形曲線は，一般的にS字型となる。
　(4)　上方許容限界を超えたときは，工程が遅れている。

解説

(4)　**上方許容限界を超えたときは，工程が進み過ぎており，機材や人員の配置に無**駄がある可能性がある。

解答　(4)

問題5 □□□

下図のネットワーク式工程表に示す工事のクリティカルパスとなる日数は，次のうちどれか。

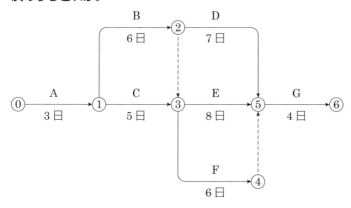

(1) 19日
(2) 20日
(3) 21日
(4) 22日

解説

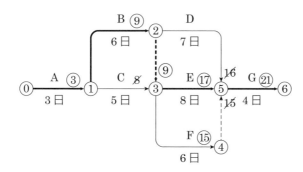

(3) このネットワークには5通りのパスがあり

A→B→D→Gは3＋6＋7＋4＝20日

A→B→E→Gは3＋6＋8＋4＝21日

A→B→F→Gは3＋6＋6＋4＝19日

A→C→E→Gは3＋5＋8＋4＝20日

A→C→F→Gは3＋5＋6＋4＝18日

となり，**最長経路の21日が総所要日数**となる。

<u>解答　(3)</u>

施工管理法

問題6 □□□

ネットワーク式工程表の用語に関する記述として，適当なものはどれか。

(1) クリティカルパスは，総余裕日数が最大の作業の結合点を結んだ一連の経路を示す。

(2) 結合点番号（イベント番号）は，同じ番号が2つあってもよい。

(3) 結合点（イベント）は，○で表し，作業の開始と終了の接点を表す。

(4) 疑似作業（ダミー）は，破線で表し，所要時間をもつ場合もある。

解説

(1) クリティカルパスは**余裕日数のない経路**である。

(2) **同じ番号が2つ以上あってはならない。**

(4) ダミーは**所要時間ゼロ**で先行作業と後続作業の関連性のみを示す。

解答 (3)

一問一答 ○×問題

工程管理に関する記述において，正しいものには○，誤っているものには×をいれよ。

□□□ ① 【 】 横軸に日数（工期）をとり，縦軸に各作業の出来高比率（％）を表示した工程表で，予定と実績との差を直視的に比較するのに便利な工程表は，「グラフ式工程表」である。

□□□ ② 【 】 ガントチャートは，縦軸に出来高比率，横軸に時間経過比率をとり実施工程の上方限界と下方限界を表した図表である。

□□□ ③ 【 】 ネットワーク式工程表は，ネットワーク表示により工事内容が系統だてて明確になり，作業相互の関連や順序，施工時期などが的確に判断できるようにした図表である。

ネットワーク式工程表の用語に関する記述として，正しいものには○，誤っているものには×をいれよ。

□□□ ④ 【 】 クリティカルパスは2本ある場合もある。

□□□ ⑤ 【 】 フロートとは，作業の余裕時間のことである。

□□□ ⑥ 【 】 ダミーとは，工程の最後に入れる予備日をいう。

工程管理曲線（バナナ曲線）に関する記述として，正しいものには○，誤っているものには×をいれよ。

□□□ ⑦ 【 】 下方限界を下回るときは，どうしても工程が遅れることになり突貫工事が不可避となるので施工計画を再度検討する。

□□□ ⑧ 【 】 予定工程曲線が許容限界内に入っている場合は，工程の中期では，できる限り上方限界に近づけるために早めに調整する。

解答・解説

① 【○】…設問の記述の通りである。

② 【×】…設問の記述は**曲線式工程表（バナナ曲線）**に関するものである。

③〜⑤【○】…設問の記述の通りである。

⑥ 【×】…ダミーとは，複数の作業が平行して行われる場合などに，相互関係を示すための矢線のことであり，**実作業および時間の要素を含まない。**

⑦ 【○】…設問の記述の通りである。

⑧ 【×】…予定工程曲線が許容限界内に入っている場合は，工期の中期を**できるだけ緩やかな勾配になるように調整**する。

第3節 安全管理

※本節における内容は，第2章第2節［法規－労働安全衛生法］でも多く出題されます。相互に関連事項を記載しています。

労働災害の発生の要因／防止対策　　　重要度 **B**

○ 建設業における事故の型別死亡災害発生状況

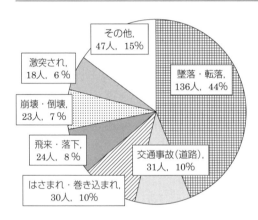

その他，
47人，15%

激突され，
18人，6%

崩壊・倒壊，
23人，7%

飛来・落下，
24人，8%

はさまれ・巻き込まれ，
30人，10%

墜落・転落，
136人，44%

交通事故（道路），
31人，10%

左図は，「建設業における事故の型別死亡災害発生状況（平成30年）」の推移を示したものである。

※年度により推移に多少変化はあります。

年々，死亡事故数は減少傾向にあるが，『墜落・転落災害』による死亡者数が一番多く，次いで『交通事故による災害』『建設機械による災害（はさまれ・巻き込まれ）』，『飛来・落下災害』『崩壊・倒壊災害』となっている。

○ 安全に関する用語

① **安全施工サイクル**…安全朝礼，作業前のミーティングから作業終了時の確認までの節目節目に作業場所の巡視や打合せ等を指す。

※安全朝礼は，仕事をする時間へと気持ちを切り替える極めて有効なものであり，この朝礼で作業者の健康状態についても確認することが重要である。

② **危険予知（KY）活動**…災害発生要因を先取りし，**現場や作業に潜む危険性，有害性を自主的に発見し，その問題点を解決する活動**で，小集団で行われる。

③ **指さし呼称**は，作業員の集中力を高め，**錯覚，誤判断，誤操作**などによる

事故を未然に防ぐことができる。

④ **ヒヤリ・ハット報告**…ヒヤリとしたりハッとした事例を報告することで，危険作業や危険個所を減らす取り組みである。

⑤ **ツールボックス・ミーティング**…職場の小単位の組織でのミーティングのことで，**職長がツールボックス（道具箱）を囲んで行うミーティング**というのが由来であり，各人が仕事の範囲，段取り，作業の安全のポイントを報告するものである。

⑥ **4S運動**…安全確保の基本の頭文字を指し，整理，整頓，清潔，清掃のことである。

⑦ **ハインリッヒの法則**…1件の重症事故の背景には，29件の軽傷の事故と，300件の傷害にいたらない事故（ヒヤリ・ハット）が，またさらにその背景には，数千，数万の危険な行為が潜んでいるという経験則である。

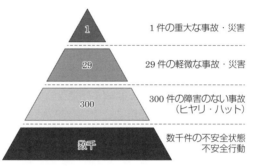

- 労働災害の背後には，労働災害に至らない無傷害事故，膨大な不安全な行動や不安全な状態がある。

> **不安全な行動** とは，労働災害の要因となった人の行動のことである。
> **不安全な状態** とは，労働災害・事故を起こしそうな，又は，その要因を作り出した**物理的な状態若しくは環境**のことである。
> 「壊れた防護柵が放置されていた」ことは"不安全な状態"であり，「安全確認をせずに建設重機を動かした」ことは人による要員であることから"不安全な行動"である。

施工管理法

保護具の使用　　　　　　　　重要度 **C**

※2019年2月より，「**安全帯**」の名称が「**（要求性能）墜落制止用器具**」に改められました。過去に出題された文中の「安全帯」という表記は「墜落制止用器具」に置き換えて記載しています。

○ 保護具使用上の留意事項

・**安全靴**は，作業区分をもとに用途や職場環境に応じたものを使用し，**一度でもつま先に強い衝撃や圧迫を受けた場合**，外観に変形が認められなくても先芯の強度が低下している恐れがあるため**危険なので交換する。**

・墜落による危険を防止するために水平に張って使用する防網は，**人体又はこれと同等以上の重さを有する落下物による衝撃を受けたネットは使用してはいけない。**

・手袋は作業区分をもとに用途や職場環境に応じたものを使用するが，ボール盤，面取り盤等の**回転する刃物に作業中**の労働者の手が巻き込まれるおそれのあるときは，当該労働者に**手袋（革手袋，軍手など）を使用させてはならない。**

・酸素欠乏危険作業において転落するおそれのあるときは，労働者に**墜落制止用器具その他の命綱を使用させる。**

・ゴンドラの作業床において作業を行うときは，当該作業を行う労働者に**墜落制止用器具等を使用**させなければならない。（手すりや中さんがある構造でも，ゴンドラ上の作業時は，墜落制止用器具等を使用しなければならない）

安全対策（足場／仮設通路等）　　　重要度 A

○ 高所（高さ2m以上の箇所での）作業時の留意事項

・墜落により労働者に危険を及ぼすおそれのあるときは，足場を組み立てる等の方法により**作業床を設ける。**（幅・隙間等の設置基準は次項の足場設置時の留意事項に準ずる）

・作業床の端，開口部等で，墜落により労働者に危険を及ぼすおそれのある箇所には，**囲い等（囲い，手すり，覆い等）を設ける。**

※**墜落防止措置**として，カラーコーンによる明示・注意喚起だけでは不十分である。

・高さが2m以上の作業床の開口部などで囲いや覆いなどの設置が著しく困難な場所などで作業するときは，**防網（安全ネット等）を設置し，更に墜落制止用器具を使用する**などして墜落を防止する。

・作業を安全に行うため必要な照度を保持する。

・**強風，大雨，大雪等の悪天候**のため，作業の実施について**危険が予想されるときは，作業に労働者を従事させてはならない。**

・労働者に墜落制止用器具等を使用させるときは，**墜落制止用器具等を安全に取り付けるための設備（親綱等）を設ける。**

・墜落制止用器具のフックの取付け位置は，落下距離を小さくするため**腰の高さより高い位置に取り付け**，ロープは，作業の支障がない限りなるべく**短く**したほうがよい。

※高さ又は深さが**1.5m を超える箇所**で作業を行うときは，安全に昇降する設備を設ける。（足場以外，土工事等においても高低差が1.5m 以上の箇所には適用される）

最重要 足場作業等　　　　　　　　　　　**合格ノートⅦ−④**

・組立て・解体作業時，関係労働者以外立入禁止とする。
　※特に危険な区域だけでなく，<u>作業箇所すべて</u>
・床材は2以上の支持物に固定する。
　※3点支持の場合であっても，腕木に固定する。
・開口部・作業床の端には囲い・手すり・覆い等を設ける
　※カラーコーンでは墜落防止としては不十分!!
・悪天候で危険が予想される場合は，作業をさせてはならない。
　※中止の決定は元方事業者が行う（作業主任者の職務に該当しない）

○　足場設置上の留意事項

・足場の組立て，解体又は変更の作業を行う区域内には**関係者以外の労働の立ち入りを禁止**しなければならない。

・**ベース金具を用い**，かつ敷板，敷角等を用い，根がらみを設ける。

・建地の間隔は，**わく組み足場はけた方向1.85m 以下，単管足場はけた方向1.85m 以下，はり間方向1.5m 以下**とする。

・単管足場の**地上第一の布**は，**2m 以下**の位置に設ける。

・足場の構造及び材料に応じて，作業床の**最大積載荷重を定め**，かつ，**これを超えて積載してはならない。**
　①　わく組み足場…[枠幅120cm；500kg 以下]，[枠幅90cm；400kg 以下]
　②　単管足場………**1スパンあたり400kg 以下**

・足場の倒壊防止のため，所定の間隔以内の壁つなぎを設けなければならない。
　①　**わく組み足場…水平方向8m 以内，垂直方向9m 以内**
　②　**単管足場………水平方向5.5m 以内，垂直方向5.0m 以内**

施工管理法

・足場における高さ **2m 以上**の作業場所には，次に定めるところにより，**作業床を設けなければならない。**

① つり足場の場合を除き，**幅は 40cm 以上**とし，**床材間の隙間は 3cm 以下**とし，**床材と建地との隙間を 12cm 未満**とする。

※**つり足場の場合は隙間がないようにする**（作業床の下方・側方にシート等を設ける等墜落又は物体の落下による労働者の危険を防止するための措置を講ずるときは，この限りではない）

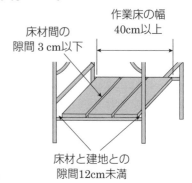

作業床の幅
40cm以上

床材間の
隙間 3 cm以下

床材と建地との
隙間12cm未満

② 墜落により労働者に危険を及ぼすおそれのある箇所には，わく組足場にあってはイ又はロ，わく組足場以外の足場にあってはハに掲げる設備を設ける。

イ 交さ筋かい**及び高さ 15cm 以上 40cm 以下**のさん若しくは**高さ15cm以上の幅木**又は同等以上の機能を有する設備

ロ 手すりわく

ハ **高さ85cm 以上の手すり**又はこれと同等以上の機能を有する設備**及び中さん**等

③ 作業のため物体が落下することにより，労働者に危険を及ぼすおそれのあるときは，**高さ10cm 以上の幅木**，**メッシュシート若しくは防網**又はこれらと同等以上の機能を有する設備を設ける。

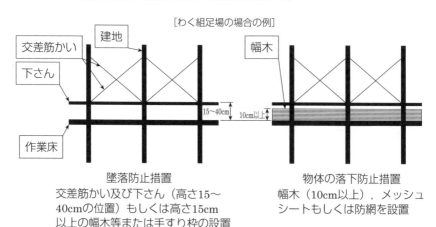

[わく組足場の場合の例]

交差筋かい

建地

下さん

作業床

15〜40cm

幅木

10cm以上

墜落防止措置
交差筋かい及び下さん（高さ15〜
40cmの位置）もしくは高さ15cm
以上の幅木等または手すり枠の設置

物体の落下防止措置
幅木（10cm以上），メッシュ
シートもしくは防網を設置

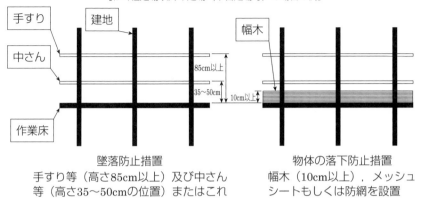

［わく組足場以外の足場（単管足場等）の場合の例］

手すり
建地
中さん
作業床
幅木

85cm以上
35〜50cm
10cm以上

墜落防止措置
手すり等（高さ85cm以上）及び中さん
等（高さ35〜50cmの位置）またはこれ
と同等以上の機能を有する設備を設置

物体の落下防止措置
幅木（10cm以上），メッシュ
シートもしくは防網を設置

④　腕木，布，はり，脚立その他作業床の支持物は，これにかかる荷重によっ
て破壊するおそれのないものを使用する。

⑤　つり足場の場合を除き，床材は，転位し，又は脱落しないように**2以上
の支持物に取り付ける。（3点支持の場合であっても，原則として腕木に
固定する）**

・壁つなぎ（又は控え）の設置間隔は，わく組足場の場合で垂直方向9m以下，
水平方向8m以下，単管足場の場合で垂直方向5m以下，水平方向5.5m以
下とする。

・その日の作業開始前に作業箇所
の手すり等の取りはずしや脱落
の有無の点検を実施する他，悪
天候等の後に実施する点検内容
等を記録する。

・**3m以上**の高所から物体を投下
するときは，適当な**投下設備**を
設け，監視人を置く等労働者の
危険を防止するための措置を講
じる。

最重要 足場の設置基準

合格ノートⅦ−⑤

高さ2m以上の足場	設置基準
作業床の幅	40cm以上
床材間の隙間	3cm以下
床材と建地の隙間	12cm未満
手すりの高さ	85cm以上

施工管理法

○　架設通路設置上の留意事項

・こう配は**30度以下**とし，こう配が**15度**を超えるものには，踏さんその他のすべり止めを設ける。

・墜落の危険のある箇所には，次に掲げる設備を設ける。

① **高さ85cm 以上の手すり**

② 高さ**35cm 以上50cm 以下**のさん又はこれと同等以上の機能を有する設備（中さん等）

・高さ**8m 以上**の登りさん橋には，**7m 以内**ごとに踊場を設ける。

・屋内に設ける通路では，通路面から**高さ1.8m 以内**に障害物を置かない。

・機械間又はこれと他の設備との間に設ける通路については，**幅80cm 以上**とする。

○　移動式足場

・移動式足場に労働者を乗せて移動してはならない。

・同一面より同時に2名以上の者を昇降させてはならない。

○　移動はしご・脚立

・移動はしごの**幅は30cm 以上**とし，踏さんは等間隔に設ける。また，はしご道の上端は，床から**60cm 以上**突き出させる。

・坑内はしご道のこう配は，80度以内とし，すべり止め装置の取り付けその他転位の防止を行う。

・脚立を使用する場合，脚と水平面との角度を**75度以下**とし，折りたたみ式のものは脚と水平面との角度を確実に保つための金具を備える。

・つり足場の上で脚立，はしご等を用いて労働者に作業させてはならない。

最重要 その他の設置基準

合格ノートⅦ－⑥

その他設置基準

移動はしごの幅	30cm 以上
はしご道の上端（突き出し）	60cm 以上
設備間の通路幅	80cm 以上
仮設通路の勾配	30度以下

※15度以上はすべり止め（踏みさん）設置

安全対策（建設機械） 重要度 **A**

○ 車両系建設機械(ブルドーザ・バックホウ等)を用いた作業上の留意事項

- 地形，地質の状態等の調査を行い記録し，現場条件に適応する作業計画を定め，それに従って作業を行わなければならない。
- 車両系建設機械に接触することにより労働者に危険が生ずるおそれのある箇所には，原則として労働者を立ち入れさせてはならない。
- 原則として，主たる用途以外の用途に使用してはならない。
- 最高速度が10km/h を超える車両系建設機械を用いて作業を行うときは，適正な制限速度を定め，運転者にそれを厳守させる。
- 車両系建設機械を用いて作業を行うときは，**乗車席以外の箇所に作業員を乗せてはならない。**
- ショベル系掘削機による作業では，**バケットをトラックの運転席の上を通過させてはならない。**
- **落石等の危険が生ずるおそれのある場所**で車両系建設機械を使用するときは，当該建設機械に**堅固なヘッドガードを付け，**かつ，労働者には保護帽を**装着させる。**
- 建設機械の転倒又は転落による労働者の危険を防止するため，当該運行経路について路肩の崩壊の防止等の必要な措置を講じなければならない。
- 地山を足元まで掘削する場合の**機械のクローラ（履帯）の側面は，掘削面と直角**となるように**配置する。**
- 転倒又は転落により運転者に危険が生ずるおそれのある場所においては，**転倒時保護構造を有し，**かつ，**シートベルトを備えた建設機械の使用**に努めなければならない。
- **作業員との接触及び転倒・転落の危険のおそれおのある箇所**や，見通しのきかない場所等には，誘導員を配置し，誘導員の合図によって作業を行う。（誘導員に行わせる合図は，**元方事業者が一定の合図を定める**）
- 誘導員が現場を離れるときには，**作業を中止しなければならない。**
- **運転位置を離れるときは，バケット・排土板等の荷役装置は最低降下位置に置き，原動機を止め，かつ，ブレーキを確実にかける。**
- 運搬に使用する車両の始業点検表を作成し，**オペレータ（運転者）**または点検責任者が**作業開始前に点検**を行い，その結果を記録する。
- **事業者**は，特定自主検査（年次点検；**1年以内毎に1回**）および，**月例点検**

（1月以内毎に1回）を行う。自主検査を行った記録は，**3年間保存**する。

最重要 車両系建設機械作業　　　　　　　　　　**合格ノートⅦ−⑦**

・作業開始前には，運転者（点検者）が点検を行う。

　※定期点検（自主点検）は，事業者が行う。

・元方事業者は，<u>一定の合図を定め</u>，誘導者を指名しその者に合図を行わせる。

　※誘導員が現場を離れる場合は作業を中断する。

・工期が遅れていようと，誘導員を配置しようと，制限速度を超えてはならない。

・運転者が席から離れる場合，バケット・排土板を下げ，原動機を止め，ブレーキをかける。

・乗車席以外の箇所に労働者を乗せてはならない。

・クローラーの側面は，掘削面と直角方向に配置する。

○　揚重機（移動式クレーン等）を用いた作業上の留意事項

・地盤が軟弱である場所等，移動式クレーンが転倒するおそれのある場所においては，移動式クレーンを用いて作業を行ってはならない。ただし，転倒を防止するため必要な広さおよび強度を有する鉄板の敷設，地盤改良等により補強し，その上に移動式クレーンを設置した場合は，この限りでない。

・アウトリガーを有する移動式クレーンを用いて作業を行うときは，**原則**当該**アウトリガーを最大限に張り出さなければならない。**（負荷防止装置や性能曲線で確実に定格荷重を下回る場合を除く）

・**強風，大雨，大雪等の悪天候**のため，危険が予想されるときは，**作業を中止**する。

・移動式クレーン明細書に記載されているジブの傾斜角及び定格荷重の範囲を超えて使用してはならない。

- **定格荷重**………クレーンのある状態において，ジブやブームの傾斜角および長さに応じて負荷させることができる最大の荷重から，**つり具の質量を差し引いた荷重**をいう。
- **定格総荷重**……クレーン等のある状態において，ジブの長さや傾斜角に応じて，負荷させることのできる最大の荷重をいう。**（つり具の質量を含む）**

- 一定の合図を定め，合図を行う者を**指名**して，その者に合図を行わせる。運転者に単独で作業を行わせる場合は，この限りでない。
- 移動式クレーンでつり上げた荷は，ブーム等のたわみにより，つり荷が外周方向に移動するため，フックの位置はたわみを考慮して作業半径の**少し内側で作業**する。
- 荷をつり上げる場合は，必ず地面からわずかに荷が浮いた（地切り）状態で停止し，機体の安定，つり荷の重心，玉掛けの状態を確認すること。（玉掛者，もしくは合図者が確認する）
- 移動式クレーンの運転者は，**荷をつったままで運転位置から離れてはならない**。
- クレーン機能付きバックホウでクレーン作業を行う場合は，**車両系建設機械と移動式クレーン双方の資格が必要**となる。（つり上げ荷重によって必要資格は異なる）
- 移動式クレーンに係る作業を行うとき，上部旋回体との接触により労働者に危険が生じるおそれのある箇所に立ち入らせてはならない。
- 移動式クレーンに係る作業を行う場合，**つり荷の直下，及び，つり荷の移動範囲内でつり荷の落下のおそれのある場所へは**，原則として作業員を立ち入らせてはならない。いかなる場合も，**つり上げられている荷やつり具の下に労働者を立ち入らせてはならない主な場合**は以下のとおりである。

① **ハッカーを用いて玉掛けをした荷がつり上げられている**
② つりクランプ1個を用いて玉掛けをした荷がつり上げられている
③ ワイヤロープ等を用いて一箇所に玉掛けをした荷がつり上げられている（当該荷に設けられた穴等を通して玉掛けをしている場合を除く）
④ 複数の荷が一度につり上げられている場合であって，当該複数の荷が結束され，箱に入れられる等により固定されていないとき

※原則として労働者をつり荷の下に立ち入らせてはならないが，作業上，やむを得ず立ち入らなければならない場合もある。上記の事項については，如何なる場合であっても，労働者の立入りを認めないものについて規定したものである。

・労働者を運搬し，又は労働者をつり上げて作業させてはならない。ただし，**作業の性質上やむを得ない場合又は安全な作業の遂行上必要な場合は，つり具に専用の搭乗設備を設けて労働者を乗せることができる**。

・安全装置（過負荷防止装置等）は，常に正しく作動するよう整備・点検を行い，作業開始時はこれらの安全装置が確実に作動していることを確認させる。

・車両系建設機械と同様に，使用するクレーンにおいては，**オペレータ（運転者）が作業開始前に点検を行い**，その結果を記録する。また，**事業者**は，**特定自主検査（年次点検）及び，月例点検**を行う。自主検査の結果は，記録し**3年間保存**する。

最重要 クレーン作業　　　　　　　　　　合格ノートⅦ−⑧

- ・定格荷重を超える荷重をかけてはならない。
- ・ジブの傾斜角の範囲を超えて使用してはならない。
- ・荷をつり上げた状態で運転席を離れてはならない。
- ・（原則）つり荷の下に作業員を立ち入らせてはならない。
- ・強風等により作業に危険が予想される場合は作業を中止する。

安全対策（土工事／明り掘削）　　　　重要度 **B**

○　掘削作業時の留意事項

・当該作業を安全に行うため必要な**照度を保持**しなければならない。

・地山の崩壊・土石の落下による危険のおそれがあるときは，地山を安全な勾配とする。

地山の種類	高さ	角度
岩盤または堅い粘土からなる地山	5m 未満	90°
	5m 以上	75°
その他の地山	2m 未満	90°
	2m 以上 5m 未満	75°
	5m 以上	60°
砂からなる地山	掘削面の勾配 35° 以下または高さ 5m 未満	
発破等で崩壊しやすい状態の地山	掘削面の勾配 45° 以下または高さ 2m 未満	

岩盤または堅い粘土からなる地山

その他の地山

砂からなる地山を手掘りにより掘削作業

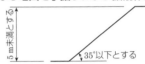

発破等により崩壊しやすい状態の地山

・切土面に，その箇所の土質に見合った勾配を保って掘削できる場合を除き掘削する**深さが1.5mを超える場合**には，原則として**土留工を施す**。

・地山の崩壊，落下のおそれのある土石を取り除き，原因となる雨水，地下水は排除する。

・すかし掘り（えぐり掘り）にならないよう，原則として**上部から下部へ切り落とす**。

・明り掘削の作業を行うとき元方事業者は，**点検者を指名して，作業箇所・その周辺の地山を点検**させなければならない。（作業主任者の職務ではない）

安全対策（型枠支保工・土留め支保工）　重要度 B

○　型枠支保工を用いた作業時の留意事項

・型枠支保工の組立て・解体作業を行う区域には，関係労働者以外の立ち入り

施工管理法

を禁止する措置を講じなければならない。

・支柱の脚部の固定，**根がらみの取付け等，支柱の脚部の滑動を防止するための措置を講ずる。**

・支柱の継手は，**突合せ継手**または**差込み継手**とし，鋼材と鋼材との接続部および交差部は，**ボルト，クランプなどの金具を用いて緊結する。**

・**強風，大雨，大雪等の悪天候**のため，作業の実施について危険が予想されるときは，**作業を中止する。**

・材料，器具または工具を上げるまたは下ろすときは，吊り綱，吊り袋を使用する。

・コンクリート打込み作業を行う場合は，型枠支保工に異常が認められた際の作業中止のための措置を，あらかじめ講じておく。

・パイプサポートを用いる場合は，**3本以上継いで用いてはならない。**また，パイプサポートを継いで用いる場合には，**4個以上のボルト**または**専用の金具**を用いる。

・パイプサポートを用いる場合で，**高さが3.5m を超える場合**には，**高さ2m 以内ごとに2方向に水平つなぎを設け，**かつ，水平つなぎの変位を防止する。

・鋼管支柱（パイプサポートを除く）を用いる場合は，**高さ2m 以内ごとに2方向に水平つなぎを設け，**かつ，水平つなぎの変位を防止する。

最重要 型枠支保工　　　　　　　　　　　　　　　　**合格ノートⅦ－⑨**

（中止の決定は元方事業者）

・悪天候で危険が予想 ⟶ 作業は中止

　※作業主任者を配置していても，もちろん中止!!

・設計について，鉛直荷重・水平荷重ともに安全な構造とする。

・支柱の継手は，突合せ継手・差込み継手とする。（重ね継手）

・パイプサポートは3以上継いで用いない。

・継ぐ場合は，4個以上のボルト or 専用の金具

水平つなぎの設置基準

鋼管（パイプサポートを除く）	高さ2m 以内ごとに2方向
パイプサポート	高さ3.5m を超えるとき 高さ2m 以内ごとに2方向

○ 土止（留）め支保工を用いた作業時の留意事項

・関係労働者以外の労働者が立ち入らないようにしなければならない。

・圧縮材（火打ちを除く）の継手は，**突合せ継手**とする。

・切ばり及び腹おこしは，脱落を防止するため，矢板，くい等に確実に取り付ける。

・**土留め部材の変形，緊結部のゆるみ等異常が発見された場合は**，直ちに**作業員全員を必ず退避**させる。次の段階の施工は，事故防止対策を万全に期した後に再開する。

・切ばりに，腹起しからくる土圧以外の荷重が加わるおそれのある場合，または荷重をかける必要のある場合は，**それらの荷重に対して必要な補強措置を講ずる。（原則，切ばりの上に積載物を置いてはならない。）**

・向き合った土留め鋼矢板に土圧が同じようにかかるよう，**左右対称に掘削作業を進める。**また，最終掘削面の掘削は**最下段の腹起し，切ばりを設置してから行う。**

・堀削した土砂は，埋め戻す時まで土止め壁から2m以上はなれた所に積み上げる。

・掘削した溝の開口部には，確実に固定した囲い，防護網等を設置し，転落防止措置を講じる。（カラーコーンの設置では墜落防止には不十分）

・土留め支保工を設けた時は，その後**7日を超えない期間**ごと，**中震以上の地震の後及び大雨等**により地山が急激に軟弱化するおそれのある事態が生じた後には**点検**を実施する。

最重要 土止め支保工　　　　　　　　　　　　　　**合格ノートⅦ－⑩**

・継手は，突合せ継手とする。（NG 重ね継手）

・偏土圧が変わらないように，掘削は左右対称に進める。

・所定の部材の取付け完了 ➡ 次の段階掘削を行う。
　　※最下段の腹おこし，切ばり設置 ➡ 最終掘削（床付け）を行う。

・掘削時は，点検者を指名し，常時点検させる。

・土止めの変形等異常を発見 ➡ 直ちに作業員を退避

・土止め設置後7日を超えない期間ごとに点検を行う。
　　※中震以上の地震大雨の後等も点検が必要!!

安全対策（解体工事）　　　　　　　　　　重要度 C

○　解体作業時の留意事項

・作業計画には，作業の方法及び順序，控えの設置，立入禁止区域の設定など
の危険を防止するための方法について記載し，関係労働者に周知する。

・コンクリート破砕片，鉄筋・鉄骨の切断片等の飛散により，第三者及び作業
員に危害を与えないよう，**解体作業区域を関係者以外の立入禁止**区域とし，
必要に応じて**監視員を置く**などの措置を講ずる。

・強風，大雨，大雪等の**悪天候**のため，**作業の実施について危険が予想**される
ときは**作業を中止する**。

公衆（第三者）災害の防止　　　　　　　　重要度 C

○　掘削工事に伴う埋設物等の公衆災害防止

・施工に先立ち，埋設物管理者等が保管する台帳に基づいて**試掘**を行い，その
埋設物の種類等を目視により確認し，その位置を**道路管理者**及び**埋設物管理
者**に報告する。

※埋設物の**深さ**は，原則として**標高**によって表示する。

・試掘を行う際，工作物（埋設物）の損壊により**労働者に危険を及ぼす可能性
のある場合は，掘削機械を使用してはならない**。

・埋設物のないことがあらかじめ明確である場合を除き，埋設物の予想される
位置を深さ**2m 程度**まで**試掘**を行い，埋設物の存在が確認されたときは，布
掘り又はつぼ掘りを行ってこれを露出させなければならない。

・工事中埋設物が露出した場合は常に点検等を行い，埋設物が露出時にすでに
破損していた場合は，直ちに起業者及びその**埋設物管理者に連絡し修理等の
措置を求める**。

・掘削作業で露出したガス導管の損壊によって，危険を及ぼすおそれのあると
きは，つり防護，受け防護，ガス導管を移設する等の措置が講じられた後で
なければ，作業を行ってはならない。

・ガス導管の防護の作業については，当該作業を指揮する者を指名して，その
者の直接の指揮のもとに当該作業を行なわせなければならない。

○　道路工事に伴う公衆災害の防止対策

・道路工事を行う場合は，必要な道路標識を設置するほか，工事区間の起終点
には工事内容，工事期間等を示した標示板を設置する。

- 一般の交通を迂回させる場合は，**道路管理者**及び**所轄警察署長**の指示に従い，**まわり道の入り口**及び要所に運転者又は通行者に見やすい案内用標示板等を設置する。
- 工事を予告する道路標識や標示板は，**工事箇所の前方50m**から**500m**の間の**路側**又は**中央帯**のうち，交通の支障とならず，かつ視認しやすい箇所に設置しなければならない。
- 夜間施工を行う場合は，バリケード等の柵に沿って高さ1m程度で，**夜間150m前方から視認**できる光度の保安灯を設置し，設置間隔は交通流に対面する部分で2m程度とする。
- 工事のために道路を1車線とし，それを往復の交互交通で一般車両を通行させる場合は，交通の整流化を図るため，**規制区間をできるだけ短く**するとともに，必要に応じて交通誘導員を配置しなければならない。
- やむを得ず道路上に材料又は機械類を置く場合は，作業場を周囲から明確に区分し，公衆が誤って立ち入らないように固定柵等工作物を設置する。
- 工事責任者は，常時現場を巡回し，安全上の不良箇所を発見したときは直ちに改善する。
- 歩行者通路は，幅0.75m以上，特に歩行者の多い箇所では幅1.5m以上を確保し，車道境に移動柵を設置する場合の高さは0.8m以上1m以下とする。
- 移動柵を連続して設置する場合には，移動柵間には保安灯又はセイフティコーンを置き，作業場の範囲を明確にしなければならない。
- ※**移動柵の間隔は，移動柵の長さを超えないようにする**か，移動柵の間に安全ロープ等を張って隙間のないよう措置する。
- 移動柵の**設置**は，交通の流れの**上流から下流**に向けて，**撤去**は交通の流れの**下流から上流**に向けて行うのが原則である。

熱中症の予防対策 　　　　　　　　　　重要度 **C**

- 労働者に対し，あらかじめ熱中症予防方法などの労働衛生教育を行う。
- 作業開始前に健康状態を確認し，作業中は異常がないか巡視を頻繁に行う。
- ※**自己申告のみによる健康状態の確認では不十分**である。
- 気温条件，作業内容，作業者の健康状態等を考慮して，作業休止時間や休憩時間を確保し，定期的な**水分**および**塩分**の摂取に十分注意する。
- 特に，高温多湿作業場所の作業時間は連続して行わせないよう注意する。

問題1　□□□

下図は，「建設業における事故の型別死亡災害発生状況（平成30年）」の推移を示したものである。図中の（イ）〜（ハ）に当てはまる労働災害の種類の組合せとして，適当なものはどれか。

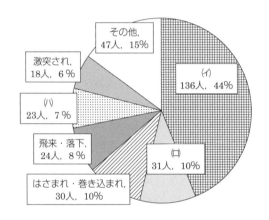

	（イ）	（ロ）	（ハ）
(1)	墜落・転落	交通事故	崩壊・倒壊
(2)	交通事故	墜落・転落	崩壊・倒壊
(3)	崩壊・倒壊	交通事故	墜落・転落
(4)	墜落・転落	崩壊・倒壊	交通事故

解説

(1)　**最も多い死亡災害は墜落・転落災害である。次いで，交通事故**・建設機械による災害(はさまれ・巻き込まれ)，　飛来・落下及び崩壊・倒壊災害が発生している。

※年度ごとに最新の情報のチェックをしてください。年々，死亡事故数は減少傾向にあるが，数十年変わらず，墜落災害の死亡者数が一番多い割合を占めている。

解答　(1)

問題 2 ☐☐☐

足場（つり足場を除く）の組立て等における事業者が行うべき事項に関する記述として，適当でないものはどれか。

(1) 組立て，解体又は変更の作業を行う区域内のうち特に危険な区域内を除き，関係労働者以外の労働者の立入りをさせることができる。

(2) 高さ2m以上の足場には，床材と建地との隙間を12cm未満とする。

(3) 高さ2m以上の足場には，床材間の隙間を3cm以下とする。

(4) 高さ2m以上の足場には，幅40cm以上の作業床を設ける。

解説

(1) 事業者は足場の組立て，解体又は変更の作業を行う区域内には**関係者以外の労働の立入りを禁止**しなければならない。

解答 (1)

問題 3 ☐☐☐

建設現場の通路などの安全に関する記述として，適当でないものはどれか。

(1) 架設通路は，設置の期間が60日以上で，通路の長さと高さがともに定められた一定の規模を超えるものは，設置の計画書を労働基準監督署長に届け出なければならない。

(2) 墜落の危険性のある箇所には，高さ75cmの手すりを設けなければならない。

(3) 架設通路の勾配が定められた勾配より急になる場合は，踏さんその他のすべり止めを設けなければならない。

(4) 移動はしごの幅は，30cm以上のものを使用した。

解説

(2) 手すり高さは**85cm以上**の丈夫なものを設置しなければならない。

解答 (2)

問題4　☐☐☐

　事業者が行う建設機械作業の安全確保に関する次の記述のうち，労働安全衛生規則上，**適当でないもの**はどれか。

　(1)　車両系建設機械を用いて作業を行うときは，あらかじめ，地形や地質を調査により知り得たところに適応する作業計画を定める。

　(2)　車両系建設機械の運転時に誘導者を置くときは，運転者の見える位置に複数の誘導者を置き，それぞれの判断により合図を行わせなければならない。

　(3)　車両系建設機械の運転者が運転位置から離れるときは，原動機を止め，かつ，ブレーキを確実にかけ逸走を防止する措置を講じさせなければならない。

　(4)　車両系建設機械を用いて作業を行うときに，乗車席以外の箇所に労働者を乗せてはならない。

解説

(2)　**一定の合図を定め，誘導者に当該合図をさせなければならない。**

解答　(2)

問題5　☐☐☐

　移動式クレーンに関する記述として，**適当なもの**はどれか。

　(1)　クレーンの運転は，小型の機種（つり上げ荷重が1t 未満）の場合でも安全のための特別の教育を受けなければならない。

　(2)　クレーンの定格総荷重とは，定格荷重に安全率を考慮し，つり上げ荷重の許容値を割増ししたものをいう。

　(3)　クレーンの運転士は，荷姿や地盤の状態を把握するため，荷をつり上げた直後，運転席から降りて安定性を直接目視確認することが望ましい。

　(4)　強風のためクレーン作業に危険が予想される場合には，専任の監視人を配置し，特につり荷の揺れに十分な注意を払って作業しなければならない。

解説

(2)　クレーンの定格総荷重とは，**ブームの傾斜角及び長さに応じて負荷させることができる最大荷重（定格荷重）に，**フックやワイヤー等のつり具の重量を加えた

荷重である。許容値を割り増すものではない。

⑶　クレーンの運転士は，荷をつり上げた状態で運転席を離れてはいけない。

⑷　強風等により作業に危険が予想される場合は作業を中止する。

解答　⑴

問題6　☐☐☐

手掘りにより岩盤又は堅い粘土からなる地山の掘削の作業において，掘削面の高さを **5m 未満**で行う場合に応じた掘削面のこう配の基準は，労働安全衛生規則上，次のうち適当なものはどれか。

⑴　90度以下　　　⑵　80度以下

⑶　70度以下　　　⑷　60度以下

解説

⑴　岩盤又は堅い粘土からなる地山の掘削の作業において，掘削面の高さを 5m 未満で行う場合に応じた掘削面のこう配の基準は **90度以下**である。

解答　⑴

問題7　☐☐☐

事業者が行う型枠支保工に関する記述として，適当でないものはどれか。

⑴　強風等悪天候のため作業に危険が予想される時に，型枠支保工の解体作業を行う場合は，作業主任者の指示に従い慎重に作業を行わせること。

⑵　鋼管（単管パイプ）を支柱とする場合は，高さ 2m 以内ごとに水平つなぎを2方向に設け，水平つなぎの変位を防止する。

⑶　パイプサポートを支柱として用いる場合は，パイプサポートを3以上継いで用いない。

⑷　型枠支保工の支柱の脚部の滑動を防止するため，脚部の固定や根がらみの取付け等の措置を講じること。

解説

⑴　強風等悪天候のため作業に危険が予想される時，作業は中止する。（ただし，中止の決定は，作業主任者ではなく元方事業者が行う。）

解答　⑴

問題8　□□□

土止め支保工を設置して，深さ2m，幅1.5m を掘削する工事を行うときの対応に関する記述として，適当なものはどれか。

(1)　地山の掘削作業主任者は，ガス導管が掘削途中に発見された場合には，ガス導管を防護する作業を指揮する者を新たに指名し，ガス導管周辺の掘削作業の指揮は行わないものとする。

(2)　鉄筋や型枠等の資材を切ばり上に仮置きする場合は，土止め支保工の設置期間が短期間の場合は，工事責任者に相談しないで仮置きする事ができる。

(3)　掘削した土砂は，埋め戻す時まで土止め壁から2m 以上はなれた所に積み上げるように計画する。

(4)　掘削した溝の開口部には，防護網の準備ができるまで転落しないようにカラーコーンを2m ごとに設置する。

解説

(1)　ガス導管の損壊により労働者に危険を及ぼす作業については，**事業者が当該作業を指揮するものを指名**し，その者の直接指揮のもと作業を行う。

(2)　**原則，切ばりの上に積載物を置いてはならない。**やむを得ず仮置きする場合は，設計上可能な範囲であることを確認し，工事責任者の指示を受けなければならない。

(4)　**カラーコーンの設置では墜落防止には不十分である。**

解答　(3)

問題9 □□□

　高さ 5m 以上のコンクリート造の工作物の解体作業にともなう危険を防止するために事業者が行うべき事項に関する記述として，適当でないものはどれか。

(1) 作業計画には，作業の方法及び順序，控えの設置，立入禁止区域の設定などの危険を防止するための方法について記載し，関係労働者に周知させる。

(2) 物体の飛来等により労働者に危険が生ずるおそれのある箇所に，解体用機械の運転者以外の労働者を立ち入らせない。

(3) 外壁，柱等の引倒し等の作業を行うときは，引倒し等について一定の合図を定め，関係労働者に周知させなければならない。

(4) 強風，大雨，大雪等の悪天候のため，作業の実施について危険が予想されるときは，コンクリート造の工作物の解体等作業主任者の指揮に基づき作業を行わせなければならない。

> **解説**
>
> (4) 作業主任者を配置していても**危険の恐れのある悪天候時に作業を行わせてはならない**。強風，大雨，大雪等の悪天候のときは<u>事業者</u>が作業の中止を決定する。
>
> 解答　(4)

問題10 □□□

　コンクリート造の工作物の解体等作業主任者の職務内容に関する次の記述のうち，労働安全衛生規則上，適当でないものはどれか。

(1) 工作物の倒壊等による労働者の危険を防止するため，作業計画を定めること。

(2) 作業の方法及び労働者の配置を決定し，作業を直接指揮すること。

(3) 墜落制止用器具等及び保護帽の使用状況を監視すること。

(4) 器具，工具，墜落制止用器具等及び保護帽の機能を点検，不良品を取り除くこと。

> **解説**
>
> (1) **作業計画の作成**は，作業主任者の職務ではなく**事業者の職務**である。
>
> 解答　(1)

問題11 □□□
　道路工事の際に公衆災害防止のために施工者が行う措置に関する記述として，建設工事公衆災害防止対策綱上，適当でないものはどれか。
　　(1)　工事を予告する道路標識，標示板等の設置は，安全で円滑な走行ができるように工事箇所すぐ手前の中央帯に設置する。
　　(2)　道路管理者及び所轄警察署長との協議書又は道路使用許可書に基づき，必要な道路標識，標示板等を設置する。
　　(3)　一般の交通を制限した後の道路の車線が1車線で往復の交互交通となる場合は，制限区間はできるだけ短くし，必要に応じて交通誘導員等を配置する。
　　(4)　やむを得ず道路上に材料又は機械類を置く場合は，作業場を周囲から明確に区分し，公衆が誤って立ち入らないように固定さく等工作物を設置する。

解説

(1)　工事箇所すぐ手前ではなく，**50m から500m の間の路側又は中央帯のうち視認**しやすい箇所に設置しなければならない。

解答　(1)

問題12 □□□
　夏の直射日光下で屋外作業を行う場合，熱中症の予防対策として，元方事業者が行った措置として，適当でないものはどれか。
　　(1)　労働者に対し，あらかじめ熱中症予防方法などの労働衛生教育を行う。
　　(2)　労働者に対し，作業開始前に健康状態を確認する。
　　(3)　労働者に対し，脱水症を防止するため，塩分の摂取を控えるよう指導する。
　　(4)　労働者に対し，高温多湿作業場所の作業を連続して行う時間を短縮する。

解説

(3)　熱中症対策では，定期的な**水分および塩分の摂取**に十分注意する必要がある。

解答　(3)

一問一答 ○×問題

安全管理に関する記述として，正しいものには○，誤っているものには×をいれよ。

□□□ ① 【 　】 ヒヤリ・ハット報告制度は，職場の小単位の組織で，仕事の範囲，段取り，作業の安全のポイントを報告するものである。

□□□ ② 【 　】 建設現場で行われている「指差し呼称」は，作業者の錯覚，誤判断，誤操作などを防止し，作業の安全性を高めるものである。

□□□ ③ 【 　】 床材は，転位し，又は脱落しないように2以上の支持物に取り付けることと定められている。

□□□ ④ 【 　】 深さが1.8m であったので，昇降するための設備を省略した。

□□□ ⑤ 【 　】 墜落の危険があるが，作業床を設けることができなかったので，防網を張り，墜落制止用器具を使用させて作業をした。

□□□ ⑥ 【 　】 使用中である車両系建設機械については，当該機械の運転者が，作業装置の異常の有無等について定期に自主検査を実施しなければならない。

□□□ ⑦ 【 　】 地盤が良好でアウトリガーを最大限に張り出すことができる場合は，定格荷重を超える荷重をかけてクレーンを使用することができる。

□□□ ⑧ 【 　】 クレーン作業を行う場合は，ハッカーを用いて玉掛けをした荷がつり上げられているときにはつり荷の下に作業員を立ち入らせてはならない。

□□□ ⑨ 【 　】 地山を足元まで掘削する場合の機械のクローラ（履帯）の側面は，掘削面と平行となるように配置すること。

□□□ ⑩ 【 　】 明り掘削の作業においては，機械が後進して作業員の作業箇所に接近，又は転落するおそれのあるときは，誘導員を配置し，誘導員の誘導により運転させなければならない。

□□□ ⑪ 【 　】 型枠支保工の組立て作業において，材料や工具の上げ下ろしをするときは，つり綱やつり袋等を労働者に使用させること。

□□□ ⑫ 【 　】 支柱を継ぎ足して使用する場合の継手構造は，重ね継手を基本とする。

□□□ ⑬ 【 　】 土止め支保工を設置して掘削作業を行う場合，1段目の腹起しと切ばりを設置した後，6m 下の最終掘削面まで掘削し，その後2段目（1段目から3m の位置）の腹起しと切ばりを設置した。

□□□ ⑭【 】 土止め支保工を設置して掘削作業を行う場合，できるだけ向き合った土止め鋼矢板に土圧が同じようにかかるよう，左右対称に掘削作業を進めた。

□□□ ⑮【 】 コンクリート造の工作物の解体等作業主任者は，解体作業において，強風，大雨，大雪等の悪天候のため，作業の実施について危険が予想されるときは作業を中止させなければならない。

□□□ ⑯【 】 高さ5m以上のコンクリート造の工作物の解体作業において，元方事業者は，作業の方法及び労働者の配置を決定し，作業を直接指揮しなければならない。

□□□ ⑰【 】 一般の交通を迂回させる場合は，工事箇所の市町村長の許可に従い，まわり道の入り口及び要所に運転者又は通行者に見やすい案内用標示板等を設置する。

□□□ ⑱【 】 3m以上の高所から物を投下するときは，適当な投下設備を設け，監視人を置く等労働者の危険を防止させなければならない。

□□□ ⑲【 】 夏の直射日光下で屋外作業において，元方事業者は，熱中症を予防するため，朝礼時に体調の自己申告を行わせ，本人の申告を最優先し健康状態を判断した。

□□□ ⑳【 】 酸素欠乏危険作業で転落のおそれがある場所では，親綱を設置し墜落制止用器具を使用しなければならない。

□□□ ㉑【 】 ゴンドラの作業床における作業では，手すりや中さんの構造規格が定められているので，墜落制止用器具を使用する必要はない。

□□□ ㉒【 】 物体が飛来・落下することにより労働者に危険を及ぼすおそれのあるときは，労働者に保護具を使用させることにより飛来防止の設備を省略できる。

【解答・解説】

①【×】…ヒヤリ・ハット報告とは，ヒヤリとしたりハッとした事例を報告することで，危険作業や危険箇所を減らす取り組みである。設問の記述は，**ツールボックスミーティング**である。

②【○】…設問の記述の通りである。

③【○】…設問の記述の通りである。

④【×】…**高さ，または深さが1.5mをこえる箇所**で作業を行うときは，作業に従事する労働者が安全に**昇降できる設備を設ける**よう定め

られている。

⑤【○】…設問の記述の通りである。

⑥【×】…運転者が行うのは作業開始前点検である。**定期に行う自主検査は事業者が行う。**

⑦【×】…どんな状況であっても，**定格荷重を超える荷重をかけてはならない。**

⑧【○】…設問の記述の通りである。

⑨【×】…クローラの側面は，**掘削面と直角方向に配置**する方が状況に応じ前後に退避しやすく安全である。

⑩【○】…設問の記述の通りである。

⑪【○】…設問の記述の通りである。

⑫【×】…支柱を継ぎ足して使用する場合の継手構造は，**突合せ継手又は差込み継手とする**と定められている。

⑬【×】…**最終掘削面の掘削は2段目の腹起し，切ばりを設置してから行う。**

⑭【○】…設問の記述の通りである。

⑮【×】…悪天候のため，作業の実施について危険が予想されるときは作業を中止させなければならないが，この**決定は作業主任者ではなく元方事業者が行わなければならない。**

⑯【×】…作業の方法及び労働者の配置を決定し，作業を直接指揮するのは事業者でなく**作業主任者（現場責任者）の職務**である。

⑰【×】…案内用標示板等は，**道路管理者及び所轄警察署長**の指示に従い設置する。

⑱【○】…設問の記述の通りである。

⑲【×】…作業中に体調を崩すことも多く，**自己申告のみでは不十分**で，作業中の巡視を頻繁に行い，異常がないか健康状態の確認が必要である。

⑳【○】…設問の記述の通りである。

㉑【×】…**ゴンドラの作業床において作業を行う場合**には，**墜落制止用器具等を使用する**必要がある。

㉒【×】…保護具を使用していても，原則として**飛来防止の設備を省略することはできない。**

第4節 品質管理

品質管理の概要　　　　　　　　　　　　　　　　　重要度　C

○　品質管理の目的

・品質管理の目的は，契約約款，設計図書などに示された**規格を満足**するような構造物を最も**経済的**に施工することである。

・必要以上に高級な材料の使用，必要以上に丁寧な施工であれば不経済な工事となるため，**規格値を大幅に上回る品質を確保することは優れた品質管理とは言えない。**

・品質管理とは，構造物の規格を満足し，かつ，**工程（プロセス）が安定**していることである。プロセスを管理することが品質管理の目的であり，**不良個所の発見が1番の目的ではない。**

品質管理の手順　　　　　　　　　　　　　　　　　重要度　C

・**品質特性**は，設計図及び仕様書に定められた構造物の設計品質に**重要な影響を及ぼすもの**で，**できるだけ工程の初期段階において測定しやすく**，工程（プロセス）に対して処置の取りやすいもの，**測定しやすいもの**が望ましい。

・**品質特性**は，異常となる要因を把握しやすく，**工程（プロセス）の状態を総合的に表すもの**を選ぶものとする。

・品質特性として代用特性を用いる場合は，目的としている**品質特性と代用特性との関係が明確であるもの**を選ぶ。

> **代用特性**とは，ある特性を直接測定できない場合に，**対象の特性と連動する他の特性を観測することで代替する特性**をいう。

・品質標準とは，現場施工の際に実施しようとする品質の目標であり，設計値を十分満足するような品質を実現するためには，**ばらつきの度合いを考慮し**

て，余裕を持った品質を目標とする。
- 測定値が規格値を満足しない場合は，品質に異常が生じたものとして，その原因を追及し，再発しないよう処置する。
- 作業標準とは，品質標準を守るための作業方法及び作業順序，具体的な管理方法や試験方法などを決めたものである。

品質管理の手順と PDCA サイクル

PDCA	手　順	内　容
Plan **(計画)**	①　品質特性の選定 （管理項目）	設計品質に**重要な影響を及ぼすもの**のうち，**できるだけ工程の初期**で測定でき，また，**すぐ結果が得られる**ものから品質特性を選定する。
	②　品質標準の設定	選んだ品質特性に関する品質標準を設定する。 品質標準は，設計図・仕様書に定められた**規格を満足するための施工管理の目安**を設定する。
	③　作業標準の決定 （作業方法）	品質標準を満足させるための作業標準を決定する。 作業ごとに用いる材料，作業手順，作業方法等を決定し，試験方法および検査方法の標準を定めておく。
Do **(実行)**	④　作業の実施 （データの採取）	作業標準に従って施工を行う。施工の進行に伴い一定の期間データを採る。
Check **(評価)**	⑤　確認・分析	採取した各データが品質規格を満足しているかどうかを工程能力図，ヒストグラム等により確かめ，プロセスが安定しているかどうかを確認・分析を行う。
Action **(改善)**	⑥　是正・見直し	施工の途中でデータが管理限界を外れた場合（外れそうな場合），原因を追求し，再発しないよう作業方法を見直すなどの処置を施す。
Plan **(再計画)**	⑦　作業の継続	見直しが必要な場合は再計画を行い，プロセスを安定させ作業を継続する。（手順①～⑥を繰り返す）

施工管理法

土木工事における品質特性の例

工　種		品質特性	試験方法・使用機械
コンクリート工	材料	**密度および吸水率** **粒度（混合割合）** 単位容積質量 すりへり減量（粗骨材） 表面水量（細骨材） 安定性	**密度および吸水率試験** **ふるい分け試験** 単位容積質量試験 すりへり試験 表面水率試験 安定性試験
	施工	単位容積質量 スランプ（コンシステンシー） 空気量 圧縮強度	単位容積質量試験 スランプ試験（スランプコーン） 空気量試験 圧縮強度試験
土工	材料	**最大乾燥密度・最適含水比** 粒度 自然含水比 塑性・液性限界 透水係数 圧密係数	**締固め試験** ふるい分け試験 含水比試験 塑性・液性限界試験 透水試験 圧密試験
	施工	施工含水比 締固め度 CBR たわみ量 支持力 貫入指数	含水比試験 **現場密度試験（砂置換法・RI 計器）** 現場 CBR 試験 たわみ量測定（ベンゲルマンビーム試験器） 平板載荷試験，現場 CBR 試験 各種貫入試験
路盤工	材料	粒度 **最大乾燥密度・最適含水比**	ふるい分け試験 **締固め試験**
	施工	**締固め度** **支持力** **たわみ（下層路盤）** アスファルト量（瀝青安定処理路盤）	**現場密度試験（砂置換法・RI 計器）** **平板載荷試験，現場 CBR 試験** **プルーフローリング試験（目視）** アスファルト抽出試験
アスファルト舗装工	材料	骨材の比重および吸水率 **粒度** 単位容積質量 すりへり減量 **針入度** **伸度** **軟石量** 耐流動性 耐摩耗性	比重および吸水率試験 **アスファルト抽出試験（ふるい分け試験）** 単位容積質量試験 すりへり試験 **針入度試験** **伸度試験** **軟石量試験** ホイールトラッキング試験 ラベリング試験
	施工	敷均し温度 **安定度** **厚さ** **平坦性** 密度（締固め度） すべり抵抗（動摩擦係数） たわみ量 浸透水量	温度測定 **マーシャル安定度試験** **コア採取による測定** **平坦性試験（3m プロフィルメータ）** 密度試験 回転式すべり抵抗測定器 FWD（ベンゲルマンビーム試験器） 現場透水試験（現場透水量試験機）

ヒストグラム　　　　　　　　　　　　　　　　　重要度 A

・測定値の存在する範囲をある幅ごとに区分し，その幅を底辺とした**柱状図**であり，通常，規格の上限・下限の規格値の線を入れてある。

・**長さ，重さ，時間，強度**などをはかるデータ（計量値）がどんな分布をしているか見やすく示した図表である。

・バラツキの具合（分布の形）で，規格値と目標値とを対比させて規則性，工程の状態を把握することができる。ただし，個々のデータの**時間的変化や変動の様子はわからない**。

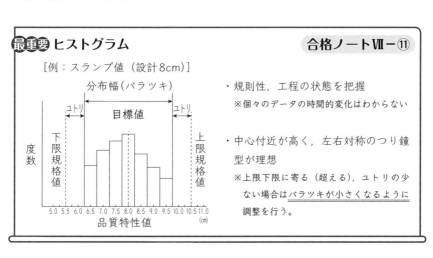

最重要 ヒストグラム　　　　　　　　合格ノートⅦ－⑪

[例：スランプ値（設計8cm）]

・規則性，工程の状態を把握
　※個々のデータの時間的変化はわからない

・中心付近が高く，左右対称のつり鐘型が理想
　※上限下限に寄る（超える），ユトリの少ない場合は<u>バラツキが小さくなるように</u>調整を行う。

○　ヒストグラムの作成手順

①　データをできるだけ多く集める → ②　最大値，最小値を求める → ③　全体の範囲を求める → ④　クラス分けをするときの幅を求める → ⑤　最大値，最小値を含むようにクラスの幅を区切り，各クラスを設ける → ⑥　各クラスの中心値を求める → ⑦データを各クラスに分けて，度数分布表を作る → ⑧　横軸に品質特性値，縦軸に度数を記

最重要　　　　　　　　　合格ノートⅦ－⑫

作成手順

(1)　範囲（最大値－最小値）を求め区間（クラス）を分ける。

(2)　データを各クラスに分けて，度数分布表を作る。

(3)　度数データを柱の高さで示す。規格値を記入する。

入する → ⑨ 規格値を記入する

○ ヒストグラムの見方

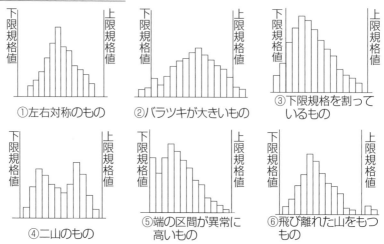

①左右対称のもの　②バラツキが大きいもの　③下限規格を割っているもの

④二山のもの　⑤端の区間が異常に高いもの　⑥飛び離れた山をもつもの

① 規格値に対するバラツキもよくユトリもあり，平均値も規格値の中心と一致する品質管理上の**理想的な型**である。

② **上・下限の規格値ともに割っている。バラツキを小さくする**ための要因を解析し，根本的な対策を採ることが必要である。

③ 分布全体が左に寄りすぎ，**下限の規格値を割っている**。平均値を大きい方にずらし，バラツキを小さくするよう処置する必要がある。

④ 一つの製品の製作に2つの母集団のデータ（異なる工程［2台の機械や2種類の原材料等］）が混在する場合に現れやすい分布であり，平均値の異なる2つの分布が混在しているものである。

⑤ 規格値以下のものを工程の途中で全数取り除いた場合に現れるものである。もしくは，規格値以下のものを手直しした場合や，データを偽って報告した場合に現れる。

⑥ 測定に誤りがある場合や，工程に時折異常があった場合に現れるものである。

品質管理（コンクリート） 重要度 **A**

○ 受入検査等

・フレッシュコンクリートの品質管理（受入検査）は**打ち込み時**行うのがよいが，荷卸しから打込み終了まで品質変化が把握できている場合には，**荷卸し地点で確認**してもよい。ここで確認する品質特性は次のものである。

> ① スランプ又はスランプフロー ② 空気量
> ③ 塩化物量（塩化物イオン含有量） ④ コンクリート温度
> ⑤ コンクリートの圧縮強度（圧縮強度試験のための供試体の採取）

※これらの品質標準（許容値等）については，第1章第2節［コンクリートの配合設計］を参照してください。

○ 圧縮強度試験の合否判定

コンクリートの圧縮強度試験は，3本の供試体を用いて3回1セットで実施され，次の**いずれもの条件を満足**するものでなければならない。
> ① **1回の試験の結果**は，購入者が指定した**呼び強度の値の85％以上**
> ② **3回の試験の平均値**は，購入者が指定した**呼び強度の値以上**

圧縮強度試験の合否判定　　　　　　　　単位（N/mm^2）

呼び強度	例	1回の試験における圧縮強度値			判定基準		判定
		1回目	2回目	3回目	1回の試験値が20.4以上	3回の試験値の平均値が24以上	
24	A工区	25.5	23.5	27.0	**OK**	25.3＞24 **OK**	合格
	B工区	20.0	27.5	26.5	1回目 **NG**	24.7＞24 **OK**	不合格
	C工区	22.5	23.5	24.5	**OK**	23.5＜24 **NG**	不合格

※ここでいう1回の試験結果とは，任意の1運搬車から採取した試料で作った3個の供試体の圧縮強度の平均値である。

施工管理法

最重要 受入検査 ← 工場出荷時
現場荷卸し時に行う。

	許容値
スランプ　5cm 以上8cm 未満	±1.5cm
8cm 以上18cm 以下	±2.5cm
空気量（普通コンクリート）4.5%	±1.5%
塩化物量	0.30kg/m^3 以下

圧縮強度試験
- 1回の試験結果：呼び強度の値の85% 以上
- 3回の試験結果：呼び強度の値以上（100% 以上）

品質管理（土工事）　　重要度 A

○　締固めの管理基準

・締固めの品質を規定する方式には，品質規定方式と工法規定方式がある。

①　品質規定方式

　品質規定方式は，盛土に必要な品質を仕様書に明示し，締固め方法については施工者にゆだねる方式である。品質規定方式には以下の3つの方法がある。

1）乾燥密度（締固め度）で規定する方法

　締固め試験で得られた**使用材料の最大乾燥密度**と**現場の締め固められた土の乾燥密度の比**を**締固め度**と呼び，この数値が規定値以上になっていること，**施工含水比**がその最適含水比を基準として**規定された範囲内**にあることを要求する方法である。（範囲内であれば含水比調整の必要はない）

［適用される土質］

　最も一般的な方法で，特に**自然含水比の比較的低い良質土（砂質土）**に適する方法である。

2）空気間げき率または飽和度を施工含水比で規定する方法

　締め固めた土が安定な状態である条件として，**空気間げき率**または**飽和度**が一定の範囲内にあるように規定する方法である。（この場合は，締め固めた土の強度，変形特性が設計を満足する範囲に施工含水比を規定する。）

［適用される土質］

　乾燥密度により規定するのが困難な，自然含水比が高いシルトまたは粘性

土に適している。

3）強度特性，変形特性で規定する方法

締め固めた**盛土の強度**あるいは**変形特性**を現場 CBR，地盤反力係数，貫入抵抗，**プルーフローリングによるたわみ**等により規定する方法である。

［適用される土質］

水の浸入により膨張，強度低下などの起こりにくい，岩塊・玉石・礫・砂・砂質土などに適し，特に乾燥密度の測定が困難な岩塊，玉石に用いられる。

■ プルーフローリング試験とは

- プルーフローリング試験は，仕上がった路床，路盤面に荷重車を人間が歩く程度の速度で走行させ，荷重車の約2～3m 後方又は斜め後方から，**目視により路床，路盤面の変位状況（たわみ）を確認**する。
- 試験を行うに際しては，荷重車を走行させる前に路床，路盤面の含水状況を観察して，できるだけ一様な含水条件の路床，路盤面で行うようにし，降雨直後の含水比が高い状況にある路床，路盤面での試験は避ける。また，乾燥している路床，路盤面に対しては，試験開始の半日ほど前に散水して，路床，路盤面を湿潤な状態にしておいて試験を行う。

◇路床の場合の試験手順
① 追加転圧として，追加転圧用の荷重車により**3回以上転圧**する。
② 追加転圧の実施後，たわみ測定用の荷重車を全面走行させて，**たわみを観察し，不良箇所を確認**する。
③ 不良と思われる箇所については，たわみ測定用の荷重車により必要に応じて**ベンケルマンビーム**による**たわみ量**の測定を実施する。（たわみ量が許容量を超過する場所は，掘削して不良部分を取り除き**良質な材料と置き換える**か，または**掘削した材料をよく乾燥した後，再度，締め固める**等の方法をとる。）
※荷重車については，施工時に用いた転圧機械と同等以上の締固め効果を持つローラやトラック等を用いる。

施工管理法

② 工法規定方式

　締固め機械の機種，敷均し厚さ，締固め回数などを**仕様書などで定め**，これにより一定の品質を確保しようとする方法である。この方法を適用する場合には，**あらかじめ試験施工を行って工法規定の妥当性を確認**しておく必要がある。また，**使用材料（土質や含水比）が変わる場合**は，**新たに試験施工を実施**し，締固め機械の機種および重量，土の締固め厚さ，施工含水比，締固め回数などの作業標準を直ちに**見直し**，**必要な修正処置をとらなければならない。**

[適用される土質]

　岩塊，玉石など粒径が大きい盛土材料を用いた品質規定方式の適用が困難な場合，工法規定方式が採用されている。

※**TS（トータルステーション）・GNSS（人工衛星による測位システム）**を用いて**転圧機械の走行記録をもとに管理**する方法は，**工法規定方式**の1つである。

最重要 盛土の品質管理　　　　　　　　　　　　　　合格ノートⅦ−⑭

品質規定方式

①　乾燥密度で規定する方式（砂質土，砂礫土）
　　砂置換法，RI 計器による方法

$$締固め度 = \frac{現場における締固め後の乾燥密度}{使用材料における最大乾燥密度} \times 100（\%）$$

②　空気間げき率または飽和度を施工含水比で規定する方式（粘性土）

③　強度特性，変形特性で規定する方式（岩塊，玉石等）

　　…現場 CBR・平板載荷試験（地盤反力係数），ブルーフローリング
　　　　　　　　　　　　　　　　　　　　　　　　　たわみを目視で確認

工法規定方式

…締固め機械の機種・重量，敷均し厚さ，締固め回数等を試験施工により定め品質を確保する方式

| ※TS によるローラの軌跡を自動追跡　　GNSS（人工衛星）による測位システム等 | ⇒ | 工法規定方式に該当する!! |

品質管理（舗装工事）　　　　　　　　重要度 **B**

※第2章第3節［道路・舗装］に関連事項を記載しています。

○　舗装工事における出来形管理

・出来形が管理基準を満足するような工事の進め方や作業標準は，事前に決めるとともに，すべての作業員に周知徹底させる。

・アスファルト舗装工（表層工）の出来形管理は，**基準高，幅，厚さ**ならびに**平坦性**について管理を行う。

・出来形の項目について実施した測定の各記録は，速やかに整理するとともに，その結果を常に施工に反映させる。

問題1 ☐☐☐

品質管理の PDCA（Plan, Do, Check, Action）の手順として，適当なものはどれか。

（イ）　異常の原因を除去する処置をとる。
（ロ）　工事を「作業標準」に従って作業を実施する。
（ハ）　各データにより解析，検討する。
（ニ）　「品質特性」を決め，「品質標準」を決める。

(1)　（ロ）→（ニ）→（ハ）→（イ）
(2)　（ニ）→（ロ）→（ハ）→（イ）
(3)　（イ）→（ハ）→（ロ）→（ニ）
(4)　（ニ）→（ロ）→（イ）→（ハ）

解説

（ニ）　「品質特性」を決め，「品質標準」を**決める**→ **Plan**（計画）
（ロ）　工事を「作業標準」に従って**作業を実施する**→ **Do**（実行）
（ハ）　各データにより**解析，検討**する→ **Check**（確認）
（イ）　異常の原因を除去する**処置をとる**→ **Action**（是正）

解答　(2)

問題2 ☐☐☐

品質管理に用いるヒストグラムに関する記述として，適当でないものはどれか。

(1)　長さ，重さ，時間，強度などをはかるデータ（計量値）がどんな分布をしているか見やすく表した柱状図である。
(2)　時系列データと管理限界線によって，工程の異常の発見が客観的に判断できる。
(3)　安定した工程から取られたデータの場合，左右対称の整った形となるが異常があると不規則な形になる。
(4)　規格値を入れると全体に対しどの程度の不良品，不合格品が出ているかがわかる。

⑵　ヒストグラムでは，個々のデータの**時間的変化や変動**の様子はわからない。

解答　⑵

問題3 ☐☐☐

　下図は，品質管理に用いるヒストグラムを示したものである。図の（**A**）～
（**C**）に当てはまる用語の組合せとして次のうち，適当なものはどれか。

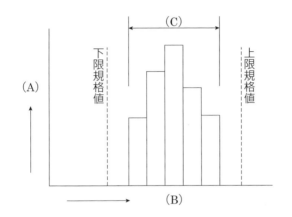

	（A）	（B）	（C）
⑴	度数………………品質特性値…………ゆとり
⑵	度数………………品質特性値…………バラツキ
⑶	品質特性値…………度数…………………ゆとり
⑷	品質特性値…………度数…………………バラツキ

解説

⑵　ヒストグラムは，データの分布状態を知るために多く用いられる統計的手法で
ある。横軸に**(B)品質特性値**（データ）の存在する範囲をいくつかの区間に分け，
それぞれの区間に入るデータの数を**(A)度数**として横軸に取った図である。データ
の分布する幅を**(C)バラツキ**と呼び，データの最大値・最小値からそれぞれ上限規
格値・下限規格値までの幅をゆとりと呼ぶ。

解答　⑵

　A〜D のヒストグラムの見方に関する記述として，適当でないものはどれか。

A
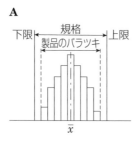

B
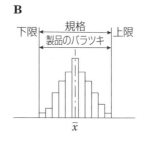

C
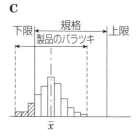

D
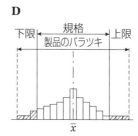

(1)　A 図は，製品のバラツキが規格に十分入っており，平均値も規格の中心と一致している。

(2)　B 図は，製品のバラツキが規格の上限値，下限値と一致しており，余裕がないので，規格値の幅を小さくする必要がある。

(3)　C 図は，製品のバラツキの平均値が下限側の左へずれすぎているので，規格の中心に平均値をもってくると同時に，バラツキを小さくする。

(4)　D 図は，製品のバラツキが規格の上限値も下限値も外れており，バラツキを小さくするための要因解析と対策が必要である。

解説

(2)　余裕がない場合は，**規格値**ではなく，**バラつきが小さくなる**ように品質管理する。

解答　(2)

問題5 □□□

レディーミクストコンクリート（JIS A 5308）の品質管理に関する次の記述のうち，適当なものはどれか。

(1) レディーミクストコンクリートの品質の検査は，工場出荷時に行う。

(2) スランプ8cmのコンクリートのスランプ試験結果で許容されるスランプの下限値は，5.5cmである。

(3) 空気量4.5％のコンクリートの空気量試験結果で許容される空気量の上限値は，7.0％である。

(4) 圧縮強度は，1回の試験結果は購入者の指定した呼び強度の強度値の75％以上である。

解説

(1) 品質検査は受入れ検査として，現場の**荷卸し時**に行う。

※(2) スランプ8cmのコンクリートのスランプ試験結果で許容される範囲は**±2.5cm**である。よって，**スランプの下限値は5.5cm**，上限値は10.5cmである。

(3) 空気量は4.5％の±1.5％である。よって上限は**6％**となる。

(4) 1回の試験結果は，購入者の指定した呼び強度の強度値の**85％以上**でなければならない。

解答　(2)

問題6 □□□

レディーミクストコンクリート（JIS A 5308普通コンクリート，呼び強度24N/mm²）を購入し，圧縮強度の試験結果が下記のように得られた。この結果の判定として次のうち合格となる工区はどれか。

試験回数 \ 工区	1回目の強度 (N/mm²)	2回目の強度 (N/mm²)	3回目の強度 (N/mm²)	平均値 (N/mm²)
A工区	18	22	23	21
B工区	20	26	26	24
C工区	21	25	23	23
D工区	25	22	28	25

施工管理法

(1)　A 工区

(2)　B 工区

(3)　C 工区

(4)　D 工区

解説

以下の2つの条件を満たす工区のものが合格となる。

◇1回の試験結果は，呼び強度の85％以上（20.4N/mm²以上）でなければならない。

◇3回の試験結果の平均値は，呼び強度24N/mm²以上でなければならない。

(1)　**1回目の強度が20.4N/mm²以下のため不合格**となる。

(2)　**1回目の強度が20.4N/mm²以下のため不合格**となる。

(3)　**3回の試験結果の平均値が，呼び強度以下のため不合格**となる。

※(4)　1回の強度がすべて20.4N/mm²以上かつ，3回の試験結果の平均値が，呼び強度以上のため**合格**となる。

解答　(4)

問題7　□□□

盛土の締固め管理に関する記述として，適当でないものはどれか。

(1)　締固め管理の方法には，品質規定方式と工法規定方式がある。

(2)　盛土の締固めを工法で規定する方式は，締固め度で規定するのが一般的である。

(3)　プルーフローリング試験は，目視によって施工面のたわみを確認する試験である。

(4)　締固めの目的は，土の空気間隙を少なくし透水性を低下させるなどして土を安定した状態にすることである。

解説

(2)　**品質**で規定する方式は，**締固め度（乾燥密度）**で規定するのが一般的である。**工法**で規定する方式は，**使用する締固め機械・転圧回数**等で規定する方式である。

解答　(2)

問題8 □□□

品質管理における品質特性と試験方法との次の組合せのうち，適当なものはどれか。

「品質特性」	「試験方法」
(1) 土工・土の支持力値……………………砂置換法による土の密度試験方法
(2) 路盤工・路盤材料の最適含水比………突固めによる土の締固め試験方法
(3) コンクリート工・骨材の混合割合……粗骨材の密度及び吸水率試験方法
(4) アスファルト舗装の平たん性……………プルーフローリング試験

解説

(1) **土の支持力値**は，**平板載荷試験**および**現場 CBR 試験**によって求められる。
(3) **骨材の混合割合**は，**ふるい分け試験**によって求められる
(4) アスファルト舗装の**平たん性**は，**平たん性試験**によって求められる。

解答　(2)

問題9 □□□

品質管理における品質特性と試験方法との次の組合せのうち，適当でないものはどれか。

「品質特性」	「試験方法」
(1) アスファルト舗装工・粒度……………ふるい分け試験
(2) 路盤工事・締固め度……………………現場密度の測定
(3) アスファルト舗装工・針入度…………すりへり試験
(4) アスファルト舗装の厚さ………………コア採取による測定

解説

(3) **針入度を測定**するための試験方法は，**針入度試験**である。

解答　(3)

品質管理の概要と品質管理に用いるヒストグラム関する記述において，正しいものには○，誤っているものには×をいれよ。

□□□ ①【 　】　規格値を大幅に上回る品質を確保することが優れた品質管理である。

□□□ ②【 　】　品質を確保するためには，手順の改善を行うより，検査を強化する方がより有効である。

□□□ ③【 　】　ヒストグラムでは，分布の平均値や偏差などのバラツキの状態を調べることができる。

コンクリートの品質管理において，正しいものには○，誤っているものには×をいれよ。

□□□ ④【 　】　品質管理の項目は，強度，スランプ又はスランプフロー，空気量，塩化物含有量の4つの項目である。

□□□ ⑤【 　】　3回の圧縮強度試験結果の平均値は，購入者の指定した呼び強度の強度値以上でなければならない。

□□□ ⑥【 　】　スランプ，空気量が許容差内であれば，材齢28日の圧縮強度試験供試体9本の製作は省略できる。

盛土の締固め及び舗装工事の管理において，正しいものには○，誤っているものには×をいれよ。

□□□ ⑦【 　】　自然含水比が施工含水比の範囲内であれば，含水比の調節は必要ない。

□□□ ⑧【 　】　現場での土の乾燥密度の測定は，プルーフローリングによる方法がある。

□□□ ⑨【 　】　盛土の乾燥密度の計測は，砂置換法のほうがRI（ラジオアイソトープ）計器による計測に比べて測定時間がかかる。

□□□ ⑩【 　】　工法規定方式は，一般に使用する締固め機械の機種や締固め回数，敷均し厚さなどを規定する方法である。

□□□ ⑪【 　】　アスファルト舗装の品質管理において，針入度試験は，現場で行われる試験である。

解答・解説

① 【×】…規格値を大幅に上回る品質を確保することは無駄が多く**優れた品質管理とは言えない**。

② 【×】…**プロセスを管理することが品質管理の目的**であり，検査による**不良個所の発見が1番の目的ではない**。

③ 【○】…設問の記述の通りである。

④ 【○】…設問の記述の通りである。

⑤ 【○】…設問の記述の通りである。

⑥ 【×】…スランプ・空気量の値が許容差内であろうと，**圧縮強度試験供試体の製作を省略する規定はない**。

⑦ 【○】…設問の記述の通りである。

⑧ 【×】…**乾燥密度**の測定は，**単位体積質量試験（現場密度試験）によって求める**。プルーフローリング試験はたわみ量を観察する目的で行われる。

⑨ 【○】…設問の記述の通りである。

⑩ 【○】…設問の記述の通りである。

⑪ 【×】…針入度試験は，**アスファルト材料の硬さを調べるための室内試験**で，舗装現場で実施する試験ではない。

施工管理法

第5節 環境保全・建設副産物対策

環境保全対策　　　　　　　　　　　　　　　　　　　　重要度 A

　土木工事では地形や地勢を大きく変えるため，周辺の自然環境や生活環境に及ぼす影響は大きい。環境に関する地域社会などとのトラブルの発生は工事の工程や工費に大きな影響を及ぼす。また，労働安全衛生の観点から，現場の作業環境の保全に努めなければならない。

・**環境影響評価**…土木工事など特定の目的のために行われる一連の土地の形状変更ならびに工作物の新設及び増改築工事など事業の実施について，環境に及ぼす影響の調査，**予測**，評価を行うと共に，その事業に関する環境の保全のための措置を検討し，この措置の環境に及ぼす影響を総合的に評価することで，**事業者**が工事の前に環境影響評価を行う。

環境保全に関する法律と測定項目

環境法令	測定項目
水質汚濁防止法	水素イオン濃度（pH）・浮遊物質量（SS）・**化学的酸素要求量（COD）**等
大気汚染防止法	**光化学オキシダント**・**窒素酸化物**（二酸化窒素）・浮遊粉じん等
悪臭防止法	アンモニア・硫化水素・硫化メチル等

○　騒音・振動対策

　第3章第7節［騒音・振動規制法］に関連事項を記載しています。

・建設工事の実施にあたっては，必要に応じ工事の目的，内容等について，**事前に地域住民に対して説明を行い**，工事の実施に協力を得られるように努めるものとする。

・建設工事が始まる前の騒音・振動の状況を把握し，建設工事による影響を**事前に予測して対策を検討**するとともに，建設工事中の騒音・振動の状況を把

握して，必要な追加対策を検討するために，現地において**施工前調査及び施工時調査**を行う。

・工事の施工中に騒音，振動について住民から苦情があった場合，騒音・振動規制法の規制値を守るだけでなく，できるだけ騒音・振動を小さくする等の努力をするとともに，丁寧な住民対応を行うことが必要である。

・施工方法や建設機械の種類によって大きく異なることから，**低騒音型建設機械および低騒音・低振動の施工方法**を選定する。（発生する騒音と作業効率は関係なく，**低騒音型建設機械は作業効率が低下するものではない**）

・騒音・振動防止対策は，発生源，伝搬経路，受音・受振対象における各対策に分類することができる。建設工事では，一般的に**発生源対策**および**伝搬経路の対策**を行う。

・建設機械は，整備不良による騒音振動が発生しないように**点検，整備を十分に行う**。

・走行を伴う機械の場合，走行路の不陸が振動の発生量を支配するので，現場内及び進入路などをこまめに整地する。

・建設機械は，一般に形式により騒音振動が異なり，**油圧式**のものは**空気式**のものに比べて**騒音が小さい**傾向がある。（空気式の建設機械とは圧縮空気を用いるものであり，空気圧縮機から発生する騒音・振動が大きくなる。）

・**履帯式（クローラ式）**の建設機械は，**車輪式（ホイール式）**の建設機械に比べて一般に**騒音振動のレベルが大きい**。

・建設機械による掘削，積込み作業は，できる限り衝撃力による施工を避け，不必要な高速運転やむだな空ぶかしを避ける。また，作業待ちの時間にはこまめにエンジンを停止させる。

○　濁水の処理

・建設工事からの排出水は，一時的なものであっても明らかに河川，湖沼，海域などの公共水域を汚濁するものならば，水質汚濁防止法に基づく排水基準に従って濁水を処理して放流しなければならない。

- グラウトプラントやコンクリートプラントの洗浄水は，**セメントの成分を多量に含む**ため，排水については通常濁りがあり，濁水処理プラントで濁りの除去を行った後，炭酸ガスや希硫酸などを用いて排水の **ph 調整（中和処理）** を行って放流する。
- 濁水の発生防止や表面崩落の防止のため，大規模な切土工事では，コンクリート吹付け，法面侵食防止剤の散布，種子吹付けなどをできるだけ早期に行う。

○　粉じん対策

- 盛土箇所の**風によるじんあい防止**については，**盛土表面への散水，乳剤散布，種子吹付け**などによる**防塵処理**を行う。
- 土運搬による土砂飛散防止については，過積載防止，荷台のシート掛けの励行，**現場から公道に出る位置（現場内の出入り口付近）に洗車設備の設置**を行う。

○　地下水に関する環境保全対策

- 切土による水の枯渇対策については，防止計画を**事前**に立て，工事の進捗を図る必要がある。
- 市街地で地下連続壁工法により地下構造物を築造する場合，現場周辺で行う一般的な環境対策調査項目としては「**地下水水質調査**」「**井戸枯れ調査**」「**騒音・振動調査**」がある。

建設副産物対策　　　　　　　　　　重要度 A

　建設副産物対策に関連する法律としては，生産段階では，「**資源の有効な利用の促進に関する法律（リサイクル法）**」，消費，使用段階では「**国等による環境物品等の調達の推進等に関する法律（グリーン購入法）**」，回収リサイクル段階では，「**建設工事に係る資材の再資源化等に関する法律（建設リサイクル法）**」，最終廃棄段階では，「**廃棄物の処理及び清掃に関する法律（廃棄物処理法）**」がある。

建設副産物対策の基本		
① 発生の抑制	② 再使用・再利用の促進	③ 適正処分の徹底

〇　建設工事に係る資材の再資源化等に関する法律（建設リサイクル法）

①　目的・施工業者の責務等

・建設業を営む者は，建設資材の選択や施工方法等の工夫により，建設資材廃棄物の**発生を抑制**するとともに，分別解体等及び建設資材廃棄物の再資源化等に要する**費用を低減**するよう努めなければならない。

・特定建設資材を用いた建築物等に係る解体工事又はその施工に特定建設資材を使用する新築工事等における対象建設工事の受注者又は自主施工者は，正当な理由がある場合を除き，分別解体等をしなければならない。

②　特定建設資材

　建設資材廃棄物となった場合にその再資源化が資源の有効な利用及び廃棄物の減量を図る上で特に必要であり，かつ，その再資源化が経済性の面において制約が著しくないと認められるものとして政令で定めるものを「特定建設資材」という。

※これらの資材が廃棄物になった場合は（　　）内のように区分される。

> ㋑　コンクリート（コンクリート塊）
> ㋺　コンクリート及び鉄から成る建設資材（コンクリート塊）
> ㋩　木材（建設発生木材）
> ㋥　アスファルト・コンクリート（アスファルト・コンクリート塊）

※建設発生土（土砂）は特定建設資材に含まない。

特定建設資材の処理方法と利用用途

特定建設資材	具体的な処理方法	処理後の材料名	用　途
コンクリート塊	①　破砕 ②　選別 ③　混合物除去 ④　粒度調整	①　再生クラッシャーラン ②　再生コンクリート砂 ③　再生粒度調整砕石	①　路盤材 ②　埋戻し材 ③　基礎材 ④　コンクリート用骨材
建設発生木材	①　チップ化	①　木質ボード ②　堆肥 ③　木質マルチング材	①　住宅構造用建材 ②　コンクリート型枠 ③　発電燃料

施工管理法

アスファルト・コンクリート塊	① 破砕 ② 選別 ③ 混合物除去 ④ 粒度調整	① 再生加熱アスファルト安定処理混合物 ② 表層基層用再生加熱アスファルト混合物 ③ 再生骨材	① 上層路盤材 ② 基層用材科 ③ 表層用材料 ④ 路盤材 ⑤ 埋戻し材 ⑥ 基礎材

○ 資源の有効な利用の促進に関する法律（リサイクル法）

・リサイクル法では，土砂は建設発生土であり，再生資源として利用される。

建設発生土の主な利用用途

区　分	コーン指数	土　質	利用用途
第1種建設発生土	－	砂，礫及びこれらに準ずるもの	工作物の埋戻し材料 土木構造物の裏込材 道路盛土材料 河川築堤材料（高規格堤防） 宅地造成用材料
第2種建設発生土	800kN/m²以上	砂質土，礫質土及びこれらに準ずるもの	工作物の埋戻し材料 土木構造物の裏込材 道路盛土材料 河川築堤材料 宅地造成用材料
第3種建設発生土	400kN/m²以上	通常の施工性が確保される粘性土及びこれらに準ずるもの	工作物の埋戻し材料（土質改良必要） 土木構造物の裏込材（土質改良必要） 道路路床用盛土材料（土質改良必要） 道路路体用盛土材料 河川築堤材料 宅地造成用材料 水面埋立て用材料
第4種建設発生土	200kN/m²以上	粘性土及びこれらに準ずるもの〔第3種建設発生土を除く〕	工作物の埋戻し材料（土質改良必要） 土木構造物の裏込材（土質改良必要） 道路用盛土材料（土質改良必要） 水面埋立て用材料
建設汚泥	200kN/m²未満	廃棄物処理法では産業廃棄物に規定	水面埋立て用材料（土質改良必要）

○ 廃棄物の処理及び清掃に関する法律（廃棄物処理法）

廃棄物の分類

・産業廃棄物…事業活動に伴って生じた廃棄物
・一般廃棄物…産業廃棄物以外の廃棄物

分類［項目］				具体的内容（例）
建設副産物		建設発生土		土砂及び専ら土地造成の目的となる土砂に準ずるもの，港湾，河川等浚渫に伴って生ずる土砂その他これに類するもの
		有価物		スクラップ等他人に有償で売却できるもの
	建設廃棄物	一般廃棄物		・河川堤防や道路の表面等の除草作業で発生する刈草，道路の植樹帯等の管理で発生する剪定枝葉 ・現場事務所から発生する一般ごみ（生ごみ・新聞・雑誌等）
		産業廃棄物	がれき類	工作物の新築，改築又は除去に伴って生じたコンクリートの破片その他これに類する不要物 ①コンクリート破片　②アスファルト・コンクリート破片　③れんが破片
			汚泥	含水率が高く微細な泥状の掘削物
			木くず	工作物の新築，改築，又は除去に伴って生ずる木くず（具体的には型枠，足場材等，内装・建具工事等の残材，抜根・伐採材，木造解体材等）
			廃プラスチック類	廃発泡スチロール等梱包材，**廃ビニール**，合成ゴムくず，**廃タイヤ**，廃シート類，廃塩化ビニル管，廃塩化ビニル継手
			ガラスくず，陶磁器くず	ガラスくず，タイル衛生陶磁器くず，耐火レンガくず，廃石膏ボード
			金属くず	鉄骨鉄筋くず，金属加工くず，足場パイプ，保安塀くず
			紙くず	工作物の新築，改築，又は除去に伴って生ずる紙くず（具体的には包装材，段ボール，壁紙くず）
			繊維くず	工作物の新築，改築又は除去に伴って生ずる繊維くず（具体的には廃ウエス，縄，ロープ類）
			廃油	**防水アスファルト**（タールピッチ類），**アスファルト乳剤**等の使用残さ
		特別管理産業廃棄物	廃油	**揮発油類，灯油類，軽油類**
			廃PCB等及びPCB汚染物	トランス，コンデンサ，蛍光灯安定器
			廃石綿等	**飛散性アスベスト廃棄物**

・最終処分にあたっては，**有害な廃棄物は遮断型処分場**で，**公共の水域および地下水を汚染するおそれのある廃棄物は管理型処分場**で，**そのおそれのない廃棄物は安定型処分場**で，それぞれ埋立処分を行う。

最終処分場の形式と処分できる廃棄物

処分場の形式	処分できる廃棄物
安定型処分場	廃プラスチック類，ゴムくず，金属くず，ガラスくずおよび陶磁器くず，がれき類，非飛散性アスベスト
管理型処分場	廃油（タールピッチ類に限る），紙くず，木くず，繊維くず，廃石膏ボード，動植物性残渣，動物のふん尿，動物の死体等，基準に適合した燃え殻，ばいじん，汚泥，鉱さい，飛散性アスベスト
遮断型処分場	基準に適合しない燃え殻・ばいじん・汚泥・鉱さい

○ 産業廃棄物管理票（マニフェスト）

・事業者は，その産業廃棄物の運搬又は処分を他人に委託する場合，当該委託に係る産業廃棄物の**引渡しと同時**に運搬又は処分を受託した者に対し，**産業廃棄物管理票を交付**しなければならない。

・産業廃棄物管理票の交付は，産業廃棄物の運搬先が2以上ある場合にあっては，**運搬先ごと**に行う。

・産業廃棄物管理票の交付者は，産業廃棄物の運搬又は処分が終了したことを産業廃棄物管理票の写しにより確認し，その写しを**5年間保管**しなければならない。

問題1 □□□

建設工事における騒音振動対策に関する記述として，適当でないものはどれか。

(1) 建設機械は，一般に形式により騒音振動が異なり，空気式のものは油圧式のものに比べて騒音が小さい傾向がある。

(2) 建設機械は，整備不良による騒音振動が発生しないように点検，整備を十分に行う。

(3) 建設機械は，一般に老朽化するにつれ，機械各部にゆるみや磨耗が生じ，騒音振動の発生量も大きくなる。

(4) 建設機械による掘削，積込み作業は，できる限り衝撃力による施工を避け，不必要な高速運転やむだな空ぶかしを避ける。

解説

(1) **油圧式の機械の方が空気式より騒音が小さい。** 空気式の建設機械とは圧縮空気を用いるものであり，空気圧縮機から発生する騒音・振動が大きくなる。

解答 (1)

問題2 □□□

建設工事の土工作業における地域住民への生活環境の保全対策に関する記述として，適当でないものはどれか。

(1) 土運搬による土砂の飛散を防止するには，過積載の防止，荷台へのシート掛けを行う外に現場から出た所の公道上に洗車設備を設置する。

(2) 土砂の流出による水質汚濁などを防止するには，盛土の法面の安定勾配を確保し土砂止などを設置する。

(3) 騒音，振動を防止するには，低騒音型，低振動型の建設機械を採用する。

(4) 作業場の内外は，常に整理整頓し建設工事のイメージアップをはかるとともに，塵あいなどにより周辺に迷惑がおよぶことのないように努める。

解説

(1) 洗車設備の設置は公道上ではなく，**公道に出る前の現場敷地内に設置**する。

施工管理法

問題3　□□□

市街地で地下連続壁工法により地下構造物を築造する場合，現場周辺で行う一般的な環境対策調査項目として，適当でないものはどれか。

(1)　地下水水質調査

(2)　日照調査

(3)　井戸枯れ調査

(4)　騒音・振動調査

解説

(2)　地下構造物の場合，日照を阻害することはないので，調査項目には該当しない。

解答　(2)

問題4　□□□

建設工事に係る資材の再資源化等に関する法律（建設リサイクル法）における特定建設資材に該当しないものはどれか。

(1)　木材

(2)　コンクリート

(3)　土砂

(4)　アスファルト・コンクリート

解説

(3)　建設工事で発生する土砂（建設発生土）は，再生資源として利用できるが，この法律では，特定建設資材には指定されていない。

解答　(3)

問題5 □□□

建設工事から発生する廃棄物の種類に関する記述として，廃棄物処理法上，適当でないものはどれか。

(1) 工作物の除去に伴って生ずるコンクリートの破片は，産業廃棄物である。
(2) 工作物の除去に伴って生じた繊維くずは，一般廃棄物である。
(3) 防水アスファルトやアスファルト乳剤の使用残さなどの廃油は，産業廃棄物である。
(4) 灯油類などの廃油は，特別管理産業廃棄物である。

解説

(2) 事業活動に伴って生じた廃棄物は産業廃棄物である。**工作物の除去によって生じた繊維くずは，産業廃棄物**になる。

解答 (2)

問題6 □□□

建設現場で発生する産業廃棄物の処理に関する記述として，適当でないものはどれか。

(1) 事業者は，産業廃棄物の処理を委託する場合，産業廃棄物の発生から最終処分が終了するまでの処理が適正に行われるために必要な措置を講じなければならない。
(2) 産業廃棄物の収集運搬にあたっては，産業廃棄物が飛散及び流出しないようにしなければならない。
(3) 産業廃棄物管理票（マニフェスト）の写しの保存期間は，関係法令上5年間である。
(4) 産業廃棄物の処理責任は，公共工事では原則として発注者が責任を負う。

解説

(4) **責任は発注者ではなく，元請業者が負う。**元請業者は，排出業者として建設廃棄物の再資源化等及び処理を適正に実施するよう努めなければならない。

解答 (4)

一問一答 ○×問題

騒音・振動防止および，環境保全対策に関する記述において，正しいものには○，誤っているものには×をいれよ。

- □□□ ①【　】　高出力ディーゼルエンジンを搭載している建設機械のエンジン関連の騒音は，全体の騒音の中で大きな比重を占めている。
- □□□ ②【　】　車輪式（ホイール式）の建設機械は，履帯式（クローラ式）の建設機械に比べて一般に騒音振動のレベルが大きい。

廃棄物対策に関する記述において，正しいものには○，誤っているものには×をいれよ。

- □□□ ③【　】　建設リサイクル法における特定建設資材に，「コンクリート及び鉄からなる建設資材」は含まれている。
- □□□ ④【　】　廃棄物処理法において，建設現場の作業員詰所から排出された新聞，雑誌は産業廃棄物に分類される。
- □□□ ⑤【　】　廃棄物処理法において，地下掘削に伴って生じた土砂は，産業廃棄物に分類される。
- □□□ ⑥【　】　廃棄物処理法において，建設工事に伴って生じた飛散性アスベスト廃棄物は，特別管理産業廃棄物に分類される。
- □□□ ⑦【　】　建設汚泥（コーン指数 $200kN/m^2$ 以下）は，そのまま一般堤防の盛土材として利用できる。

解答・解説

- ①【○】…設問の記述の通りである。
- ②【×】…履帯式（クローラ式）に比べて**車輪式（ホイール式）の方が騒音・振動は小さい。**
- ③【○】…設問の記述の通りである。
- ④【×】…現場事務所から排出された図面や書類等一般ごみは**一般廃棄物**である。
- ⑤【×】…土砂は建設発生土として扱われ，**廃棄物には当たらない。**
- ⑥【○】…設問の記述の通りである。
- ⑦【×】…建設汚泥は，脱水，乾燥，セメント添加物等の安定処理により**再資源化しなければ，建設資材として利用することができない。**また，使用箇所も限定される。

第6節 基礎的な能力

概要

　令和3年度の施工管理技士試験の改正により，新しく追加された出題形式となります。令和2年度までは，第1次検定（学科）試験では**「知識（主任技術者として工事の施工の管理を適確に行うために必要な知識）」**が問われ，第2次検定（実地）試験では**「能力（施工の管理を適確に行うために必要な基礎的な能力）」**が問われていました。

　令和3年度より第1次検定試験のみの合格者に**「技士補」**の資格が付与されることとなりました。それに伴い，第1次検定試験でも「能力」が問われるようになります。

出題内容

① **施工計画**

…施工計画の作成，事前調査，建設機械の施工計画，仮設工事等

② **工程管理**

…各種工程表の特徴，ネットワーク工程表（総所要日数・クリティカルパス・トータルフロート）等

③ **安全管理**

…安全衛生管理体制，各種作業における労働災害の防止対策（クレーン作業・足場等の高所作業・車両系建設機械・掘削作業）・保護具の使用等

④ **品質管理**

…品質管理図表（ヒストグラム），土工事の品質管理（品質規定方式・土質試験・軟弱地盤対策），コンクリート工事の品質管理（受入検査・施工上の留意事項・養生・打継目処理）等

※上記項目の詳細は，「第1章土工・コンクリート工事の施工上の留意事項」，「第3章法規（労働安全衛生法）」，「第5章施工管理」に記載しているため，解説は省略します。

施工管理法

問題1 □□□

施工計画作成のための事前調査に関する下記の文章中の［　　　］の(イ)～(ニ)に当てはまる語句の組合せとして，適当なものは次のうちどれか。

- ［　(イ)　］の把握のため，地域特性，地質，地下水，気象等の調査を行う。
- ［　(ロ)　］の把握のため，現場周辺の状況，近隣構造物，地下埋設物等の調査を行う。
- ［　(ハ)　］の把握のため，調達の可能性，適合性，調達先等の調査を行う。また，［　(ニ)　］の把握のため，道路の状況，運賃及び手数料，現場搬入路等の調査を行う。

	（イ）	（ロ）	（ハ）	（ニ）
(1)	近隣環境	自然条件	資機材	輸送
(2)	自然条件	近隣環境	資機材	輸送
(3)	近隣環境	自然条件	輸送	資機材
(4)	自然条件	近隣環境	輸送	資機材

解説

地域特性，地質，地下水，気象等の調査からは**(イ)自然条件**を把握することができる。現場周辺の状況，近隣構造物，地下埋設物等の調査からは**(ロ)近隣環境**を把握することができる。調達の可能性，適合性，調達先等の調査からは**(ハ)資機材**を把握することができる（**調達計画**）。道路の状況，運賃及び手数料，現場搬入路等の調査からは**(ニ)輸送**を把握することができる（**運搬計画**）。

解答　(2)

問題2 □□□

建設機械の作業能力・作業効率に関する下記の文章中の［　　　］の(イ)～(ニ)に当てはまる語句の組合せとして，適当なものは次のうちどれか。

- 建設機械の作業能力は，単独，又は組み合わされた機械の［　(イ)　］の平均作業量で表す。また，建設機械の［　(ロ)　］を十分行っておくと向上する。

- 建設機械の作業効率は，気象条件，工事の規模，　（ハ）　等の各種条件により変化する。
- ブルドーザの作業効率は，砂の方が岩塊・玉石より　（ニ）　。

	（イ）	（ロ）	（ハ）	（ニ）
(1)	時間当たり…………	整備………………	運転員の技量…………	大きい
(2)	施工面積……………	整備………………	作業員の人数…………	小さい
(3)	時間当たり…………	暖機運転…………	作業員の人数…………	小さい
(4)	施工面積……………	暖機運転…………	運転員の技量…………	大きい

解説

- 建設機械の作業能力は，**(イ)時間当たり**の平均作業量で表す。建設機械は**(ロ)整備**を十分行うことで向上する。
- 建設機械の作業効率は，現場の条件及び，**(ハ)運転員の技量**により変化する。
  （作業員の人数によって作業全体効率は変わるが，機械の作業効率は変わらない）
- 砂の方が柔らかく作業しやすいため，岩塊・玉石より作業効率は**(ニ)大きい**。

解答　(1)

問題3　□□□

　工程表の種類と特徴に関する下記の文章中の　　　　　の(イ)～(ニ)に当てはまる語句の組合せとして，適当なものは次のうちどれか。

- 　（イ）　は，縦軸に作業名を示し，横軸にその作業に必要な日数を棒線で表した図表である。
- 　（ロ）　は，縦軸に作業名を示し，横軸に各作業の出来高比率を棒線で表した図表である。
- 　（ハ）　工程表は，各作業の工程を斜線で表した図表であり，　（ニ）　は，作業全体の出来高比率の累計をグラフ化した図表である。

	（イ）	（ロ）	（ハ）	（ニ）
(1)	ガントチャート……	出来高累計曲線……	バーチャート……	グラフ式
(2)	ガントチャート……	出来高累計曲線……	グラフ式…………	バーチャート
(3)	バーチャート………	ガントチャート……	グラフ式…………	出来高累計曲線
(4)	バーチャート………	ガントチャート……	バーチャート……	出来高累計曲線

※第5章第2節工程管理［各種工程表の特徴］に関連事項の記載があります。

・**(イ)バーチャート**は，縦軸に**作業名**を示し，横軸にその作業に**必要な日数を棒線**で表した図表である。

・**(ロ)ガントチャート**は，縦軸に**作業名**を示し，**横軸に各作業の出来高比率を棒線**で表した図表である。

・**(ハ)グラフ式**工程表は，**各作業の工程を斜線**で表した図表である。

・**(ニ)出来高累計曲線**は，作業全体の**出来高比率の累計**をグラフ化した図表である。

解答　(3)

問題4　☐☐☐

　下図のネットワーク式工程表について記載している下記の文章中の ☐☐☐ の(イ)～(ニ)に当てはまる語句の組合せとして，正しいものは次のうちどれか。

　ただし，図中のイベント間の**A～G**は作業内容，数字は作業日数を表す。

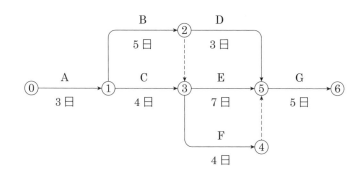

・ ☐(イ)☐ 及び ☐(ロ)☐ は，クリティカルパス上の作業である。

・作業Fが ☐(ハ)☐ 遅延しても，全体の工期に影響はない。

・この工程全体の工期は， ☐(ニ)☐ である。

	（イ）	（ロ）	（ハ）	（ニ）
(1)	作業C	作業D	3日	19日間
(2)	作業B	作業E	3日	20日間
(3)	作業B	作業D	4日	19日間
(4)	作業C	作業E	4日	20日間

※第5章第2節工程管理［ネットワーク工程表の特徴・計算方法］に関連事項の記載があります。

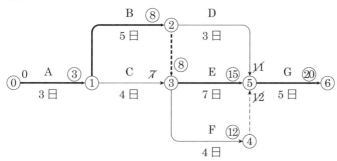

　最早開始時刻を記入したものが上図となる。クリティカルパスは太線上の作業A－B－E－Gとなる。よって，**(イ)作業B**及び**(ロ)作業E**は，クリティカルパス上の作業である。

・作業Fが**(ハ)3日**遅延しても，全体工期に影響はない。（作業Fのトータルフロート；F作業の最遅終了時刻15日－作業Fの最早終了時刻12日＝3日）

・この工程全体の工期は，**(ニ)20日**である。

解答　(2)

問題5　□□□

　複数の事業者が混在している事業場の安全衛生管理体制に関する下記の文章中の□□□の(イ)～(ニ)に当てはまる語句の組合せとして，労働安全衛生法上，正しいものは次のうちどれか。

・事業者のうち，一つの場所で行う事業で，その一部を請負人に請け負わせている者を　(イ)　という。

・　(イ)　のうち，建設業等の事業を行う者を　(ロ)　という。

・　(ロ)　は，労働災害を防止するため，　(ハ)　の運営や作業場所の巡視は　(ニ)　に行う。

	(イ)	(ロ)	(ハ)	(ニ)
(1)	元方事業者	特定元方事業者	技能講習	毎週作業開始日
(2)	特定元方事業者	元方事業者	協議組織	毎作業日

(3) 特定元方事業者……元方事業者…………技能講習……毎週作業開始日

(4) 元方事業者…………特定元方事業者……協議組織……毎作業日

解説

※第3章第2節労働安全衛生法［特定元方事業者の責務］に関連事項の記載があります。

・**(イ)元方事業者**とは1つの場所で行う事業の仕事の一部を請負人に請け負わせている者（数段階の請負関係がある場合には，その最も先次の注文者）のことをいう。

・元方事業者のうち，**建設業**または造船業を行う事業者のことを**(ロ)特定元方事業者**という。

・「特定元方事業者の講ずべき措置等」として①**(ハ)協議組織**の設置・運営　②作業間の連絡・調整　③**(ニ)毎作業日**の作業場所の巡視　④関係請負人が行う安全衛生教育の指導・援助等が定められている。

解答　(4)

問題6 □□□

移動式クレーンを用いた作業において，事業者が行うべき事項に関する下記の文章中の □□□ の(イ)〜(ニ)に当てはまる語句の組合せとして，クレーン等安全規則上，正しいものは次のうちどれか。

・移動式クレーンに，その　(イ)　をこえる荷重をかけて使用してはならず，また強風のため作業に危険が予想されるときには，当該作業を　(ロ)　しなければはらない。

・移動式クレーンの運転者を荷をつったままで　(ハ)　から離れさせてはならない。

・移動式クレーンの作業においては，　(ニ)　を指名しなければならない。

	（イ）	（ロ）	（ハ）	（ニ）
(1)	定格荷重	注意して実施	運転位置	監視員
(2)	定格荷重	中止	運転位置	合図者
(3)	最大荷重	注意して実施	旋回範囲	合図者
(4)	最大荷重	中止	旋回範囲	監視員

※第5章第3節安全管理［揚重機（移動式クレーン等）を用いた作業上の留意事項］に関連事項の記載があります。

・移動式クレーンには，**(イ)定格荷重**を超える荷重をかけて使用しようしてはならない。

・強風の為作業に危険が予想されるときには当該作業を**(ロ)中止**しなければならない。

・移動式クレーンの運転者を荷をつったままで**(ハ)運転位置**から離れさせてはならない。

・移動式クレーンの作業においては**(ニ)合図者**を指名しなければならない。

解答　(2)

問題7　□□□

　A 工区，B 工区における測定値を整理した下図のヒストグラムについて記載している下記の文章中の　□□□　の(イ)〜(ニ)に当てはまる語句の組合せとして，適当なものは次のうちどれか。

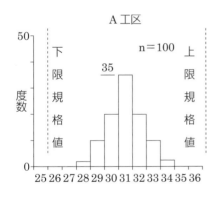

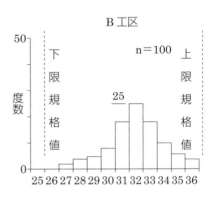

・ヒストグラムは測定値の　(イ)　の状態を知る統計的手法である。

・A 工区における測定値の総数は　(ロ)　で，B 工区における測定値の最大値は，　(ハ)　である。

・より良好な結果を示しているのは　(ニ)　の方である。

施工管理法

	（イ）	（ロ）	（ハ）	（ニ）
(1)	ばらつき……………100		……………25	…………B 工区
(2)	時系列変化………50		…………36	…………B 工区
(3)	ばらつき……………100		…………36	…………A 工区
(4)	時系列変化………50		…………25	…………A 工区

※第5章第4節品質管理［品質（工程）管理図］に関連事項の記載があります。

・ヒストグラムは測定値の**(イ)ばらつき**の状態を知ることで工程の安定を確認することができる（時系列変化を把握することはできない）。

・A 工区における測定値の総数は**(ロ)100**で，B 工区における測定値の最大値は，**(ハ)36**である（B 工区における**度数の最大値が25**である）。

・より良好な結果を指名しているのは**(ニ)A 工区**である（B 工区は規格値に対してゆとりが無く，ばらつきを抑える処置が必要な状態である）。

解答　(3)

問題8 □□□

　盛土の締固めにおける品質管理に関する下記の文章中の　　　　の(イ)～(ニ)に当てはまる語句の組合せとして，適当なものは次のうちどれか。

・盛土の締固めの品質管理の方式のうち工法規定方式は，使用する締固め機械の機種や締固め　(イ)　等を規定するもので，品質規定方式は，盛土の　(ロ)　等を規定する方法である。

・盛土の締固めの効果や性質は，土の種類や含水比，施工方法によって　(ハ)　。

・盛土が最もよく締まる含水比は，最大乾燥密度が得られる含水比で　(ニ)　含水比である。

	（イ）	（ロ）	（ハ）	（ニ）
(1)	回数…………	材料………………	変化しない…………	最大
(2)	回数………	締固め度…………	変化する…………	最適
(3)	厚さ………	締固め度…………	変化しない…………	最適
(4)	厚さ………	材料………………	変化する…………	最大

※第5章第4節［品質管理（土工事）］に関連事項の記載があります。

・工法規定方式は，締固め機械の機種，**敷均し厚さ**，締固め**(イ)回数**などを仕様書などで定め，これにより一定の品質を確保しようとする方法である。

※敷均し厚さも工法規定方式では規定する項目の一つであるため，とても分かりにくい選択肢となっている。そのため，（イ）では選択を保留し，他の（ロ）〜（ニ）から回答を選択するようにして下さい。

・品質規定は，盛土の**(ロ)締固め度**や，**空気間げき率**，**強度特性**等で規定する方式である。

・盛土の締固めの効果は，土の種類や含水比，施工方法によって**(ハ)変化する**。

・盛土が最もよく締まる含水比を**(ニ)最適**含水比といい，その時の乾燥密度を**最大乾燥密度**という。

解答　(2)

施工管理法

本試験問題

問題 ——————————————————————— 404

解答・解説 ————————————————————— 423

勉強のコツ

　実際の試験問題を記載しています。本参考書での勉強が一通り終了したら力試しに挑戦してみてください。選択問題は必要回答数以上解答すると減点となりますので，十分注意してください。

　実際の試験問題では，本参考書で習った以外の問題が出題される場合もありえます。（テキストのページ制限上，すべてを記載することはできないため）

　知っている問題，学んだ問題で確実に点数を積み重ねれば，十分合格できる実力がついているはずです。合格点の60％に満たなかった場合や，合格点であった場合も，しっかり間違えた点や，不安な点を見直し理解度を UP させてください。

　余裕があれば，過去問を数回分挑戦するのも非常にいい勉強法です。直近の試験を避けた3回分以上を学習するのをオススメします。

※ 直近と同じ問題は出る可能性が低いため

2級第一次検定　試験問題

※問題番号 No. 1～No. 11 までの 11 問題のうちから 9 問題を選択し解答してください。

【No. 1】　「土工作業の種類」と「使用機械」に関する次の組合せのうち，**適当でないもの**はどれか。

　　　　［土工作業の種類］　　　［使用機械］
(1)　伐開・除根 …………… タンピングローラ
(2)　掘削・積込み ………… トラクターショベル
(3)　掘削・運搬 …………… スクレーパ
(4)　法面仕上げ …………… バックホウ

【No. 2】　土質試験における「試験名」とその「試験結果の利用」に関する次の組合せのうち，**適当でないもの**はどれか。

　　　　［試験名］　　　　　　　　　　　　　　［試験結果の利用］
(1)　土の圧密試験 ………………………………… 粘性土地盤の沈下量の推定
(2)　ボーリング孔を利用した透水試験 ………… 土工機械の選定
(3)　土の一軸圧縮試験 …………………………… 支持力の推定
(4)　コンシステンシー試験 ……………………… 盛土材料の選定

【No. 3】　盛土工に関する次の記述のうち，**適当でないもの**はどれか。
(1)　盛土の基礎地盤は，盛土の完成後に不同沈下や破壊を生じるおそれがないか，あらかじめ検討する。
(2)　建設機械のトラフィカビリティーが得られない地盤では，あらかじめ適切な対策を講じる。
(3)　盛土の敷均し厚さは，締固め機械と施工法及び要求される締固め度などの条件によって左右される。
(4)　盛土工における構造物縁部の締固めは，できるだけ大型の締固め機械により入念に締め固める。

【No. 4】　地盤改良工法に関する次の記述のうち，**適当でないもの**はどれか。
(1)　プレローディング工法は，地盤上にあらかじめ盛土等によって載荷を行う工法である。

(2) 薬液注入工法は，地盤に薬液を注入して，地盤の強度を増加させる工法である。

(3) ウェルポイント工法は，地下水位を低下させ，地盤の強度の増加を図る工法である。

(4) サンドマット工法は，地盤を掘削して，良質土に置き換える工法である。

【No.5】 コンクリートに用いられる次の混和材料のうち，コンクリートの耐凍害性を向上させるために使用される混和材料に該当するものはどれか。

(1) 流動化剤　　　　(2) フライアッシュ

(3) AE剤　　　　　(4) 膨張材

【No.6】 コンクリートの配合設計に関する次の記述のうち，**適当でないもの**はどれか。

(1) 所要の強度や耐久性を持つ範囲で，単位水量をできるだけ大きく設定する。

(2) 細骨材率は，施工が可能な範囲内で，単位水量ができるだけ小さくなるように設定する。

(3) 締固め作業高さが高い場合は，最小スランプの目安を大きくする。

(4) 一般に鉄筋量が少ない場合は，最小スランプの目安を小さくする。

【No.7】 フレッシュコンクリートに関する次の記述のうち，**適当でないもの**はどれか。

(1) スランプとは，コンクリートの軟らかさの程度を示す指標である。

(2) 材料分離抵抗性とは，コンクリートの材料が分離することに対する抵抗性である。

(3) ブリーディングとは，練混ぜ水の一部の表面水が内部に浸透する現象である。

(4) ワーカビリティーとは，運搬から仕上げまでの一連の作業のしやすさのことである。

【No.8】 鉄筋の加工及び組立に関する次の記述のうち，**適当なもの**はどれか。

(1) 型枠に接するスペーサは，原則としてモルタル製あるいはコンクリート製を使用する。

(2) 鉄筋の継手箇所は，施工しやすいように同一の断面に集中させる。

(3) 鉄筋表面の浮きさびは，付着性向上のため，除去しない。

(4) 鉄筋は，曲げやすいように，原則として加熱して加工する。

【No. 9】 既製杭の施工に関する次の記述のうち，**適当でないもの**はどれか。

(1) プレボーリング杭工法は，孔内の泥土化を防止し孔壁の崩壊を防ぎながら掘削する。

(2) 中掘り杭工法は，ハンマで打ち込む最終打撃方式により先端処理を行うことがある。

(3) 中掘り杭工法は，一般に先端開放の既製杭の内部にスパイラルオーガ等を通して掘削する。

(4) プレボーリング杭工法は，ソイルセメント状の掘削孔を築造して杭を沈設する。

【No. 10】 場所打ち杭の各種工法に関する次の記述のうち，**適当なもの**はどれか。

(1) 深礎工法は，地表部にケーシングを建て込み，以深は安定液により孔壁を安定させる。

(2) オールケーシング工法は，掘削孔全長にわたりケーシングチューブを用いて孔壁を保護する。

(3) アースドリル工法は，スタンドパイプ以深の地下水位を高く保ち孔壁を保護・安定させる。

(4) リバース工法は，湧水が多い場所では作業が困難で，酸欠や有毒ガスに十分に注意する。

【No. 11】 下図に示す土留め工の(イ)，(ロ)の部材名称に関する次の組合せのうち，**適当なもの**はどれか。

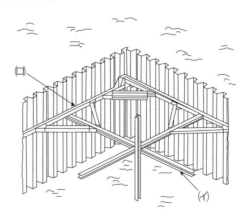

	(イ)		(ロ)
(1)	腹起し	…………	中間杭
(2)	腹起し	…………	火打ちばり
(3)	切ばり	…………	腹起し
(4)	切ばり	…………	火打ちばり

※問題番号 No. 12～No. 31 までの 20 問題のうちから 6 問題を選択し解答してください。

【**No. 12**】 鋼材に関する次の記述のうち，**適当でないもの**はどれか。

(1) 硬鋼線材を束ねたワイヤーケーブルは，吊橋や斜張橋等のケーブルとして用いられる。

(2) 低炭素鋼は，表面硬さが必要なキー，ピン，工具等に用いられる。

(3) 棒鋼は，主に鉄筋コンクリート中の鉄筋として用いられる。

(4) 鋳鋼や鍛鋼は，橋梁の支承や伸縮継手等に用いられる。

【**No. 13**】 鋼道路橋の架設工法に関する次の記述のうち，主に深い谷等，桁下の空間が使用できない現場において，トラス橋などの架設によく用いられる工法として**適当なもの**はどれか。

(1) トラベラークレーンによる片持式工法

(2) フォルバウワーゲンによる張出し架設工法

(3) フローティングクレーンによる一括架設工法

(4) 自走クレーン車による押出し工法

【**No. 14**】 コンクリートの劣化機構に関する次の記述のうち，**適当でないもの**はどれか。

(1) 中性化は，空気中の二酸化炭素が侵入することによりコンクリートのアルカリ性が失われる現象である。

(2) 塩害は，コンクリート中に侵入した塩化物イオンが鉄筋の腐食を引き起こす現象である。

(3) 疲労は，繰返し荷重が作用することで，コンクリート中の微細なひび割れがやがて大きな損傷になる現象である。

(4) 化学的侵食は，凍結や融解の繰返しによってコンクリートが溶解する現象である。

【No. 15】 河川堤防の施工に関する次の記述のうち，**適当でないもの**はどれか。

(1) 堤防の腹付け工事では，旧堤防との接合を高めるため階段状に段切りを行う。

(2) 堤防の腹付け工事では，旧堤防の表法面に腹付けを行うのが一般的である。

(3) 河川堤防を施工した際の法面は，一般に総芝や筋芝等の芝付けを行って保護する。

(4) 旧堤防を撤去する際は，新堤防の地盤が十分安定した後に実施する。

【No. 16】 河川護岸に関する次の記述のうち，**適当なもの**はどれか。

(1) コンクリート法枠工は，一般的に法勾配が緩い場所で用いられる。

(2) 間知ブロック積工は，一般的に法勾配が緩い場所で用いられる。

(3) 石張工は，一般的に法勾配が急な場所で用いられる。

(4) 連結（連節）ブロック張工は，一般的に法勾配が急な場所で用いられる。

【No. 17】 砂防えん堤に関する次の記述のうち，**適当なもの**はどれか。

(1) 袖は，洪水を越流させないため，両岸に向かって水平な構造とする。

(2) 本えん堤の堤体下流の法勾配は，一般に1：1程度としている。

(3) 水通しは，流量を越流させるのに十分な大きさとし，形状は一般に矩形断面とする。

(4) 堤体の基礎地盤が岩盤の場合は，堤体基礎の根入れは1m以上行うのが通常である。

【No. 18】 地すべり防止工に関する次の記述のうち，**適当でないもの**はどれか。

(1) 横ボーリング工は，地下水の排除のため，帯水層に向けてボーリングを行う工法である。

(2) 地すべり防止工では，抑止工，抑制工の順に施工するのが一般的である。

(3) 杭工は，鋼管等の杭を地すべり斜面等に挿入して，斜面の安定を高める工法である。

(4) 地すべり防止工では，抑止工だけの施工は避けるのが一般的である。

【No. 19】 道路のアスファルト舗装における上層路盤の施工に関する次の記述のうち，**適当でないもの**はどれか。

(1) 粒度調整路盤は，材料の分離に留意し，均一に敷き均し，締め固めて仕上げる。

(2) 加熱アスファルト安定処理路盤は，下層の路盤面にプライムコートを施す必要がある。

(3) 石灰安定処理路盤材料の締固めは，最適含水比よりやや乾燥状態で行うとよい。

(4) セメント安定処理路盤材料の締固めは，硬化が始まる前までに完了すること が重要である。

【No. 20】 道路のアスファルト舗装における締固めに関する次の記述のうち，**適当 でないもの**はどれか。

(1) 締固め作業は，継目転圧・初転圧・二次転圧・仕上げ転圧の順序で行う。

(2) 初転圧時のローラへの混合物の付着防止には，少量の水，又は軽油等を薄く 塗布する。

(3) 転圧温度が高すぎたり過転圧等の場合，ヘアクラックが多く見られることが ある。

(4) 継目は，既設舗装の補修の場合を除いて，下層の継目と上層の継目を重ねる ようにする。

【No. 21】 道路のアスファルト舗装の補修工法に関する次の記述のうち，**適当でな いもの**はどれか。

(1) オーバーレイ工法は，不良な舗装の全部を取り除き，新しい舗装を行う工法 である。

(2) パッチング工法は，ポットホール，くぼみを応急的に舗装材料で充填する工 法である。

(3) 切削工法は，路面の凸部などを切削除去し，不陸や段差を解消する工法である。

(4) シール材注入工法は，比較的幅の広いひび割れに注入目地材等を充填する工 法である。

【No. 22】 道路のコンクリート舗装に関する次の記述のうち，**適当でないもの**はど れか。

(1) コンクリート版に温度変化に対応した目地を設ける場合，車線方向に設ける 横目地と車線に直交して設ける縦目地がある。

(2) コンクリートの打込みは，一般的には施工機械を用い，コンクリートの材料 分離を起こさないように，均一に隅々まで敷き広げる。

(3) コンクリートの最終仕上げとして，コンクリート舗装版表面の水光りが消え てから，ほうきやブラシ等で粗仕上げを行う。

(4) コンクリートの養生は，一般的に初期養生として膜養生や屋根養生，後期養 生として被覆養生及び散水養生等を行う。

【No. 23】 ダムに関する次の記述のうち，**適当でないもの**はどれか。

(1) 転流工は，比較的川幅が狭く，流量が少ない日本の河川では仮排水トンネル方式が多く用いられる。

(2) ダム本体の基礎掘削工は，基礎岩盤に損傷を与えることが少なく，大量掘削に対応できるベンチカット工法が一般的である。

(3) 重力式コンクリートダムの基礎処理は，カーテングラウチングとブランケットグラウチングによりグラウチングする。

(4) 重力式コンクリートダムの堤体工は，ブロック割してコンクリートを打ち込むブロック工法と堤体全面に水平に連続して打ち込む RCD 工法がある。

【No. 24】 トンネルの山岳工法における掘削に関する次の記述のうち，**適当でないもの**はどれか。

(1) ベンチカット工法は，トンネル全断面を一度に掘削する方法である。

(2) 導坑先進工法は，トンネル断面を数個の小さな断面に分け，徐々に切り広げていく工法である。

(3) 発破掘削は，爆破のためにダイナマイトや ANFO 等の爆薬が用いられる。

(4) 機械掘削は，騒音や振動が比較的少ないため，都市部のトンネルにおいて多く用いられる。

【No. 25】 海岸堤防の形式に関する次の記述のうち，**適当でないもの**はどれか。

(1) 緩傾斜型は，堤防用地が広く得られる場合や，海水浴場等に利用する場合に適している。

(2) 混成型は，水深が割合に深く，比較的軟弱な基礎地盤に適している。

(3) 直立型は，比較的良好な地盤で，堤防用地が容易に得られない場合に適している。

(4) 傾斜型は，比較的軟弱な地盤で，堤体土砂が容易に得られない場合に適している。

【No. 26】 ケーソン式混成堤の施工に関する次の記述のうち，**適当でないもの**はどれか。

(1) 据え付けたケーソンは，すぐに内部に中詰めを行って，ケーソンの質量を増し，安定性を高める。

(2) ケーソンのそれぞれの隔壁には，えい航，浮上，沈設を行うため，水位を調整しやすいように，通水孔を設ける。

410

(3) 中詰め後は，波によって中詰め材が洗い出されないように，ケーソンの蓋となるコンクリートを打設する。

(4) ケーソンの据付けにおいては，注水を開始した後は，中断することなく注水を連続して行い，速やかに据え付ける。

【No. 27】 鉄道工事における道床バラストに関する次の記述のうち，**適当でないもの**はどれか。

(1) 道床の役割は，マクラギから受ける圧力を均等に広く路盤に伝えることや，排水を良好にすることである。

(2) 道床に用いるバラストは，単位容積重量や安息角が小さく，吸水率が大きい，適当な粒径，粒度を持つ材料を使用する。

(3) 道床バラストに砕石が用いられる理由は，荷重の分布効果に優れ，マクラギの移動を抑える抵抗力が大きいためである。

(4) 道床バラストを貯蔵する場合は，大小粒が分離ならびに異物が混入しないようにしなければならない。

【No. 28】 鉄道営業線における建築限界と車両限界に関する次の記述のうち，**適当でないもの**はどれか。

(1) 建築限界とは，建造物等が入ってはならない空間を示すものである。

(2) 曲線区間における建築限界は，車両の偏いに応じて縮小しなければならない。

(3) 車両限界とは，車両が超えてはならない空間を示すものである。

(4) 建築限界は，車両限界の外側に最小限必要な余裕空間を確保したものである。

【No. 29】 シールド工法に関する次の記述のうち，**適当でないもの**はどれか。

(1) シールドのフード部には，切削機構を備えている。

(2) シールドのガーダー部には，シールドを推進させるジャッキを備えている。

(3) シールドのテール部には，覆工作業ができる機構を備えている。

(4) フード部とガーダー部がスキンプレートで仕切られたシールドを密閉型シールドという。

【No. 30】 上水道の導水管や配水管の特徴に関する次の記述のうち，**適当でないもの**はどれか。

(1) ステンレス鋼管は，強度が大きく，耐久性があり，ライニングや塗装が必要である。

(2) ダクタイル鋳鉄管は，強度が大きく，耐腐食性があり，衝撃に強く，施工性がよい。

(3) 硬質塩化ビニル管は，耐腐食性や耐電食性にすぐれ，質量が小さく加工性がよい。

(4) 鋼管は，強度が大きく，強靱性があり，衝撃に強く，加工性がよい。

【No.31】 下水道管渠の剛性管における基礎工の施工に関する次の記述のうち，**適当でないもの**はどれか。

(1) 礫混じり土及び礫混じり砂の硬質土の地盤では，砂基礎が用いられる。

(2) シルト及び有機質土の軟弱土の地盤では，コンクリート基礎が用いられる。

(3) 地盤が軟弱な場合や土質が不均質な場合には，はしご胴木基礎が用いられる。

(4) 非常に緩いシルト及び有機質土の極軟弱土の地盤では，砕石基礎が用いられる。

※問題番号 No.32〜No.42までの11問題のうちから6問題を選択し解答してください。

【No.32】 労働時間及び休日に関する次の記述のうち，労働基準法上，**正しいもの**はどれか。

(1) 使用者は，労働者に対して，毎週少なくとも1回の休日を与えるものとし，これは4週間を通じ4日以上の休日を与える使用者についても適用する。

(2) 使用者は，坑内労働においては，労働者が坑口に入った時刻から坑口を出た時刻までの時間を，休憩時間を除き労働時間とみなす。

(3) 使用者は，労働者に休憩時間を与える場合には，原則として，休憩時間を一斉に与え，自由に利用させなければならない。

(4) 使用者は，労働者を代表する者との書面又は口頭による定めがある場合は，1週間に40時間を超えて，労働者を労働させることができる。

【No.33】 年少者の就業に関する次の記述のうち，労働基準法上，**誤っているもの**はどれか。

(1) 使用者は，満18才に満たない者について，その年齢を証明する戸籍証明書を事業場に備え付けなければならない。

(2) 親権者又は後見人は，未成年者に代って使用者との間において労働契約を締結しなければならない。

(3) 満18才に満たない者が解雇の日から14日以内に帰郷する場合は，使用者は，必要な旅費を負担しなければならない。

(4) 未成年者は，独立して賃金を請求することができ，親権者又は後見人は，未成年者の賃金を代って受け取ってはならない。

【No.34】 労働安全衛生法上，作業主任者の選任を**必要としない作業**は，次のうちどれか。

(1) 高さが2m以上の構造の足場の組立て，解体又は変更の作業

(2) 土止め支保工の切りばり又は腹起しの取付け又は取り外しの作業

(3) 型枠支保工の組立て又は解体の作業

(4) 掘削面の高さが2m以上となる地山の掘削作業

【No.35】 建設業法に関する次の記述のうち，**誤っているもの**はどれか。

(1) 建設工事の請負契約が成立した場合，必ず書面をもって請負契約書を作成する。

(2) 建設業者は，請け負った建設工事を，一括して他人に請け負わせてはならない。

(3) 主任技術者は，工事現場における工事施工の労務管理をつかさどる。

(4) 建設業者は，施工技術の確保に努めなければならない。

【No.36】 道路法令上，道路占用者が道路を掘削する場合に**用いてはならない方法**は，次のうちどれか。

(1) えぐり掘　　　(2) 溝掘

(3) つぼ掘　　　(4) 推進工法

【No.37】 河川法上，河川区域内において，**河川管理者の許可を必要としないもの**は，次のうちどれか。

(1) 道路橋の橋梁架設工事に伴う河川区域内の工事資材置き場の設置

(2) 河川区域内における下水処理場の排水口付近に積もった土砂の排除

(3) 河川区域内の土地における竹林の伐採

(4) 河川区域内上空の送電線の架設

【No.38】 建築基準法上，主要構造部に**該当しないもの**は，次のうちどれか。

(1) 床　　　(2) 階段

(3) 付け柱　　　(4) 屋根

【No. 39】 火薬類取締法上，火薬類の取扱いに関する次の記述のうち，**誤っている もの**はどれか。

(1) 消費場所においては，薬包に雷管を取り付ける等の作業を行うために，火工 所を設けなければならない。

(2) 火工所に火薬類を存置する場合には，見張り人を必要に応じて配置しなけれ ばならない。

(3) 火工所以外の場所においては，薬包に雷管を取り付ける作業を行ってはなら ない。

(4) 火工所には，原則として薬包に雷管を取り付けるために必要な火薬類以外の 火薬類を持ち込んではならない。

【No. 40】 騒音規制法上，指定地域内において特定建設作業を伴う建設工事を施工 する者が，作業開始前に市町村長に実施の届出をしなければならない期限 として，**正しいもの**は次のうちどれか。

(1) 3日前まで   (2) 5日前まで

(3) 7日前まで   (4) 10日前まで

【No. 41】 振動規制法上，指定地域内において行う特定建設作業に**該当するもの**は， 次のうちどれか。

(1) もんけん式くい打機を使用する作業

(2) 圧入式くい打くい抜機を使用する作業

(3) 油圧式くい抜機を使用する作業

(4) ディーゼルハンマのくい打機を使用する作業

【No. 42】 港則法上，特定港内での航路，及び航法に関する次の記述のうち，**誤っ ているもの**はどれか。

(1) 航路から航路外に出ようとする船舶は，航路を航行する他の船舶の進路を避 けなければならない。

(2) 船舶は，港内において防波堤，埠頭，又は停泊船舶などを右げんに見て航行 するときは，できるだけこれに遠ざかって航行しなければならない。

(3) 船舶は，航路内においては，原則として投びょうし，またはえい航している 船舶を放してはならない。

(4) 船舶は，航路内において他の船舶と行き会うときは，右側を航行しなければ ならない。

【No. 43】 下図のように No. 0 から No. 3 までの水準測量を行い，図中の結果を得た。**No. 3 の地盤高**は次のうちどれか。なお，No. 0 の地盤高は 12.0m とする。

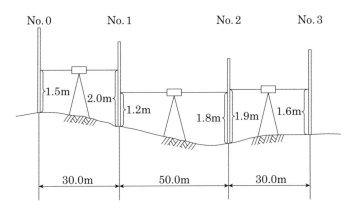

(1) 10.6m 　 (2) 10.9m

(3) 11.2m 　 (4) 11.8m

【No. 44】 公共工事標準請負契約約款に関する次の記述のうち，**誤っているもの**はどれか。

(1) 受注者は，不用となった支給材料又は貸与品を発注者に返還しなければならない。

(2) 発注者は，工事の完成検査において，工事目的物を最小限度破壊して検査することができる。

(3) 現場代理人，主任技術者（監理技術者）及び専門技術者は，これを兼ねることができない。

(4) 発注者は，必要があるときは，設計図書の変更内容を受注者に通知して，設計図書を変更することができる。

【No.45】 下図は道路橋の断面図を示したものであるが，㈠〜㈣の構造名称に関する組合せとして，**適当なもの**は次のうちどれか。

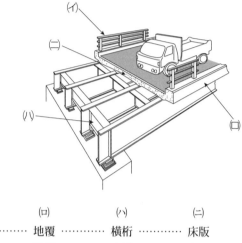

	㈠	㈡	㈢	㈣
(1)	高欄	地覆	横桁	床版
(2)	地覆	横桁	高欄	床版
(3)	高欄	地覆	床版	横桁
(4)	横桁	床版	地覆	高欄

【No.46】 建設機械の用途に関する次の記述のうち，**適当でないもの**はどれか。
(1) バックホゥは，機械の位置よりも低い位置の掘削に適し，かたい地盤の掘削ができる。
(2) トレーラーは，鋼材や建設機械等の質量の大きな荷物を運ぶのに使用される。
(3) クラムシェルは，オープンケーソンの掘削等，広い場所での浅い掘削に適している。
(4) モーターグレーダは，砂利道の補修に用いられ，路面の精密仕上げに適している。

【No.47】 仮設工事に関する次の記述のうち，**適当でないもの**はどれか。
(1) 直接仮設工事と間接仮設工事のうち，現場事務所や労務宿舎等の設備は，間接仮設工事である。
(2) 仮設備は，使用目的や期間に応じて構造計算を行うので，労働安全衛生規則の基準に合致しなくてよい。
(3) 指定仮設と任意仮設のうち，任意仮設では施工者独自の技術と工夫や改善の

余地が多いので，より合理的な計画を立てることが重要である。

(4) 材料は，一般の市販品を使用し，可能な限り規格を統一し，他工事にも転用できるような計画にする。

【No. 48】 地山の掘削作業の安全確保のため，事業者が行うべき事項に関する次の記述のうち，労働安全衛生法上，**誤っているもの**はどれか。

(1) 地山の崩壊，埋設物等の損壊等により労働者に危険を及ぼすおそれのあるときは，作業と並行して作業箇所等の調査を行う。

(2) 掘削面の高さが規定の高さ以上の場合は，地山の掘削及び土止め支保工作業主任者技能講習を修了した者のうちから，地山の掘削作業主任者を選任する。

(3) 地山の崩壊等により労働者に危険を及ぼすおそれのあるときは，あらかじめ，土止め支保工を設け，防護網を張り，労働者の立入りを禁止するなどの措置を講じる。

(4) 運搬機械等が労働者の作業箇所に後進して接近するときは，誘導者を配置し，その者にこれらの機械を誘導させる。

【No. 49】 コンクリート造の工作物（その高さが5メートル以上であるものに限る。）の解体又は破壊の作業における危険を防止するため事業者が行うべき事項に関する次の記述のうち，労働安全衛生法上，**誤っているもの**はどれか。

(1) 解体用機械を用いた作業で物体の飛来等により労働者に危険が生ずるおそれのある箇所に，運転者以外の労働者を立ち入らせないこと。

(2) 外壁，柱等の引倒し等の作業を行うときは，引倒し等について一定の合図を定め，関係労働者に周知させること。

(3) 強風，大雨，大雪等の悪天候のため，作業の実施について危険が予想されるときは，当該作業を注意しながら行うこと。

(4) 作業主任者を選任するときは，コンクリート造の工作物の解体等作業主任者技能講習を修了した者のうちから選任する。

【No. 50】 建設工事の品質管理における「工種」・「品質特性」とその「試験方法」との組合せとして，**適当でないもの**は次のうちどれか。

[工種]・[品質特性]　　　　　　　　　　　[試験方法]

(1) 土工・最適含水比 ……………………… 突固めによる土の締固め試験

(2) 路盤工・材料の粒度 …………………… ふるい分け試験

(3) コンクリート工・スランプ …………… スランプ試験

(4) アスファルト舗装工・安定度 ………… 平板載荷試験

【No. 51】 レディーミクストコンクリート（JIS A 5308）の受入れ検査と合格判定
に関する次の記述のうち，**適当でないもの**はどれか。
(1) 圧縮強度試験は，スランプ，空気量が許容値以内に収まっている場合にも実
施する。
(2) 圧縮強度の3回の試験結果の平均値は，購入者の指定した呼び強度の強度値以
上である。
(3) 塩化物含有量は，塩化物イオン量として原則3.0kg/m³以下である。
(4) 空気量4.5%のコンクリートの許容差は，±1.5%である。

【No. 52】 建設工事における環境保全対策に関する次の記述のうち，**適当でないも
の**はどれか。
(1) 土工機械の騒音は，エンジンの回転速度に比例するので，高負荷となる運転
は避ける。
(2) ブルドーザの騒音振動の発生状況は，前進押土より後進が，車速が速くなる
分小さい。
(3) 覆工板を用いる場合，据付け精度が悪いとガタつきに起因する騒音・振動が
発生する。
(4) コンクリートの打込み時には，トラックミキサの不必要な空ぶかしをしない
よう留意する。

【No. 53】 「建設工事に係る資材の再資源化等に関する法律」（建設リサイクル法）
に定められている特定建設資材に該当しないものは，次のうちどれか。
(1) コンクリート及び鉄からなる建設資材
(2) 木材
(3) アスファルト・コンクリート
(4) 土砂

※問題番号 No. 54〜No. 61までの8問題は，施工管理法（基礎的な能力）
の必須問題ですから全問題を解答してください。

【No. 54】 施工計画の作成に関する下記の文章中の　　　　の(イ)〜(ニ)に当てはまる語
句の組合せとして，**適当なもの**は次のうちどれか。

418

・事前調査は，契約条件・設計図書の検討，□(イ)□が主な内容であり，また調達計画は，労務計画，機械計画，□(ロ)□が主な内容である。
・管理計画は，品質管理計画，環境保全計画，□(ハ)□が主な内容であり，また施工技術計画は，作業計画，□(ニ)□が主な内容である。

	(イ)	(ロ)	(ハ)	(ニ)
(1)	工程計画 ………	安全衛生計画 ………	資材計画 ……………	仮設備計画
(2)	現地調査 ………	安全衛生計画 ………	資材計画 ……………	工程計画
(3)	工程計画 ………	資材計画 ……………	安全衛生計画 ………	仮設備計画
(4)	現地調査 ………	資材計画 ……………	安全衛生計画 ………	工程計画

【No. 55】 建設機械の走行に必要なコーン指数に関する下記の文章中の□□□の(イ)～(ニ)に当てはまる語句の組合せとして，**適当なもの**は次のうちどれか。
・建設機械の走行に必要なコーン指数は，□(イ)□より□(ロ)□の方が小さく，□(イ)□より□(ハ)□の方が大きい。
・走行頻度の多い現場では，より□(ニ)□コーン指数を確保する必要がある。

	(イ)	(ロ)	(ハ)	(ニ)
(1)	ダンプトラック ……	自走式スクレーパ ……	超湿地ブルドーザ ……	大きな
(2)	普通ブルドーザ …… (21t級)	自走式スクレーパ ……	ダンプトラック ………	小さな
(3)	普通ブルドーザ …… (21t級)	湿地ブルドーザ ………	ダンプトラック ………	大きな
(4)	ダンプトラック ……	湿地ブルドーザ ………	超湿地ブルドーザ ……	小さな

【No. 56】 工程管理の基本事項に関する下記の文章中の□□□の(イ)～(ニ)に当てはまる語句の組合せとして，**適当なもの**は次のうちどれか。
・工程管理にあたっては，□(イ)□が，□(ロ)□よりも，やや上回る程度に管理をすることが最も望ましい。
・工程管理においては，常に工程の□(ハ)□を全作業員に周知徹底させて，全作業員に□(ニ)□を高めるように努力させることが大切である。

	(イ)	(ロ)	(ハ)	(ニ)
(1)	実施工程 …………	工程計画 …………	進行状況 …………	作業能率
(2)	実施工程 …………	工程計画 …………	作業能率 …………	進行状況
(3)	工程計画 …………	実施工程 …………	進行状況 …………	作業能率
(4)	作業能率 …………	進行状況 …………	実施工程 …………	工程計画

【No. 57】 下図のネットワーク式工程表について記載している下記の文章中の □ の(イ)～(ニ)に当てはまる語句の組合せとして，正しいものは次のうちどれか。

ただし，図中のイベント間の A～G は作業内容，数字は作業日数を表す。

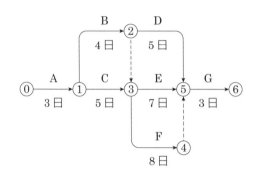

・ □(イ)□ 及び □(ロ)□ は，クリティカルパス上の作業である。
・作業 B が □(ハ)□ 遅延しても，全体の工期に影響はない。
・この工程全体の工期は， □(ニ)□ である。

	(イ)	(ロ)	(ハ)	(ニ)
(1)	作業 C	作業 D	1日	18日
(2)	作業 B	作業 D	2日	19日
(3)	作業 C	作業 F	1日	19日
(4)	作業 B	作業 F	2日	18日

【No. 58】 足場の安全管理に関する下記の文章中の □ の(イ)～(ニ)に当てはまる語句の組合せとして，労働安全衛生法上，**適当なもの**は次のうちどれか。

・足場の作業床より物体の落下を防ぐ， □(イ)□ を設置する。
・足場の作業床の □(ロ)□ には， □(ハ)□ を設置する。
・足場の作業床の □(ハ)□ は，3cm 以下とする。

	(イ)	(ロ)	(ハ)	(ニ)
(1)	幅木	手すり	筋かい	すき間
(2)	幅木	手すり	中さん	すき間
(3)	中さん	筋かい	幅木	段差
(4)	中さん	筋かい	手すり	段差

【No.59】 車両系建設機械を用いた作業において，事業者が行うべき事項に関する下記の文章中の ____ の(イ)～(ニ)に当てはまる語句の組合せとして，労働安全衛生法上，正しいものは次のうちどれか。

・車両系建設機械には，原則として ____(イ)____ を備えなければならず，また転倒又は転落の危険が予想される作業では運転者に ____(ロ)____ を使用させるよう努めなければならない。

・岩石の落下等の危険が予想される場合，堅固な ____(ハ)____ を装備しなければならない。

・運転者が運転席を離れる際は，原動機を止め， ____(ニ)____ ，走行ブレーキをかける等の措置を講じさせなければならない。

	(イ)	(ロ)	(ハ)	(ニ)
(1)	前照燈 ……	要求性能墜落制止用器具 ……	バックレスト ……	または
(2)	回転燈 ……	要求性能墜落制止用器具 ……	バックレスト ……	かつ
(3)	回転燈 ……	シートベルト ………………	ヘッドガード ……	または
(4)	前照燈 ……	シートベルト ………………	ヘッドガード ……	かつ

【No.60】 下図のA工区，B工区の管理図について記載している下記の文章中の ____ の(イ)～(ニ)に当てはまる語句の組合せとして，**適当なもの**は次のうちどれか。

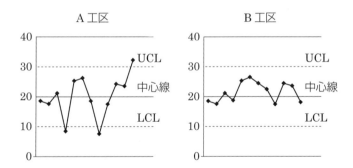

・管理図は，上下の ____(イ)____ を定めた図に必要なデータをプロットして作業工程の管理を行うものであり，A工区の上方 ____(イ)____ は， ____(ロ)____ である。

・B工区では中心線より上方に記入されたデータの数が中心線より下方に記入されたデータの数よりも ____(ハ)____ 。

・品質管理について異常があると疑われるのは， ____(ニ)____ の方である。

	(イ)	(ロ)	(ハ)	(ニ)
(1)	管理限界	30	多い	A 工区
(2)	測定限界	10	多い	B 工区
(3)	管理限界	30	少ない	B 工区
(4)	測定限界	10	少ない	A 工区

【No. 61】 盛土の締固めにおける品質管理に関する下記の文章中の[　　]の(イ)〜(ニ)に当てはまる語句の組合せとして，**適当なもの**は次のうちどれか。

・盛土の締固めの品質管理の方式のうち工法規定方式は，使用する締固め機械の[　(イ)　]や締固め回数等を規定するもので，品質規定方式は，盛土の[　(ロ)　]等を規定する方法である。

・盛土の締固めの効果や性質は，土の種類や含水比，施工方法によって[　(ハ)　]。

・盛土が最もよく締まる含水比は，[　(ニ)　]乾燥密度が得られる含水比で最適含水比である。

	(イ)	(ロ)	(ハ)	(ニ)
(1)	台数	材料	変化する	最適
(2)	台数	締固め度	変化しない	最大
(3)	機種	締固め度	変化する	最大
(4)	機種	材料	変化しない	最適

２級第一次検定解答・解説

番号	解答	解説
No. 1	(1)	タンピングローラは粘性土・岩塊の締固めに用いられる。
No. 2	(2)	透水試験は，湧水量の算定・排水工法の検討・地盤改良工法の設計などに用いられる。
No. 3	(4)	構造物縁部の締固めは，できるだけ小型の締固め機械により入念に締め固める。
No. 4	(4)	設問の記述は，置換工法の説明である。
No. 5	(3)	AE材は，コンクリートの耐凍害性・ワーカビリティーを向上させる混和剤である。
No. 6	(1)	コンクリートの単位水量はできるだけ小さく設定する。
No. 7	(3)	ブリーティングとは，材料分離にともなって練混ぜ水の一部が表面に上昇する現象をいう。
No. 8	(1)	(2)継手は同一断面に集中させてはならない。(3)浮き錆は除去する。(4)鉄筋の加工は常温で行う。
No. 9	(1)	孔内を泥土化し孔壁の崩壊を防ぎながら掘削する。
No. 10	(2)	(1)はアースドリル工法，(3)はリバース工法，(4)は深礎工法の説明である。
No. 11	(3)	土圧に抵抗するため矢板などを支えるたべ中央付近に配置される水平部材を(イ)切りばりという。山留壁（鋼矢板）に沿って配置され，土圧を切りばりに伝える部材を(ロ)腹起しという。
No. 12	(2)	表面硬さが必要なキー・ピン・工具には，高炭素鋼が用いられる。
No. 13	(1)	深い谷，桁下の空間が使用できない現場のトラス橋の仮設には，トラベラークレーンによる片持ち式工法が用いられる。
No. 14	(4)	設問の記述は，凍害の説明である。
No. 15	(2)	旧堤防の腹付け工事は，裏法面に行うのが一般的である。
No. 16	(1)	コンクリート法枠工は，緩やかな勾配の法面に既成コンクリートブロックで枠を設置し，枠内には植生や石張りなどで保護する工法である。
No. 17	(4)	(1)袖は両岸に向って上り勾配とする。(2)提体下流の法勾配は1：0.2程度とする。(3)水通しの形状は逆台形とする。

No. 18	(2)	抑制工を先行し，運動が軽減，停止してから抑止工を導入するのが一般的である。
No. 19	(3)	石灰安定処理路盤材料の締固めは最適含水比よりやや湿潤状態で行う。
No. 20	(4)	既設舗装の補修の場合を除いて，下層の継目の上に上層の継目を重ねないように施工する。
No. 21	(1)	設問の記述は，打替え工法の説明である。
No. 22	(1)	車線方向（長手方向）の目地が縦目地，車線に直交して設ける目地が横目地である。
No. 23	(3)	ブランケットグラウチングは，ロックフィルダムのコア着岩部付近を対象に，カーテングラウチングと相まって遮水性を改良することを目的として行う。（重力式コンクリートの基礎処理ではない）
No. 24	(1)	ベンチカット工法は，トンネルの断面を上半断面と下半断面に分割して掘進する工法である。
No. 25	(4)	傾斜型は，堤体土砂が容易に得られる場合に適する。
No. 26	(4)	注水開始後，基礎マウンド上に接触する直前に注水をいったん中止し，据え付け位置の最後の確認を行った後に注水を再開する。
No. 27	(2)	道床バラストは安息角が大きく，吸水率が小さいものを用いる。
No. 28	(2)	曲線区間における建築限界は，車両の傾きに応じて拡大しなければならない。
No. 29	(4)	スキンプレートではフード部及び外殻部を仕切るものであり，ガーダー部を仕切るものではない。
No. 30	(1)	ステンレス鋼管は，管体強度が大きく，耐久性があり，ライニングや塗装を必要としない。
No. 31	(4)	砕石基礎は比較的地盤のよい場合に用いられる。極軟弱地盤では鳥居基礎を用いる。
No. 32	(3)	(1)毎週1回又は4週4回の休日を与える。(2)坑内労働は休憩時間を含むすべての時間を労働時間とみなす。(4)口頭による定めでは労働時間を延長させることはできない。
No. 33	(2)	親権者又は後見人であっても，未成年者に代って労働契約を締結してはならない。

No. 34	(1)	足場の組立て等作業主任者は，つり足場，張出し足場又は高さが5m以上の足場の組立て，解体又は変更の作業を行う場合に選任しなければならない。
No. 35	(3)	主任技術者は施工計画の作成，工程管理，品質管理その他技術上の管理及び指導監督を行う。
No. 36	(1)	道路の掘削は溝掘，つぼ掘または推進工法などとし，えぐり掘は行わない。
No. 37	(2)	下水処理場において機能を維持するために行う排水口付近に積もった土砂の排除については，土地の掘削等の許可を受ける必要がない。
No. 38	(3)	壁，柱，床，はり，屋根又は階段を主要構造部という。
No. 39	(2)	火工所に火薬類を存置する場合は，常時見張人を配置しなければならない。
No. 40	(3)	特定建設作業の開始日の7日前までに，市町村長に届け出なければならない。
No. 41	(4)	もんけん，圧入式くい打ち機・圧入式くい打ちくい抜き機・油圧式くい抜き機を使用する作業は特定建設作業に該当しない。
No. 42	(2)	右げんに見て航行するときは，できるだけこれらに近寄り航行しなければならない。
No. 43	(3)	12m＋(1.5m－2.0m)＋(1.2m－1.8m)＋(1.9m－1.6m)＝11.2m
No. 44	(3)	現場代理人と主任技術者（監理技術者）及び専門技術者は，兼任することができる。
No. 45	(1)	橋梁用防護柵等のことを高欄，橋の高欄の基礎を地覆，道路の横断方向に床版を支える桁を横桁，車が走る部分を床版という。
No. 46	(3)	クラムシェルは，狭い場所での深い掘削に使用される。
No. 47	(2)	仮設構造物の安全率は（本体構造物と比較すると）多少割引いて設計することがあるが，労働安全衛生規則の基準に合致しなければならない。
No. 48	(1)	埋設物等の損壊により労働者に危険を及ぼすおそれがある場合，事前に試掘調査を行い，埋設物の保安に必要な措置等を講じてから作業を開始しなければならない。
No. 49	(3)	強風，大雨，大雪等の悪天候のため，作業の実施について危険が予想されるときは作業を中止する。

No. 50	(4)	アスファルト舗装工における安定度は，マーシャル安定度試験により求められる。
No. 51	(3)	塩化物含有量は，塩化物イオン量として原則0.30kg/m³以下とする。
No. 52	(2)	後進時の高速走行は騒音が大きくなるため，ていねいに運転しなければならない。
No. 53	(4)	土砂は特定建設資材に該当しない。設問(1)〜(3)の資材に加えて，コンクリートを合わせた4つの資材を特定建設資材という。
No. 54	(4)	事前調査では現地調査を行い，調達計画では資材計画等を行う。管理計画では品質・環境保全・安全衛生計画等が，施工技術計画では作業計画・工程計画が主な内容である。
No. 55	(3)	必要なコーン指数は湿地ブルドーザ<普通ブルドーザ<ダンプトラックの順で大きくなる。建設機械の走行頻度の多い現場では大きなコーン指数を確保する必要がある。
No. 56	(1)	工程管理にあたっては実施工程が工程計画をやや上回るように管理する。工程管理の進行状況を作業員に周知し，作業能率を高めるように努力させる。
No. 57	(3)	作業A−C−F−Gがクリティカルパスとなり，総所要日数は19日となる。作業Bのトータルフロートは1日のため，1日遅延しても全体工程には影響がない。
No. 58	(2)	物体の落下を防ぐ部材を幅木という。作業床の端部には墜落防止の為，手すり及び中さんを設置する。作業床のすき間は3cm以下とする。
No. 59	(4)	建設機械には前照燈を備え，運転者にはシートベルトを使用させる。落石の危険が予想される箇所では堅固なヘッドガードを装備する。運転者が席を離れる際は，原動機を止め，かつ，走行ブレーキをかける等の措置を講じる。
No. 60	(1)	管理図では上下の管理限界を定める。A工区における上方管理限界は30である。B工区は中心線より上方にあるデータ数が多い。A工区では上方管理限界を超えているデータがあるため，品質に異常があると疑われる。
No. 61	(3)	工法規定方式は使用する締固め機械の機種等を規定し，品質規定方式は盛土の締固め度等を規定する。締固めの効果は土質や施工方法によって変化する。盛土が最もよく締まる含水比を最適含水比，その時の密度を最大乾燥密度という。

索　引

【英数字】

3 大管理　　　　　　312
4 S 運動　　　　　　339
AE 剤　　　　　　　53
CBR 試験　　　　　　12
CFRD 工法　　　　　169
CSG 工法　　　　　　169
ELCM 工法　　　　　169
GNSS 測量　　　　　292
N 値　　　　　　　　17
PCD 工法　　　　　　169
PDCA サイクル　324, 365
RCD 工法　　　　　　168

【あ】

アースドリル工法　　94
足場の設置基準　　　343
アスファルト舗装 152, 154
圧縮強度検査　　　　369
圧密試験　　　　　12, 15
アルカリ骨材反応 51, 119
アルカリシリカ反応　119
アンカー式土留め　　101
安全衛生管理体制　　222
安全衛生教育　　　　230
安全施工サイクル　　338
安全対策（足場／仮設通路
　等）　　　　　　　340
安全対策（解体工事）352
安全対策（型枠支保工・土
　留め支保工）　　　349
安全対策（建設機械）345
安全対策（土工事／明り掘
　削）　　　　　　　348
石積み・石張り工　　132
遺族補償　　　　　　212
頂設導杭先進工法　　173

一般建設業　　　　　236
受入検査　　　　　　369
ウェルポイント工法　32
打換え工法　　　　　155
請負契約　　　　　　241
埋込み杭　　　　　　91
打込み杭　　　　　88, 90
打継目　　　　　　　71
裏込め　　　　　　22, 27
営業線接近工事　　　194
塩害　　　　　　　　118
塩化物量　　　　　　63
エンドタブ　　　　　112
オーバーレイ工法　　155
オールケーシング工法 94
送出し工法　　　　　114
押え盛土工法　　　　31
親杭横矢板壁　　　　99
オランダ式二重管コーン貫
　入試験　　　　　　18
温度制御養生　　　　72
温度ひび割れ　　　　121

【か】

海岸堤防　　　　　　181
解雇制限　　　　　　212
化学的浸食　　　　　120
がけ崩れ防止工　　　140
かご系護岸　　　　　131
荷重軽減工法　　　　31
架設桁工法　　　　　113
仮設建築物　　　　　263
仮設工事　　　　　　313
架設工法　　　　　　117
河川関係法　　　　　255
河川工事　　　　　　255
河川護岸　　　　　　131
河川堤防　　27, 129, 299

河川法　　　　　　　255
河川法上の許可　　　258
河川保全区域　　　　256
下層路盤　　　　　　147
片持式工法　　　　　115
かぶり　　　　　　　77
火薬類取締法　　　　275
環境保全対策　　　　382
緩傾斜堤　　　　　　181
含水比試験　　　　12, 14
乾燥収縮ひび割れ　　121
緩速載荷工法　　　　31
寒中コンクリート　73, 76
カント　　　　　　　191
ガントチャート　　　326
監理技術者　　　　　237
機械掘削工法　　　　171
危険予知（KY）活動 338
器高式　　　　　　　290
既成杭　　　　　　88, 90
基礎工　　　　　　　135
軌道工事　　　　　　191
軌道変位　　　　　　192
休業補償　　　　　　211
強度　　　　　　　　65
局部打換え工法　　　155
居室　　　　　　　　261
許容打重ね　　　　　67
許容打重ね時間間隔　69
切土の施工　　　　　36
切りばり式土留め　　101
均等係数　　　　　　13
空気量　　　　　　　63
グラフ式工程表　　　327
グラブ浚渫船　　　　188
クリティカルパス　　330
クレーンガーター方式 113
傾斜堤　　　　　　　181

契約条件	311	コンクリートダム	170	締固め機械	41
軽量盛土工法	31	コンクリート法枠工	133	締固め試験	12, 14
ケーソン式防波堤	183	コンクリートの劣化要因		事前調査	310
ケーブルクレーン工法	114		120	湿潤養生	72
下水管きょ	201	コンクリート張り工	133	実積率	56
原位置試験	17, 20	コンクリートブロック工		指定仮設	313
減水剤	53		133	磁粉探傷試験	113
建設機械	38	コンクリート舗装	157	斜線式工程表	326
建設機械の施工計画	315	コンクリート擁壁	299	車両制限令	250
建設業の許可	236	混合セメント	51	就業期限	213
建設業法	236	コンシステンシー	66	就業規則	209
建設発生土	23	コンシステンシー試験		集団規定	262
建設副産物	384		12, 15, 16	自由断面掘削方式	172
建設リサイクル法	385	混成堤	182	主任技術者	237
建築基準法	261	混和剤	53	主要構造部	261
建築設備	261	混和材	53	浚渫工事	188
建築物	261	混和材料	52	昇降式	290
間知ブロック	133			上水道管布設	200
現場 CBR 試験	19	**【さ】**		上層路盤	148
現場条件	311	サイクルタイム	316	消波工	182
現場水中養生	77	細骨材	54	暑中コンクリート	74, 76
現場透水試験	19	細骨材率	59	シリカセメント	51
現場密度試験	16	再生骨材	58	自立式土留め	101
鋼管矢板壁	99	最大乾燥密度	14, 25	深層混合処理工法	32
公共工事標準請負契約約款		最適含水比	14, 25	深礎工法	96
	294	最早開始時刻	330	振動規制法	266
工事計画	228	材料分離	67	浸透探傷試験	113
公衆災害	352	サウンディング試験	17	水準測量	288
高所作業	340	作業主任者	225	水中コンクリート	184
港則法	281	砂防えん堤	136	水和反応	50
構築路床	146	産業廃棄物管理票	388	スウェーデン式サウンディ
工程計画	324	サンドコンパクションパイ		ング試験	17
降伏点	110	ル工法	32	スカラップ	112
工法規定方式	372	サンドマット工法	31	スタジア測量	292
鋼矢板壁	99	シール材注入工法	156	スペーサー	77
航路	283	シールド工事	194	スライム処理	95
高炉セメント	51	資格等を必要とする業務		スラック	192
コーン指数	17, 43		229	スランプ	62

すり付け工 134
すりへり抵抗 58
施工計画 310
施工体制台帳 242
設計寸法 298
切削工法 155
接地圧 43
セメント 51
線状打換え工法 155
せん断試験 12, 15
全断面掘削方式 173
騒音規制法 266
総括安全衛生管理者 222
総所要日数 330
側圧 78
粗骨材 54
粗骨材の最大寸法 56, 59
塑性域 110
塑性指数 15, 16
粗粒率 56

【た】

台車方式 113
大ブロック工法 116
代用特性 364
ダウンヒルカット工法 41
多角測量 292
タックコート 151
縦シュート 68
谷積み 132
単位水量 61
単位セメント量 61
単位体積質量試験 16
弾性域 110
弾性限度 110
単体規定 262
地下水位低下工法 32
置換工法 31

柱状（ブロック）工法 168
中性化 117
柱列式連続壁 100
超音波探傷試験 113
調達計画 310
直接基礎 97, 98
直立堤 182
沈下ひび割れ 70
賃金 210
沈降ひび割れ 121
通行許可 249
ディープウェル工法 32
堤外地 256
定格荷重 347
定格総荷重 347
泥土圧シールド工法 194
出来高累計曲線 327
鉄筋組立図 297
鉄道盛土 190
鉄道路床 190
鉄道路盤 190
天端工 133
土圧式シールド工法 194
凍害 118
統括安全衛生責任者 224
透水試験 12
道路関係法 246
道路管理者 246
道路の占用 246
道路の附属物 246
道路標識 248
トータルステーション 291
トータルフロート 330
特殊建築物 261
特定建設業 236
特定建設作業 268
特定建設資材 385
土質試験 17

土質調査 12
土留め支保工 99
土留め壁 100
トラフィカビリティ 43
土量換算係数 317
土量の変化率 21

【な】

中堀り杭工法 91
軟弱地盤の対策工法 30
任意仮設 313
布積み 132
根固め工 134
根固めブロック 135
ネットワーク工程表 328
のり面保護工 37

【は】

バーチカルドレーン工法 32
バーチャート工程表 325
廃棄物処理法 387
配合強度 59
バイブロフローテーション工法 32
ハインリッヒの法則 339
破壊点 110
薄層オーバーレイ工法 156
場所打ち杭工法 93
パッチング及び段差すり付け工法 156
発破掘削工法 171
バラスト 191
盤ぶくれ 103
ヒービング 104
火工所 276
ヒストグラム 367
引張り強さ 110

429

ひび割れ誘発目地　　　71
ヒヤリ・ハット報告　　339
標準貫入試験　　　　　17
標準養生　　　　　　　78
表層・表層打換え工法　155
表層混合処理工法　　　31
表層排水工法　　　　　31
表面処理工法　　　　　156
比例限度　　　　　　　110
品質規定方式　　　　　370
品質特性　　　　364,371
フィニッシャビリティ　43
フィラープレート　　　111
吹付けコンクリート　　174
敷設材工法　　　　　　31
普通コンクリート版　　158
フライアッシュセメント
　　　　　　　　　　　52
プライムコート　　　　151
プラスチックひび割れ　121
プラスティシティー　　66
ブリーディング　　　　66
プルーフローリング試験
　　　　　　　　　　　371
プレボーリング杭工法　92
粉じん対策　　　　　　384
平均賃金　　　　　　　212
平板ブロック　　　　　133
平板載荷試験　　　　　19
ベーン試験　　　　　　18
ベンチカット工法　41,172
ベント式工法　　　　　113
ボイリング　　　　　　103
棒状バイブレーター　　69
ポータブルコーン貫入試験
　　　　　　　　　　　17
保護具　　　　　　　　339
ポゾラン　　　　　　　53

ポルトランドセメント　51
ポンプ浚渫船　　　　　188

【ま】

膜養生　　　　　　　　72
マクラギ　　　　　　　191
マスコンクリート　75,76
マニフェスト　　　　　388
水セメント比　　　　　62
水通し　　　　　　　　137
水抜き　　　　　　　　137
密度試験　　　　　12,14
面状工法　　　　　　　168
元請負人　　　　　　　240
元方安全衛生管理者　　224
盛土材料　　　　　　　22
盛土載荷重工法　　　　32
盛土補強工法　　　　　31
モルタル柱列壁　　　　100

【や】

薬液注入工法　　　　　32
抑止工　　　　　　　　137
抑制工　　　　　　　　137
予告手当　　　　　　　213

【ら】

乱積み　　　　　　　　132
リサイクル法　　　　　386
リッパビリティ　　　　43
リバース工法　　　　　95
粒径加積曲線　　　　　13
粒径判定実積率　　　　58
粒度試験　　　　　12,13
レイタンス　　　　　　66
連節ブロック　　　　　133
労働安全衛生法　　　　222
労働基準法　　　　　　208

労働契約　　　　　　　208
労働時間　　　　　　　209
路床　　　　　　146,150
路上表層再生工法　　　156
路上路盤再生工法　　　155
路体　　　　　　146,150
ロックボルト　　　　　174

【わ】

ワーカビリティ　43,61,65
わだち部オーバーレイ工法
　　　　　　　　　　　156

430

著者略歴

濱田　吉也

2001年	大阪工業大学　土木工学科卒業
2001年	中堅ゼネコン入社
2012年	厚生労働大臣指定講座の講師として大阪・盛岡・仙台・福島・名古屋・金沢会場の講座で活躍中
2016年	施工管理求人ナビサイト「施工の神様」で執筆中
2016年	YouTube にて授業動画配信スタート
2017年	SEEDO の土木，建築施工講師として活動開始
2019年	TBS 新・情報7days ニュースキャスター出演
2021年	修成建設専門学校非常勤講師
2023年	YouTube チャンネル登録者数17,000人突破
	（総視聴回数　200万回超）

取得資格：1 級土木施工管理技士・1 級建築施工管理技士
　　　　　1・2 級電気通信工事施工管理技士

本参考書の著者であるひげごろ〜先生が解説する
2級土木第1次検定試験対策！過去問1問1答
YouTube ライブ配信！毎週水曜日**21**時から
※配信時間は告知なく変更される場合がございます。

大石　嘉昭

1981年	桃山学院大学　経営学部卒業
1988年	施工管理技士資格取得講座の業務に従事する。
1997年	施工管理技士資格取得講座の運営会社設立、30年に渡り、電気・土木・建築・管工事・電気通信施工管理技士の誕生に貢献中
2000年	厚生労働大臣指定講座の開催を開始する。
2021年	厚生労働大臣指定講座の開催を永年継続中

取得資格：1 級土木施工管理技士・給水装置工事主任技術者・2 級建築施工管理技士

※当社ホームページ http://www.kobunsha.org/ では，書籍に関する様々な情報
（法改正や正誤表等）を掲載し，随時更新しております。ご利用できる方はどうぞ
ご覧ください。正誤表がない場合，あるいはお気づきの箇所の掲載がない場合は，
下記の要領にてお問い合わせください。

プロが教える
2級土木施工管理　第一次検定

| 著　　者 | 濱　田　吉　也　　大　石　嘉　昭 |
| 印刷・製本 | （株）太　洋　社 |

| 発　行　所 | 株式会社 弘　文　社 | 〒546-0012 大阪市東住吉区
中野2丁目1番27号
☎　（06）6797―7441
FAX（06）6702―4732 |
| 代　表　者 | 岡　﨑　　　靖 | 振替口座 00940―2―43630
東住吉郵便局私書箱1号 |